Marc Albrecht-Seidel / Luc Mertz
Die Hofkäserei

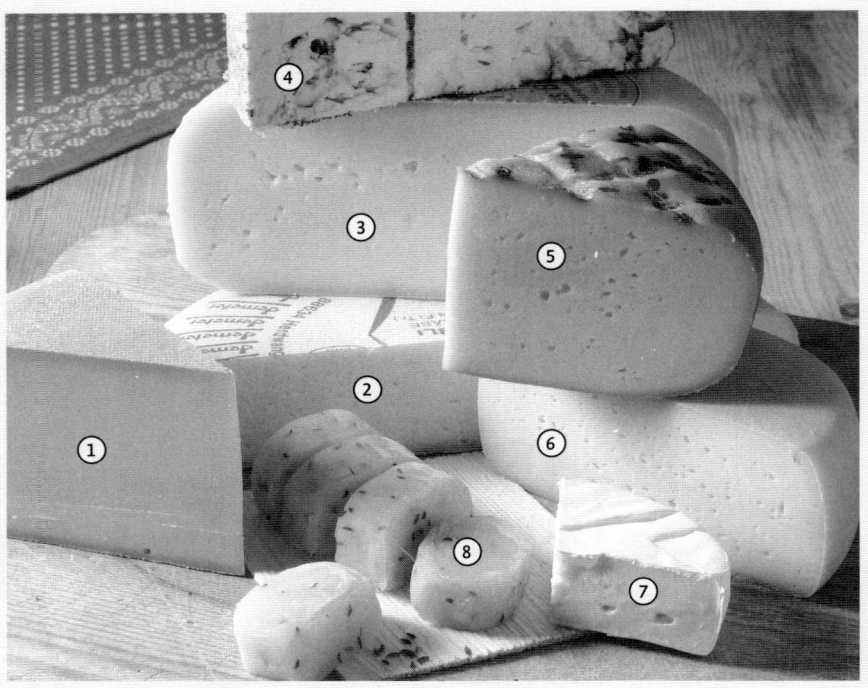

Die Käsesorten des Titelbildes und ihre Hersteller:

① Andeerer Gourmet Sennerei Andeer, CH-7440 Andeer
www.sennerei-andeer.ch

② Heggelbacher Schibli Hofkäserei Heggelbach, 88634 Herdwangen
www.heggelbachhof.de

③ Bollheimer Hofgouda Haus Bollheim KG, 53909 Zülpich-Oberelvenich
www.bollheim.de

④ Der Edle von Dannwisch Hofkäserei Dannwisch, 25358 Horst
www.dannwisch.de

⑤ Butendieker Rauch Hof Butendiek, 26937 Seefeld
www.hof-butendiek.de

⑥ Möhrenlaibchen Hofkäserei Dottenfelderhof, 61118 Bad Vilbel
www.dottenfelderhof.de

⑦ Camembert Forschungs- und Lehrmolkerei der Universität
Hohenheim, 70599 Stuttgart, www.uni-hohenheim.de

⑧ Nieheimer Käse Milchhof Nieheim GbR, 33039 Nieheim
www.dieschaukaeserei.de

Marc Albrecht-Seidel / Luc Mertz

Die Hofkäserei

Planung, Einrichtung, Produktion,
32 Käserezepte

96 Schwarzweissfotos und -zeichnungen
82 Tabellen

Marc Albrecht-Seidel ist Landwirt und Diplom-Agraringenieur und ist seit 1995 Geschäftsführer des VHM (Verband für handwerkliche Milchverarbeitung im ökologischen Landbau e.V.). In dieser Funktion organisiert er zahlreiche Käsekurse und Seminare für Hofkäsereien und interessierte Landwirte, berät Hofkäsereien in allen Fragen rund um die landwirtschaftliche Milchverarbeitung und gibt seine Kenntnisse als Referent weiter.

Luc Mertz ist Molkereitechniker und Produktionsleiter an der Forschungs- und Lehrmolkerei der Universität Hohenheim. Nach dem Abschluss als technicien supérieur en industrie laitière an der Ecole Nationale d'Industrie Laitière (Frankreich) hat er in Käsereien in Frankreich und in der Schweiz gearbeitet und ist seit 1984 an der Forschungs- und Lehrmolkerei der Universität Hohenheim. Er betreut Diplom- und Doktorarbeiten im Bereich Käserei und hält Vorträge und Seminare für Studenten und Hofkäser.

Bibliografische Information der Deutschen Bibliothek
Die Deutsche Bibliothek verzeichnet diese Publikation in der Deutschen Nationalbibliografie; detaillierte bibliografische Daten sind im Internet über http://dnb.ddb.de abrufbar.

Das Werk einschließlich aller seiner Teile ist urheberrechtlich geschützt.
Jede Verwertung außerhalb der engen Grenzen des Urheberrechtsgesetzes ist ohne Zustimmung des Verlages unzulässig und strafbar. Das gilt insbesondere für Vervielfältigungen, Übersetzungen, Mikroverfilmungen und die Einspeicherung und Verarbeitung in elektronischen Systemen.

© 2006 Eugen Ulmer KG
Wollgrasweg 41, 70599 Stuttgart (Hohenheim)
E-Mail: info@ulmer.de
Internet: www.ulmer.de
Umschlaggestaltung: Atelier Reichert, Stuttgart
Lektorat: Werner Baumeister
Satz und Reproduktion: Typomedia GmbH, Ostfildern
Herstellung: Silke Reuter
Druck und Bindung: Friedrich Pustet, Regensburg
Printed in Germany

ISBN-13: 978-3-8001-4209-5
ISBN-10: 3-8001-4209-0

Inhaltsverzeichnis

Vorwort		7
1	**Einführung**	9
1.1	Gewerbe oder Landwirtschaft	9
1.2	Auswirkungen einer Ausgliederung als Gewerbebetrieb	10
2	**Die Käsereiplanung**	13
2.1	Rechtslage	13
2.2	Markt	14
2.3	Wirtschaftlichkeit	16
2.4	Rohstoffqualität	16
2.5	Personal	17
3	**Die Käserei**	19
3.1	Raumgliederung	19
3.1.1	Standortwahl	19
3.1.2	Raumaufteilung	20
3.2	Bauliche Gestaltung der Verarbeitungsräume	23
3.2.1	Bodenbelag	23
3.2.2	Bodenabfluss	26
3.2.3	Wandbeschaffenheit	26
3.2.4	Deckenbeschaffenheit	27
3.2.5	Türen	29
3.2.6	Fenster	29
3.2.7	Be- und Entlüftung	30
3.2.8	Heizung	32
3.2.9	Beleuchtung	33
3.2.10	Technische Leitungen	33
3.3	Technische Einrichtungen der Verarbeitungsräume	34
3.3.1	Einrichtungen zum Transport der Milch	36
3.3.2	Einrichtungen zur Kühlung der Milch	38
3.3.3	Einrichtungen zur Reinigung der Milch	39
3.3.4	Einrichtungen zur Entrahmung der Milch	40
3.3.5	Einrichtungen zur Wärmebehandlung der Milch	41
3.3.6	Käsewannen, -kessel	43
3.3.7	Abfüllverfahren und Käseformen	49
3.3.8	Abtropftische	53
3.3.9	Pressen	54
4	**Der Reifungsraum**	56
4.1	Bauliche Gestaltung des Reifungsraumes	56
4.1.1	Bodenbelag	56
4.1.2	Abfluss	57
4.1.3	Wandbeschaffenheit	57
4.1.4	Deckenbeschaffenheit	57
4.1.5	Türen	58
4.1.6	Fenster	58
4.2	Technische Einrichtungen des Reifungsraumes	58
4.2.1	Käsetransport zum Reifungsraum	58
4.2.2	Salzen der Käse	58
4.2.3	Käselagerung	61
4.2.4	Käsepflege	64
4.2.5	Steuerung des Reifeklimas	65
5	**Die Käseherstellung**	67
5.1	Rohstoff Milch	67
5.1.1	Zusammensetzung der Milch	67
5.1.2	Käsereimilch	67
5.2	Hilfsstoffe	73
5.2.1	Kulturen	73
5.2.2	Gerinnungsenzyme	77
5.2.3	Andere Zusatzstoffe	78
5.3	Dicklegung der Milch	79
5.3.1	Säuregerinnung	79
5.3.2	Labgerinnung	79
5.3.3	Beurteilung der Festigkeit der Gallerte	81
5.4	Bruchbearbeitung	82
5.4.1	Schneiden	83
5.4.2	Rühren des Bruch-Molke-Gemisches	84
5.4.3	Waschen des Bruches	84
5.4.4	Nachwärmen des Bruches	84
5.4.5	Abfüllen des Bruches	85
5.4.6	Abtropfen, Wenden, Pressen	87
5.5	Salzen	88
5.5.1	Einfluss des Salzens auf den Käse	88

5.5.2	Verschiedene Möglichkeiten des Salzens	89		8.3	Ricotta	142
5.6	Abtrocknen der Oberfläche	91		8.4	Mozarella	144
5.7	Käsereifung	92		8.5	Typ „Feta"	146
5.7.1	Chemische Vorgänge bei der Reifung	92		8.6	Traditioneller Camembert aus Rohmilch	148
				8.7	Camembert	150
5.7.2	Reifungsbedingungen	94		8.8	Typ „Munster"	152
5.7.3	Führung der Reifung	95		8.9	Romadur	155
5.8	Verpacken des Käses	97		8.10	Der Edle von Dannwisch	156
				8.11	Gorgonzola	158
6	**Die Qualitätssicherung**	**99**		8.12	Taleggio	160
6.1	Endproduktkontrolle	101		8.13	Reblochon	162
6.1.1	sensorische Prüfung	101		8.14	Heggelbacher Schibli	164
6.1.2	Mikrobiologische Prüfung	101		8.15	Typ „Saint Nectaire"	166
6.1.3	Vorgehensweise bei der Fehlersuche	104		8.16	Raclette	168
				8.17	Möhrenlaibchen	170
6.2	Prozesskontrolle	105		8.18	Hohenheimer Trappistenkäse	172
6.2.1	Vorgehensweise bei der Erstellung eines HACCP-Konzeptes	105		8.19	Bollheimer Hofgouda	174
				8.20	Butendieker Rauch	176
6.3	Basishygiene	113		8.21	Leidener Bauernkäse	178
6.3.1	Personalhygiene	113		8.22	Asagio	180
6.3.2	Rohstoffhygiene	115		8.23	Andeerer Gourmet (Bündner Bergkäse)	182
6.3.3	Raumhygiene	116				
6.3.4	Gerätehygiene	118		8.24	Nieheimer Käse	184
6.4	Dokumentation	120		8.25	Harzer Käse	185
6.4.1	Dokumentation der Endproduktkontrolle	121		8.26	Kochkäse	187
				8.27	Typ „Roquefort"	189
6.4.2	Dokumentation der Prozesskontrolle	122		8.28	Typ „Pecorino"	191
				8.29	Hallertauer Ziegentopfen	193
6.4.3	Dokumentation der Personalhygiene	123		8.30	Gereifter Ziegenfrischkäse	195
				8.31	Ziegencamembert	196
6.4.4	Dokumentation der Rohstoffhygiene	124		8.32	Ziegengouda	198
6.4.5	Dokumentation der Raum- und Gerätehygiene	124		**9**	**Die Käsefehler**	**200**
				9.1	Fehler der Gallerte	200
				9.2	Fehler der Teigbeschaffenheit	202
7	**Die Wirtschaftlichkeit**	**125**				
7.1	Deckungsbeitrag	128		9.3	Fehler der Rinde	206
7.1.1	Marktleistung	128		9.4	Fehler im Geruch und Geschmack	212
7.1.2	Variable Kosten	129				
7.2	Personalkosten	130		9.5	Mikrobiologische Fehler	214
7.3	Festkosten	131				
				10	**Verzeichnisse**	**217**
	Herstellung von Schnittkäse	134			Literaturtipps	217
	Herstellung von Frischkäse	136			Literaturverzeichnis	219
					Sachregister	220
8	**Die Käserezepturen**	**138**			Bildquellen	226
8.1	Butendieker Frischkäse	139				
8.2	Gereifter Frischkäse (Kuhmilch)	140				

Vorwort

Der Ursprung der Milchverarbeitung steht in engem Zusammenhang mit dem Beginn der Haltung von Tieren zur Milchgewinnung. Durch Säure- und Labgerinnung mit anschließendem Salzen, Räuchern und Trocknen wurde die Milch für Notzeiten haltbar gemacht.

Erste Überlieferungen der Käseherstellung stammen von den Griechen aus der Zeit 900 v. Chr. Nach der anfänglichen Herstellung von Frisch- und Sauermilchkäse durch Säuregerinnung war ihnen einige Jahrhunderte später auch die Labgerinnung bekannt.

Im Laufe der Zeit wurden aus den formlosen Fladen durch die Benutzung von Formen mehr oder weniger große Laibe. Franzosen (fromage) und Italiener (formaggio) dürften der neuen Formgebung ihr Wort für Käse verdanken, das sich vom lateinischen coagulum formatum („geformtes Gerinnsel") ableitet.

Bis zur Herstellung der heute bekannten Standardsorten war es allerdings noch ein langer Weg. Durch die Römer wurden die Herstellungsverfahren mit Hilfe technischer Möglichkeiten erweitert. Von ihnen stammt wohl auch unsere Bezeichnung „Käse" (cheese im englischen, kaas im niederländischen), abgeleitet vom lateinischen caseus.

Das 12. und 13. Jahrhundert war dann die eigentliche Geburtsepoche vieler uns bekannter Käse, wie z. B. Cheddar, Roquefort, Gouda u. a. Zum Großteil gingen sie aus regionalen Käsespezialitäten hervor. Hinzu kam die Experimentierfreudigkeit zahlreicher Bäuerinnen, die durch ihre Fantasie den Weg für weitere bekannte Käse ebneten, wie z. B. Camembert, Tilsiter u. a..

Mit den Hofkäsereien erlebt diese Verarbeitung auf landwirtschaftlichen Betrieben in den letzten 20 Jahren eine ungeahnte Renaissance. Immer mehr Verbraucher schätzen Käsespezialitäten, die sich von den normierten Standardprodukten industrieller Erzeugung abheben. Hofkäsereien bewahren handwerkliche Techniken, die auszusterben drohen und bieten den Kunden transparente und umweltgerechte Herstellungsverfahren. Damit treffen sie die Wünsche zahlreicher Kunden. Der Erfolg gibt ihnen Recht.

Ein Erfolg, den sich viele Hofkäsereien schwer erarbeiten mussten. Literatur war Mangelware. Kollegen oder Kolleginnen, die man um Rat fragen konnte, gab es kaum. Vor allem der Käsereibau konnte sich kaum an den inzwischen in industriellen Maßstäben produzierenden Käsereien orientieren.

Mit dem vorliegenden Buch haben wir die Erfahrungen zahlreicher Hofkäsereien zusammengetragen und Wissenswertes aus Theorie und Praxis recherchiert und praxisnah aufbereitet. Unser Ziel ist es, interessierten Landwirten den Einstieg in die hofeigene Milchverarbeitung zu erleichtern. Entsprechend umfangreich haben wir die Kapitel zur baulichen und gerätetechnischen Käsereiplanung gestaltet. Aber auch langjährige Praktiker wollen wir zu weiterer Experimentierfreudigkeit ermuntern. Der Rezeptteil hält Anregungen für eigene neue Käsekreationen bereit.

Entstehen konnte dieses Buch nur durch die überwältigende Auskunftsbereitschaft der vielen von uns befragten Hofkäserinnen und Hofkäser. Allein für die Bereitstellung ihrer Käserezepte gebührt ihnen unsere Hochachtung. Wir möchten uns daher bei allen Hofkäserinnen und Hofkäsern, die mit ihren Erfahrungen und Tipps zu dem Gelingen des Buches beigetragen haben, herzlich bedanken.

Ferner möchten wir uns bei Giovanni Migliore (Betriebsleiter der Forschungs- und Lehrmolkerei der Universität Hohenheim) und Dr. Josef Hüfner (Milchwirtschaftliches Institut Dr. Hüfner) für ihre fachliche Unterstützung herzlich bedanken.

Unseren Ehefrauen, Janina Seidel und Karin Geschke, gebührt unser Dank für unermüdliche Unterstützung, andauernde Geduld und die vielfältigen Korrekturen des Buchmanuskriptes.

Haag und Stuttgart, im Frühjahr 2006
Marc Albrecht-Seidel, Luc Mertz

1 Einführung

Die Verarbeitung von selbst erzeugter Milch ist in Deutschland grundsätzlich erlaubt, so dass jeder Milcherzeuger in Deutschland eine Hofkäserei gründen darf. Allerdings gibt es eine ganze Reihe von rechtlichen Vorschriften, die bei der hofeigenen Verarbeitung von Milch zu beachten sind. Die wichtigsten Rechtsvorschriften werden in Kapitel 2 dargestellt.

In der Gründungsphase drehen sich zunächst viele Fragen um die korrekte Wahl der Betriebs- und Gesellschaftsform. Kann eine Hofkäserei als landwirtschaftlicher Nebenbetrieb geführt werden oder ist eine Hofkäserei als Gewerbe einzustufen? Welche Gesellschaftsformen (GbR, GmbH etc.) kommen für eine Hofkäserei in Frage? Gibt es Obergrenzen bei der Verarbeitung von eigen erzeugter Milch? Was bewirkt der Zukauf von Milch?

1.1 Gewerbe oder Landwirtschaft

Die Herstellung von Käse und anderen Milcherzeugnissen wird in der Regel mit der Absicht der Gewinnerzielung und auf Dauer angelegt sein. Dadurch wird diese Tätigkeit gemäß dem Gewerberecht als „gewerbsmäßig" eingestuft. Die Herstellung von Milchprodukten unterliegt dadurch unter anderem dem Hygienerecht. Eine gewerbsmäßige Tätigkeit darf aber nicht mit einer gewerblichen Tätigkeit gleichgesetzt werden. Erst eine gewerbliche Tätigkeit führt zur Anmeldung eines Gewerbes.

Bisher gehört die so genannte Urproduktion nicht zu den gewerblichen Tätigkeiten. Die Urproduktion umfasst neben der Erzeugung roher Naturerzeugnisse auch die erste Verarbeitungsstufe der Naturerzeugnisse. Jede Hofkäserei kann daher als landwirtschaftlicher Nebenbetrieb geführt werden. Eine Gewerbeanmeldung der Hofkäserei ist nicht erforderlich und es besteht keine Anzeigepflicht bei der Gemeinde.

Eine Obergrenze in Bezug auf Umsatz oder die verarbeitete Milchmenge gibt es nicht. Jede Hofkäserei darf soviel eigen erzeugte Milch verarbeiten, wie sie letztlich vermarkten kann.

Dies unterscheidet die Milchverarbeitung von der Verarbeitung von Fleisch und Getreide. Während die Milchverarbeitung schon frühzeitig aus der Handwerksordnung herausgenommen wurde, unterliegen die Berufe Metzger und Bäcker weiterhin der Handwerksordnung; hier gelten Umsatzgrenzen. Werden diese überschritten, können Fleisch- und Getreideverarbeitung nur als Gewerbe weitergeführt werden.

Hofkäsereien sind in der komfortablen Situation, selber entscheiden zu können, ob sie ihre Käserei als landwirtschaftlichen Nebenbetrieb oder als Gewerbebetrieb führen wollen. Allerdings gibt es einige Betriebsformen, die eine Gewerblichkeit auslösen können. In diesen Fällen empfiehlt sich die Herausnahme der Käserei aus dem landwirtschaftlichen Betrieb, damit nicht der Gesamtbetrieb gewerblich wird.

Milchzukauf: Ein Milchzukauf kommt meistens erst nach einigen Jahren in Betracht. Solange die Käserei überwiegend eigen erzeugte Milch verarbeitet, dient sie in erster Linie dem eigenen landwirtschaftlichen Unternehmen und behält den Status eines landwirtschaftlichen Nebenbetriebes. Erst wenn mehr als 50 % der verarbeiteten Milch zugekauft wird, wird die Käserei zum Gewerbebetrieb (siehe auch Kasten 1).

Lohnverarbeitung: Statt die Milch zu kaufen, kann auch eine Lohnverarbeitung zur besseren Auslastung der Hofkäserei in Betracht kommen. Die Lohnverarbeitung ist eine gewerbliche Nebentätigkeit, für die steuerrechtliche Obergrenzen zu beachten sind. Geregelt wird die steuerrechtliche Abgrenzung zwischen Gewerbe und Landwirtschaft im Abschnitt 135 der Einkommen-Steuer-Richtlinie.

Demzufolge dürfen die Einnahmen aus der Lohnarbeit ein Drittel des Gesamtumsatzes des landwirtschaftlichen Betriebes nicht übersteigen. Gleichzeitig dürfen die Einnahmen aus der Lohnarbeit die absolute Obergrenze von 51.500 Euro zzgl. Umsatzsteuer nicht übersteigen. Voraussetzung für diese Obergrenze ist, dass die Lohnarbeiten nur für andere Land- und Forstwirte bzw. für deren Betriebe erbracht werden. Wer diese Lohnarbeiten für Nicht-Landwirte, z. B. gewerbliche Betriebe, Kommunen verrichtet, darf eine weitaus niedrigere absolute Obergrenze von 10.300 Euro zzgl. Umsatzsteuer nicht überschreiten.

Zu beachten ist ferner, dass diese Obergrenze für die Summe aller Lohnarbeiten gilt. Wer also weitere Lohnarbeiten verrichtet, muss die Einkünfte aller Lohnarbeiten summieren.

Wird eine dieser Obergrenzen nachhaltig überschritten, wird die Lohnarbeit gewerblich. Nachhaltiges Überschreiten bedeutet aus Sicht der Finanzverwaltung, dass eine der Grenzen für mindestens drei Jahre überschritten wird. Der 3-Jahres-Zeitraum gilt jedoch nicht bei einem so genannten Strukturwandel. Dieser liegt vor, wenn der Landwirt durch bestimmte Maßnahmen, z. B. durch Investitionen, eine Situation schafft, in der von vorn herein feststeht, dass die Grenzen zur Gewerblichkeit überschritten werden (siehe auch Kasten 1).

Eigenständige Käserei: Betriebsgemeinschaften bzw. Betriebszusammenschlüsse erwägen aus buchhalterischen Gründen häufig eine Trennung der verschiedenen Betriebszweige. Dies kann bis zur Ausgliederung der Käserei in ein eigenständiges Unternehmen führen. Dadurch verfügt die Käserei über keine eigen erzeugte Milch

---

Kasten 1.1: Kuhmilchbetriebe aufgepasst

Wer mit dem Zukauf oder der Lohnverarbeitung von Kuhmilch beginnt, hat die Vorschriften der Milchgarantiemengenverordnung einzuhalten. Dazu gehört beim Milchkauf insbesondere die Anmeldung als Milchkäufer/Abnehmer beim zuständigen Hauptzollamt. Lohnverarbeiter sollten ihre Käserei dem Milcherzeuger für den Zeitraum der Verarbeitung verpachten, da sonst ebenfalls die Anmeldung als Milchkäufer/Abnehmer erforderlich ist.

Außerdem hat der Lieferant seine Lieferverpflichtungen an andere Abnehmer zu prüfen. Die meisten Lieferverträge an Molkereien sehen vor, dass der Milcherzeuger alle erzeugte Milch an die Molkerei zu liefern hat.

Um unliebsame und sehr teure Rechtsstreitigkeiten mit dem Hauptzollamt und Molkereien zu vermeiden, sollten sich Hofkäsereien vor der Verarbeitung von Fremdmilch unbedingt beraten lassen.

---

mehr. Zwischen dem landwirtschaftlichen Unternehmen und der Käserei tritt ein Lieferverhältnis ein. Die Käserei wird dadurch gewerblich und muss sich beim zuständigen Hauptzollamt als Milchkäufer zulassen.

Gesellschaftsform: In der Landwirtschaft sind Personengesellschaften wie z. B. die Gesellschaft des bürgerlichen Rechts (GbR) die Regel. Bei diesen Gesellschaftsformen ist man bei der Wahl des Betriebsstatus frei. Kapitalgesellschaften wie z. B. eine GmbH können nur als Gewerbebetrieb geführt werden.

1.2 Auswirkungen einer Ausgliederung als Gewerbebetrieb

Wer seine Käserei als Gewerbe betreibt, hat vor allem mit einem größeren Verwaltungsaufwand und in einigen Bereichen auch mit Mehrkosten zu rechnen. Wer die Wahl hat, wird sich daher meistens für die landwirtschaftliche Betriebsform entscheiden. Ist ein Gewerbebetrieb aber unumgänglich, ist mit folgenden Änderungen zu rechnen:

Buchführungspflicht: Gewerbebetriebe unterliegen einer Buchführungspflicht. Diese muss jedoch nicht als Nachteil gewertet werden. Nur wer sich über Einnahmen und Ausgaben einen Überblick verschafft, kann die wirtschaftliche Situation des Betriebes bewerten.

Umsatzsteuer: Die Umsatzsteuer ist der einschneidendste Bereich bei der Abgrenzung zwischen Gewerbe und Landwirtschaft. Sie stellt den steuerlich größten Nachteil bei der Umwandlung von Landwirtschaft zu Gewerbe dar.

Die Landwirtschaft hat die umsatzsteuerrechtliche Wahl zwischen Pauschalierung und Option der Regelbesteuerung. Bei der Pauschalierung werden dem Abnehmer 9% Mehrwertsteuer in Rechnung gestellt. Diese 9% Mehrwertsteuer sind nicht an das Finanzamt abzuführen. Zu zahlende Vorsteuer z. B. für Investitionen kann bei der Pauschalierung nicht mit der einbehaltenen Mehrwertsteuer verrechnet werden und stellt somit einen Betriebsaufwand dar. Die Pauschalierung ist vorzuziehen, wenn nur mäßige Investitionen anstehen bzw. der Betrieb durch seine Weiterverarbeitung eine hohe Wertschöpfung erzielt.

Das Gewerbe hat keine Möglichkeit der Pauschalierung der Mehrwertsteuer. Es unterliegt der Regelbesteuerung. Durch die Teilauslagerung z. B. der Vermarktung in das Gewerbe besteht für den Betrieb die Möglichkeit, den Gewinn des Gewerbes zu steuern. Außerdem kann die von der Landwirtschaft erhobene Mehrwertsteuer von 9% als Vorsteuer geltend gemacht werden und mit der selbst erhobenen Mehrwertsteuer von 7% verrechnet werden. In vielen Fällen führt das zu einer Rückzahlung von Mehrwertsteuer durch das Finanzamt. Der Einkauf von Pfandgut ist für landwirtschaftliche Betriebe grundsätzlich ein Verlustgeschäft. Die erhobenen 16% Mehrwertsteuer können nicht mit der für das Pfandgut selbst zu erhebenden Mehrwertsteuer von 9%. verrechnet werden. Somit entsteht dem landwirtschaftlichen Betrieb bei Pfandgut immer ein Verlust.

Meldepflicht: Eine gewerbliche Käserei unterliegt nach § 2 der Melde-Verordnung einer wöchentlichen und monatlichen Meldepflicht über die angelieferten Milchmengen (Rohstoffeingang), die Rohstoffverwendung, den Warenbestand sowie den Milchauszahlungspreis. Die Meldepflicht führt durch den hohen Verwaltungsaufwand zu einer spürbaren Arbeitsmehrbelastung.

Zulassung als Milchkäufer/Abnehmer: Ein Erzeuger darf Kuhmilch an eine gewerbliche Käserei nur dann liefern, wenn diese als Milchkäufer zugelassen ist. Die Verwaltung der Referenzmenge obliegt der Käserei. Während landwirtschaftliche Käsereien die verarbeitete Kuhmilch über ihre Direktverkaufsreferenzmenge abrechnen, erfolgt nun die Abrechnung über eine Anlieferungsreferenzmenge. Dadurch verschlechtert sich die Saldierungspraxis und der Verwaltungsaufwand steigt wegen der monatlichen Meldungen. Schaf- und Ziegenmilchverarbeiter sind von dieser Regelung nicht betroffen.

Sachkundenachweis: Gewerbliche Unternehmungen unterliegen der Milchsachkunde-Verordnung. Demzufolge ist in Abhängigkeit von der täglichen Verarbeitungsmenge eine gestaffelte Sachkunde nachzuweisen. Bis zu 500 l Tagesmilchmengenverarbeitung kann die Sachkunde durch einen erfolgreichen Abschluss einer Milchsachkundeprüfung (2–5-tägiger Lehrgang) erbracht werden. Zwischen 500 und 3.000 l ist die Ausbildung als Molkereifachmann/-frau erforderlich. Bei Überschreiten der 3.000 l Tagesmilchmengenverarbeitung muss ein Käsereimeister die Produktion verantworten.

Sozialversicherung: In Abhängigkeit vom Umfang der Milchverarbeitung kann u. U.

der Abschluss einer getrennten, meist nicht landwirtschaftlichen Sozialversicherung notwendig werden. Wer überwiegend in der Landwirtschaft tätig ist, kann auch weiterhin in der landwirtschaftlichen Sozialversicherung verbleiben. Gegebenenfalls sinkt der staatliche Zuschuss zur Alterskasse.

Fördermittel: Landwirtschaftliche Förderprogramme können für den Bau einer gewerblichen Käserei nicht in Anspruch genommen werden. Allerdings gibt es auch verschiedene Förderprogramme für Gewerbeneugründungen. Vorsicht ist geboten, wenn der Bau einer Käserei mit landwirtschaftlichen Fördermitteln gefördert wurde und erst anschließend zum Gewerbe wird. Um die Rückzahlung der Fördermittel zu vermeiden, sollte der Bewilligungsbescheid eingehend geprüft werden.

2 Die Käsereiplanung

Eine immer größer werdende Zahl an Hofkäsereien ist ein gutes Indiz, dass die hofeigene Milchverarbeitung rentabel gestaltet werden kann. Rohstofflieferanten werden zu Rohstoffverarbeitern. Damit sich der gewünschte Erfolg einstellt, muss eine Entscheidung für das Standbein Milchverarbeitung gut geplant sein. Die betrieblichen Voraussetzungen müssen eingehend geprüft werden und Produktion wie Vermarktung müssen sich an der potentiellen Kundschaft orientieren.

Nicht die Erzeugung billigster Nahrungsmittel ist das Ziel. Hofkäsereien gewinnen ihre Kundschaft mit einer überzeugenden, unverwechselbaren und hochwertigen Produktqualität. Die Planung einer Hofkäserei stellt daher ganz bewusst die Produktauswahl in den Mittelpunkt aller weiterer Überlegungen.

Abbildung 2.1 zeigt, dass zahlreiche betriebliche, außerbetriebliche und persönliche Faktoren die Sortimentsgestaltung beeinflussen. Die häufig zu Beginn der Planung gestellten Detailfragen nach Baukosten, geeigneten Käsereigeräten und der Käsereigröße lassen sich verständlicherweise erst nach der Festlegung auf ein bestimmtes Produktsortiment beantworten.

2.1 Rechtslage

Prinzipiell kann jeder landwirtschaftliche Betrieb die in seinem Betrieb anfallende Rohmilch zu Milchprodukten verarbeiten und vermarkten. Bei Beginn der Planung sollte man sich vor allem mit der zuständigen Veterinärbehörde in Verbindung setzen und sie in die Planung mit einbeziehen. Dadurch erspart man sich nachträgliche Beanstandungen und kann gleichzeitig ein Vertrauensverhältnis aufbauen.

Milch-Garantiemengen-Verordnung: Diese Verordnung fordert bei der Verarbeitung von Kuhmilch eine Umwandlung der bestehenden Anlieferungsreferenzmenge in eine Direktvermarktungsreferenzmenge. Die Umwandlung muss immer bis zum 31. März des laufenden Wirtschaftsjahres erfolgen. Ziegen- und Schafmilch unterliegt keiner Kontingentierung.

Käse-, Butter- und Milcherzeugnis-Verordnung: Diese Verordnungen regeln gemeinsam mit weiteren Verordnungen die Kennzeichnungsvorschriften für Milchprodukte (siehe Tabelle 2.1). Außerdem legen sie fest, ob Produkte aus Rohmilch oder pasteurisierter Milch hergestellt werden dürfen (siehe Tabelle 2.2).

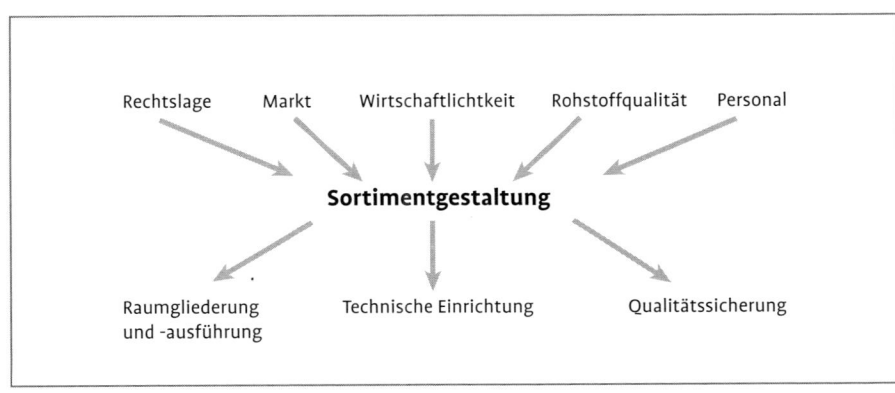

Abb. 2.1: Einflussfaktoren und Planungsverlauf bei der Aufnahme einer hofeigenen Milchverarbeitung.

Milch-Sachkundeverordnung: Diese Verordnung verlangt bei gewerblichen Betrieben einen Sachkundenachweis. Landwirtschaftliche Betriebe fallen zur Zeit nicht unter diese Verordnung.

EU-Lebensmittelhygiene-Verordnungen: Am 01.01.2006 haben die EU-Lebensmittelhygiene-Verordnungen (VO 178/2002, VO 852/2004 und 853/2004) die bis dahin gültige nationale Milch-Verordnung abgelöst. Die EU vollzieht mit dem neuen Hygienerecht einen Paradigmenwechsel. Detaillierte Anforderungen an die bauliche Gestaltung und Einrichtung der Verarbeitungsräume, an den Milchtransport sowie an die Lagerung, Kühlung und Verpackung der Produkte werden auf ein Mindestmaß zurückgefahren. An Bedeutung gewinnt die glaubhafte Darstellung, dass der Betrieb seinen Herstellungsprozess beherrscht. Dokumentiert werden muss dies durch die Einführung eines HACCP-Konzeptes und durch die Einhaltung mikrobiologischer Kriterien (siehe Kapitel 6).

Die Aufnahme einer Milchverarbeitung muss den zuständigen Behörden angezeigt werden und Hofkäsereien müssen in Abhängigkeit vom Vermarktungsweg gegebenenfalls ein Zulassungsverfahren durchlaufen. Durch den weitgehenden Wegfall detaillierter Bau- und Technikvorschriften sind angepasste Lösungen für Hofkäsereien in Zukunft leichter zu realisieren.

Zur Gewährleistung der Verbrauchersicherheit müssen Milchprodukte auf bestimmte mikrobiologische Kriterien (*Escherichia coli*, *Staphylococcus aureus*, *Listeria monocytogenes*, Salmonellen) untersucht werden.

Außerdem müssen Hofkäsereien Abnehmer- und Lieferantenverzeichnisse führen, damit im Ernstfall zu beanstandende Produkte schnell vom Markt genommen werden können und kontaminierte Rohstoffe zurückverfolgt werden können.

Literaturtipp: Auf der Internetseite der europäischen Kommission http://europa.eu.int/eur-lex/lex/de/index.htm werden alle EU-Verordnungen veröffentlicht.

2.2 Markt

Hochpreisige Produkte wie Hofkäse verkaufen sich nicht über den Preis sondern überzeugen den Kunden durch andere Qualitätskriterien. Nach wie vor bevorzugen Hofkäsereien meistens die Direktvermarktung, da die Qualität der Produkte im direkten Kundenkontakt am überzeugendsten vermittelt werden kann. Bei der Vermarktung über Dritte kommen vor allem Käse-Fachgeschäfte, Käse-Affineure, Spitzengastronomie und der regionale Einzelhandel in Frage.

Einfluss auf die Sortimentsgestaltung hat die Ausrichtung auf bestimmte Käuferschichten, die sich wie folgt unterscheiden:

Handwerkliche Produktion: Handwerklich erzeugte Produkte verzichten weitgehend auf eine Automatisierung des Herstellungsprozesses und auf den Einsatz zahlreicher technischer Hilfs- und Zusatzstoffe. Diese Produktionsweise gewinnt vor allem Kunden, die das Handwerk dem industriellen Food-Design vorziehen. So können sich Hofkäsereien bei der Herstellung von handverschöpftem Frischkäse oder rindengereifter Käse von Industrieware gut abheben. Ungleich schwerer haben es Hofkäsereien bei der Herstellung von Produkten wie Fruchtjoghurt. Hier haben Molkereien mit dem Einsatz von Technik sowie Hilfs- und Zusatzstoffen einen Standard gesetzt, der von Hofkäsereien nur schwer erreicht werden kann. Die Herstellung solcher Produkte ist nur dann sinnvoll, wenn der Kunde ausreichend über die unterschiedlichen Herstellungsweisen (z. B. Verzicht auf Milchpulver bei der Joghurtherstellung) informiert wird oder das Produkt wegen seiner regionalen Herkunft bevorzugt.

Regionale Produktion: Regional erzeugte Produkte heben sich positiv von anonymer Handelsware ab und vermitteln durch die Nähe zum Kunden Vertrauen. Dieses Kaufkriterium lässt sich vor allem in der Direktvermarktung einsetzten. In Gegenden mit geringer Kundendichte tritt dieses Argument entsprechend in den Hintergrund.

Tab. 2.1 Kennzeichnungselemente für Milchprodukte

Angaben	Käse	
	loser Verkauf	Fertigpackung (1)
1. Verkehrsbezeichnung	X	X
2. Fettgehalt	X	X
3. Wärmebehandlung	X	X
4. Preisangabe	X	X
5. Bio-Kennzeichnung	(X) (2)	(X) (2)
6. Gentechnik-Kennzeichnung	(X) (2)	(X) (2)
7. Mindesthaltbarkeitsdatum	(X) (2)	X
8. Name und Anschrift		X
9. Mengenangabe		X
10. Zutaten-Verzeichnis		(X) (2)
11. Allergenkennzeichnung	(X) (2)	(X) (2)
12. Genusstauglichkeits-Kennzeichnung		(X) (2)
13. Herkunftsbezeichnung	(X) (2)	(X) (2)

(1) Für **bedienten Verkauf ab Erzeugerbetrieb** gelten für Fertigpackungen die gleichen Anforderungen wie für losen Verkauf.
(2) Die Angaben in Klammern müssen nur unter **bestimmten Bedingungen** angegeben werden (s. o.).

Tab. 2.2 Aktionsspielräume bei der Vermarktung von Milchprodukten

Produkt	Abgabe	
	nur im Erzeugerbetrieb	auch außerhalb des Erzeugerbetriebs
Rohmilch	●	
Vorzugsmilch		●
Landbutter aus Rohmilch		●
Hart- und Schnittkäse aus Rohmilch		●
Weichkäse		
aus Rohmilch		●
aus wärmebehandelter Milch		●
Frischkäse/Speisequark		
aus Rohmilch		● (1)
aus wärmebehandelter Milch		●
Sauermilchkäse		
aus Rohmilch		● (1)
aus wärmebehandelter Milch		●
Sonstige Milcherzeugnisse		
aus Rohmilch		● (1)
aus wärmebehandelter Milch		●

(1) Das neue EU-Hygienerecht sieht kein Wärmebehandlungsverbot für Milchprodukte mehr vor. Die deutschen „Produkt"-Verordnungen werden derzeit an die neue Rechtslage angepasst, so dass eine Abgabe der Produkte in Zukunft auch außerhalb des Erzeugerbetriebes möglich sein wird.

Spezialitäten-Produktion: Spitzengastronomie und anspruchsvolle Kunden schätzen Käse, die sich durch ausgefallene und aufwendigere Rezepturen von der Massenware abheben. Gängige Käsesorten wie z. B. Gouda oder Camembert, die es in großer Zahl bereits auf dem Markt gibt, werden diese Kundenschicht kaum befriedigen. Hier gilt es mit ausgefallenen Käsekreationen wie z. b. pfiffigen Frischkäsezubereitungen, Ziegen- und Schafmilchprodukten, Edelschimmelkäsen und exquisiten Weichkäsen den Kunden für sich zu gewinnen.

Dienstleistung/Service: Die Lieferung an die Haustür stellt den Service für den Verbraucher in den Mittelpunkt. Dieser Vermarktungsweg eröffnet vor allem für Frischprodukte wie Trinkmilch, Speisequark oder Joghurt weitere Absatzmärkte. Auch mit an die jeweilige Kundenschicht angepassten Käse-Abonnements lässt sich der Käseabsatz ankurbeln.

2.3 Wirtschaftlichkeit

Eine Entscheidung für das Standbein Milchverarbeitung ist aufgrund der erheblichen Investitionen und der Arbeitsbelastung auf die Dauer nur tragbar, wenn diese zu einer merklichen Einkommensverbesserung beitragen kann. Da in vielen Betrieben mit Milchverarbeitung diese den wichtigsten Betriebszweig darstellt, hängt vom Einkommen aus der Milchverarbeitung auch die Tragfähigkeit des Gesamtbetriebes ab.

Die Wirtschaftlichkeit wird insbesondere durch folgende Faktoren beeinflusst:
- Verkaufserlöse in Abhängigkeit von der Sortimentsgestaltung und den Vermarktungswegen (Marktleistung).
- Kosten der Rohmilch.
- Investitionsvolumen bzw. Fixkostenbelastung.
- Verarbeitungsmenge, Chargengröße und Arbeitsaufwand.

Um ein Kilogramm Produkt herzustellen, werden je nach Produkt sehr unterschiedliche Milchmengen benötigt. Bei den derzeit üblichen Marktpreisen lassen sich bei Frischprodukten wie Joghurt und Frischkäse sowie Weichkäse beachtliche Erlöse pro Liter Milch erzielen. Schlechter schneiden Speisequark, Schnitt- und Hartkäse ab. Letztere erzielen gegenüber Weichkäse geringere Preise bei höherem Milcheinsatz. Dadurch sinkt der Erlös pro eingesetztem Liter Milch.

Allerdings ist zu berücksichtigen, dass diese Erlöse schnell durch Mehrkosten im Bereich der technischen Ausstattung oder des Personals geschmälert werden können. Dies gilt z. B. für Frischprodukte, die in der Regel Zusatzinvestitionen im Bereich der Pasteurisierung und Abfülltechnik nach sich ziehen.

2.4 Rohstoffqualität

Die Qualität der Verarbeitungsmilch beeinflusst entscheidend die Qualität der Endprodukte (siehe Kapitel 5). Der Gesetzgeber hat in der Verordnung (EG) Nr.

Tab. 2.3 Die Erlöse für ein Kilogramm Bio-Verarbeitungsmilch sind stark produktabhängig (Dempewolf 2002)

Produkte	Benötigte Milchmenge für 1 kg Produkt	Durchschnittlicher Produktpreis (Euro/kg)	Erlös (Euro/kg Milch)
Speisequark	3,5	4,25	1,21
Weichkäse	8,0	13,85	1,73
Schnittkäse	10,0	12,74	1,27
Hartkäse	11,5	12,63	1,10

853/2004 für die Verarbeitungsmilch einige mikrobiologische Kriterien (Keimzahl, Somatische Zellen) festgelegt.

Im Gegensatz zur industriellen Verarbeitung setzen Hofkäsereien eine ganze Reihe von Standardisierungsmaßnahmen nicht ein. Baktofugen zum Entfernen der Clostridiensporen sowie Homogenisatoren zur Feinstverteilung des Fetts sind sehr teure Geräte, die für kleine Milchmengen nicht rentabel eingesetzt werden können. Auf die Pasteurisierung verzichten zahlreiche Hofkäsereien, da sie auf die sensorischen Vorzüge der Rohmilchverarbeitung nicht verzichten wollen.

Hofkäsereien müssen aus den genannten Gründen präventiv Fehlerquellen vermeiden und daher weitergehende Qualitätskriterien an die Milchqualität anlegen.

Mikrobiologische Qualität: Bei der Verarbeitung von Rohmilch fehlt die Pasteurisierung als Korrektiv zur Abtötung pathogener Keime. Rohmilchverarbeiter müssen daher besondere Sorgfalt bei der Sicherstellung der Tiergesundheit und einer optimalen Melkhygiene walten lassen. Der Zellgehalt in der Sammelmilch sollte 150.000 Zellen/ml nicht übersteigen. Außerdem sollte nur frische Milch (maximal 2 Gemelke) verarbeitet werden. Im Gegensatz zur Molkereiablieferung ist der absolute Keimgehalt weniger bedeutend. Keimgehalte über 100.000 Keime/ml sind bei frischer Sammelmilch kaum zu erwarten. Wichtiger ist es, auf Indikatorkeime für eine subklinische Mastitis wie z. B. *Staphylococcus aureus* regelmäßig zu untersuchen.

Fütterung: Bei der Herstellung von Schnitt- und Hartkäse bereitet der Einsatz von Silage in der Milchvieh-Fütterung Probleme. Durch die im Futter enthaltenen Clostridiensporen kann es 4–6 Wochen nach der Herstellung zu Spätblähungen bei diesen länger lagernden Käsesorten kommen. Abhilfe ist nur durch eine Futterumstellung auf Heufütterung oder eine sehr gute Silagebereitung zu erzielen.

> **Kasten 2.1: Grundüberlegungen zu hoher Rohstoffqualität**
> - Silofreie Milch bevorzugen.
> - Bei Fettgehalt > 4,2 % bei länger reifenden Käsesorten Verarbeitungsmilch entrahmen.
> - Melkanlage regelmäßig warten.
> - Verarbeitung von 2 Gemelken ist optimal.
> - Lagerung der Abendmilch möglichst nicht unter 8 °C und nicht über 10 °C.
> - Zellgehalt in der Sammelmilch: < 150.000 anstreben.
> - Auf minimale mechanische Belastung der Milch achten (d. h. weitgehender Verzicht auf Pumpen).

Milchlagerung: Aus arbeitswirtschaftlichen Gründen ist das Sammeln von mehreren Melkzeiten durchaus interessant. Allerdings verschlechtert sich die Rohstoffqualität dabei rapide. Die niedrigen Lagertemperaturen können zur Fettschädigung und Festlegung von Calcium führen. Außerdem vermehren sich einseitig kälteliebende Bakterien, deren Enzyme einen ungeregelten Fett- und Eiweißabbau begünstigen. Geschmacksfehler können die Folge sein. Hochwertige Milchprodukte können aus länger gestapelter Milch (mehr als 2 Melkzeiten) nicht mehr in ansprechender Qualität hergestellt werden.

2.5 Personal

Die Produktauswahl wird natürlich maßgeblich durch die Fähigkeiten und Neigungen des zur Verfügung stehenden Personals bestimmt. In der Regel übernehmen Personen aus dem Umfeld des Betriebes ohne spezielle Käsereierfahrung die Verarbeitung. Steigen die verarbeiteten Milchmengen, dann reichen die betriebseigenen Arbeitskapazitäten nur selten aus. Fachpersonal wird benötigt. Da Fachpersonal nur sehr schwer zu bekommen ist, müssen sich Hofkäsereien auf die Aus- und Weiterbildung ihres Personals einstellen.

Berufsausbildung: Der beste Einstieg in die Verarbeitung von Milch ist für Berufsanfänger eine Lehre als Molkereifachmann/-frau. Diese Ausbildung erfolgt im dualen System. Dem Lernort, z. B. Hofkäserei, steht der Lernort Berufsschule zur Seite. Bereiche, die durch die Ausbildung im Betrieb nicht ausreichend abgedeckt werden, sollen in der überbetrieblichen Ausbildung vermittelt werden. Aufgrund der vielfältigen Anforderungen in Molkereien und der breiten Produktpalette ist die Ausbildung sehr vielseitig. Allerdings wird ein Großteil der Ausbildung der Praxis in Hofkäsereien nicht gerecht, da sie auf eine industrielle Tätigkeit in Molkereiunternehmen abzielt. Der landwirtschaftliche Milchverarbeiter muss aber seinen Arbeitsplatz, also die gesamte Käserei, selbständig planen und einrichten können. Die Entscheidungen über die Produktionsabläufe bis hin zu Vermarktungsfragen liegen in seinem Verantwortungsbereich.

Der duale Aufbau dieser Ausbildung ermöglicht es aber, sich einen Arbeitsplatz in einer Hofkäserei oder kleineren Dorfkäserei zu suchen und so die Arbeitsabläufe in diesem Bereich ebenfalls kennen zu lernen.

Fort- und Weiterbildung: Inzwischen gibt es zahlreiche Fort- und Weiterbildungsangebote für angehende Hofkäser. Anfängerkurse vermitteln die praktischen und theoretischen Grundbegriffe der Milchverarbeitung. Darauf aufbauend können Fortgeschrittenenkurse zu bestimmten Käsesorten besucht werden. Auch Praktika in Sennereien und Hofkäsereien geben einen guten Einblick in die handwerkliche Milchverarbeitung.

Seit 1995 können sich Interessenten auch zum „Staatlich anerkannten Landwirtschaftlichen Milchverarbeiter" fortbilden lassen. Angeboten wird dieser in Deutschland einzigartige Lehrgang vom Verband für handwerkliche Milchverarbeitung im ökologischen Landbau e. V. in Zusammenarbeit mit der Milchwirtschaftlichen Lehr- und Forschungsanstalt in Wangen im Allgäu.

Kasten 2.2 Sinnvoller Einstieg in die hofeigene Milchverarbeitung
- Ausbildung zum Molkereifachmann/Molkereifachfrau (z. B. in Hofkäsereien oder kleineren Dorfkäsereien).
- Fortbildung zum staatlich anerkannten landwirtschaftlichen Milchverarbeiter (Berufsbegleitende Fortbildung des Verbandes für handwerkliche Milchverarbeitung im ökologischen Landbau e. V. in Zusammenarbeit mit der Milchwirtschaftlichen Lehr- und Forschungsanstalt Wangen im Allgäu).
- Praktika in Hofkäsereien oder Sennereien.
- Käsekurse für Anfänger und Fortgeschrittene.
- Käserei-Exkursionen.

3 Die Käserei

3.1 Raumgliederung

Die Aufnahme der Milchverarbeitung setzt hinreichende Räumlichkeiten auf dem landwirtschaftlichen Betrieb voraus.

Räume für eine Käserei können durch Umnutzung bestehender Gebäude, wie z. B. Altställe, oder durch Neu- und Anbau geschaffen werden.

Erfahrungsgemäß findet die räumliche Anordnung im Gesamtbetrieb und die Raumaufteilung nur wenig Beachtung bei der Planung. Dies mag sicherlich auch an der überwiegenden Nutzung von Altgebäuden liegen, die wenig Spielraum bei der Platzwahl lassen.

Standortwahl und Raumangebot haben aber einen nicht zu unterschätzenden Einfluss auf Arbeitswirtschaft und Hygienestandard und sollten sowohl beim Umbau bestehender Altgebäude als auch bei einem Neubau gründlich geplant werden.

Sowohl bei der Standortwahl, der Raumgliederung als auch der eigentlichen Bauausführung sollten die Veterinärbehörden von Beginn an einbezogen werden. In der Planungsphase können Forderungen der Behörde meistens ohne Probleme umgesetzt werden. Nachbesserungen oder Umbauten an bereits fertig gestellten Käsereien sind hingegen äußerst kostspielig.

Bei strittigen Fragen zwischen Veterinärbehörde und Hofkäserei können Fachberater oder Fachverbände vermittelnd tätig werden.

3.1.1 Standortwahl

Die Standortwahl hat verschiedenste Aspekte zu berücksichtigen. Sie soll
- hygienische Risiken für die Produktion ausschließen,
- die Kosten für den Neubau und für eine eventuell notwendige interne Klimasteuerung in Grenzen halten,
- einen schonenden Milchtransport zulassen,
- eine spätere Ausdehnung der Produktion ohne Probleme ermöglichen,
- die innerbetrieblichen Prozessabläufe positiv unterstützen.

Bei einem Neubau hat zu Beginn unbedingt eine Baugrundprüfung zu erfolgen, um unliebsame Überraschungen zu vermeiden. In Gebieten mit hohem Grundwasserstand bzw. Hochwassergefahr kann dann aus Kostengründen auf eine Unterkellerung verzichtet werden, da diese eine sehr teure, wasserundurchlässige Bauweise erforderlich machen würde.

Das Baugrundstück hat in Größe und Form genügend Platz für die notwendigen Gebäude einschließlich der benötigten Infrastruktur wie Parkplätze, An- und Abfahrtswege u. a. zu bieten. Dies bedeutet, dass natürliche Hindernisse wie Hanglage, Gewässer u. a. bei der Planung berücksichtigt werden müssen. Die Gestaltung der äußeren Umgebung mit Ein- und Ausgängen sowie An- und Abfahrtswegen muss dabei optimal an den innerbetrieblichen Prozessablauf angepasst werden.

Die klimatischen Anforderungen an die verschiedenen Käsereiräume (Raumtemperatur, Luftfeuchtigkeit) sind abhängig von der hergestellten Käsesorte und können nur in spezialisierten Käsereien an die jeweilige Käsesorte optimal angepasst werden. Alle anderen Käsereien werden Kompromisse eingehen.

Generell ist aber eine ausgesprochene Sonnenlage der Verarbeitungs- und insbesondere der Reifungsräume zu vermeiden, da bei der Käseherstellung bereits produktionsbedingt hohe Raumtemperaturen sowie eine hohe Luftfeuchtigkeit entstehen. Daher ist es ratsam, die Hauptfront von Reifungsräumen, Kühlzellen und Milchlager nach Norden auszurichten. Fenster an der Sonnenseite sollten durch eine äußere Überdachung vor Sonneneinstrahlung geschützt werden. Innenjalousien sind wegen damit verbundener Reinigungsprobleme ungeeignet.

Zur Gewährleistung einer guten Be- und Entlüftung sollten die Verarbeitungsräume nicht völlig im Windschatten anderer Gebäude stehen. Eine Ausrichtung der Hauptfensterfront in Windrichtung ist von Vorteil. Zu starke Winde bergen andererseits die Gefahr des Staubeintrages. Die Anlage von Grünflächen reduziert die unmittelbare Staubentstehung und Anpflanzungen von Gehölzen können als Windschutz dienen. Natürlich sollten auch Infektionsquellen, wie Straßen, Parkplätze, Mist- und Güllelagerstätten, nicht in unmittelbarer Nähe der Verarbeitungsräume liegen.

3.1.2 Raumaufteilung

Die Milch durchläuft während des Herstellungsprozesses zahlreiche Arbeitsschritte (siehe Abbildung 3.1). Bei der Planung ist für jeden Arbeitsschritt ein eigenständiger Bereich vorzusehen. Dabei sind die Arbeitsbereiche möglichst nach ihrer zeitlichen Abfolge anzuordnen und in Rein- und Schmutzbereiche zu trennen (siehe auch Kapitel 6.3.3).

Tabelle 3.1 fasst den Mindestraumbedarf zusammen. Viele Arbeitsschritte lassen sich

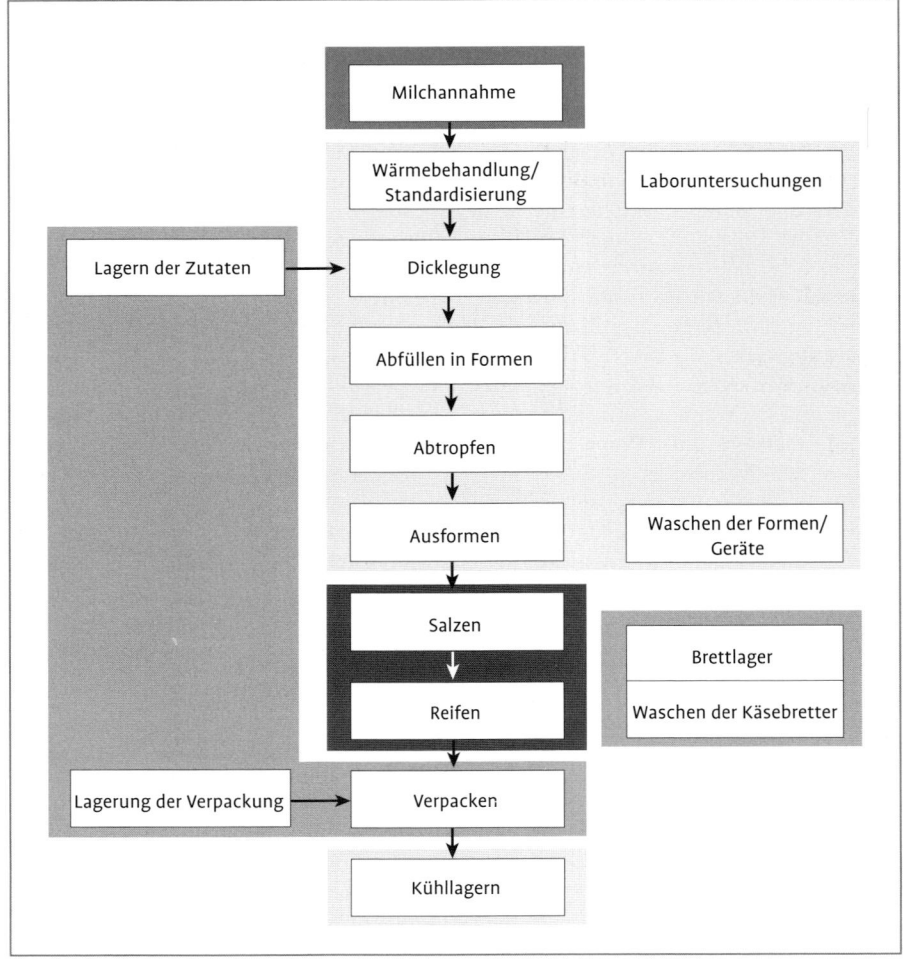

Abb. 3.1: Die Milch durchläuft während des Herstellungsprozesses zahlreiche Arbeitsschritte. Die gemeinsam grau hinterlegten Arbeitsschritte können in einem Raum stattfinden.

Raumgliederung

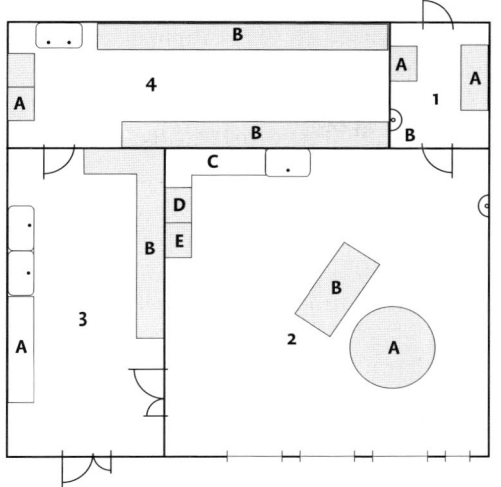

Abb. 3.2 (links): Grundrissbeispiel für eine kleine Hofkäserei mit einem Verarbeitungsumfang von ca. 50.000 kg Milch pro Jahr.

1 Hygieneschleuse ($3,2\ m^2$)
A Kleiderspind
B Handwaschbecken

2 Verarbeitungsraum/Spülraum ($26\ m^2$)
A Käsekessel
B Abtropftisch
C Spülbereich
D Laugebad
E Säurebad

3 Verpackungsraum/Lagerraum ($12,5\ m^2$)
A Spülbereich
B Tische/Ablage

4 Reifungsraum ($12,2\ m^2$)
A Salzbad
B Reifungsregale

Büro (im Wohnhaus)

Abb. 3.3 (unten): Grundrissbeispiel für eine große Hofkäserei mit einem Verarbeitungsumfang von ca. 300.000 kg Milch pro Jahr.

1 Hygieneschleuse ($5\ m^2$)
A Kleiderspind
B Kleiderspind
C Handwaschbecken

2 Toilette ($1,9\ m^2$)
A Toilette

3 Toilettenvorraum ($1,7\ m^2$)
A Handwaschbecken

4 Büro ($12\ m^2$)
A Regale
B Schreibtisch

5 Labor ($9,6\ m^2$)
A Spülbereich
B Labortische

6 Spülraum ($28\ m^2$)
A Spülbereich
B Regale/Ablagen
C Rolltisch
D Desinfektionsbad
E Säurebad
F Laugebad

7 Verarbeitungsraum ($80\ m^2$)
A Chargenpasteur

B Weichkäsewanne
C Abtropftisch
D Vorpresswanne
E Käsekessel I
F Käsekessel II
G Käsepresse
H Spülbereich

8 Verpackungsraum ($36\ m^2$)
A Spülbereich
B Regale
C Ablage
D Tische

9 Reifungsraum I ($28\ m^2$)
A Salzbad
B Reifungsregale

10 Reifungsraum II ($12\ m^2$)
A Salzbad
B Reifhordenstapel

11 Bretterlager ($12\ m^2$)
A Spülbereich mit Ablage
B Trockenregal

12 Kühlraum ($12\ m^2$)
A Regale

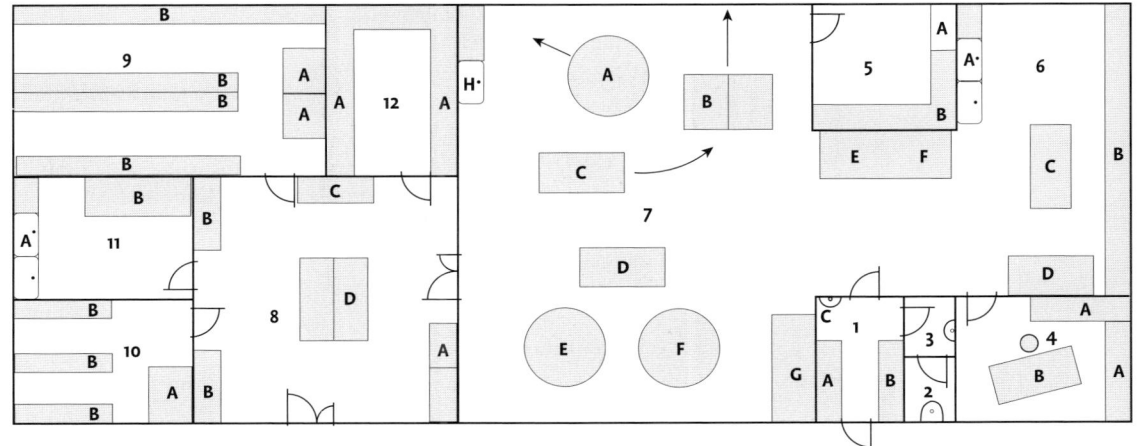

Tab. 3.1 Mindestraumbedarf für Hofkäsereien

Raum	Funktion
Schmutzschleuse	Wechsel der Kleidung
Verarbeitungsraum	Verarbeitung, Spülen der Käsereigeräte, Labor
Reifungsraum	Salzen und Reifen der Käse
Bretterlager	Reinigen und Lagern der Bretter
Lager- und Verpackungsraum	Kommissionierung, Verpackung verkaufsfertiger Ware
Kühlraum	Kühllagerung von Frischprodukten und von verkaufsfertiger Ware

Tab. 3.2 Häufig anzutreffende Baumängel in Hofkäsereien

Baumangel	Ursache
Schimmelbildung an Wand und Decke	schlechte Be- und Entlüftung, unzureichende Isolierung
verzogene Fenster und Türen	Einsatz ungeeigneter Materialien
schmutzige und rostende Heizungssysteme	Einsatz ungeeigneter Heizkörper
nicht säurefeste Verfugung von Fliesenfußböden	Einsatz ungeeigneter Fugenmörtel
schlechter Wasserabfluss	unzureichendes Gefälle des Bodens, Muldenbildung wegen schlechter Ausführung des Gefälleestrichs
schlecht zu reinigende Fußböden	Auswahl von Fliesen mit zu starkem Relief
mangelnde Rutschfestigkeit des Fußbodens	Auswahl von Fliesen mit zu wenig Relief
blasenwerfende Industriefußböden	schlechte Verlegung, feuchter Untergrund, Löcher in der Beschichtung

Tab. 3.3 Anforderungen an die Gestaltung der Käsereiräume

Raumgröße	**Einflussfaktoren für den Raumbedarf:** – der Produktionsumfang – die Produktpalette – die Anzahl der Mitarbeiter **Berechnung des Mindestraumbedarfs** Der Raumbedarf ergibt sich aus: – Standfläche der Einrichtungsgegenstände – Laufflächen Der Mindestraumbedarf kann überschlagsmäßig folgendermaßen berechnet werden: **Standfläche der Einrichtungsgegenstände multipliziert mit dem Faktor 4 (Bsp.: 5 m² Standfläche x 4 = 20 m² Mindestraumbedarf)**
Raumhöhe	**2,50 m** bei bodenständigem Käsekessel **3 m** bei bodenständigem Käsekessel mit Gesamtauszug **3,50–4 m** bei hochgestelltem Käsekessel, bei dem der Bruch durch Eigengefälle in die Formen läuft
Raumform	Quadratische Raumformen sind optimal, schlauchförmige Räume und Gänge sind ungünstig, da sie unnötige Wegstrecken verursachen

durchaus im gleichen Raum durchführen. Kleinere Käsereien sehen z. B. für das Reinigen der Käsereigeräte oder für Laboruntersuchungen lediglich einen eigenständigen Platz im Verarbeitungsraum vor (siehe Abbildung 3.2). In größeren Käsereien steigt i. d. R. die Zahl der Räume. So werden Arbeitsbereiche wie Laboruntersuchungen, Lagern der Verpackung, Lagern der Zutaten in separate Räume ausgelagert (siehe Abbildung 3.3).

3.2 Bauliche Gestaltung der Verarbeitungsräume

Sämtliche Bauteile einer Käserei verschleißen unter den extremen Klimabedingungen mit der Zeit. Der Fußboden wird durch das ständige Begehen, das Überfahren mit schweren Geräten und die Säureeinwirkung enorm beansprucht. Wände, Decken aber auch Fenster und Türen müssen der hohen Luftfeuchtigkeit widerstehen können. In der Praxis sind immer wieder die gleichen Fehler bei der baulichen Gestaltung zu beobachten (siehe Tabelle 3.2). Bei guter Planung kann die Lebensdauer der Bauhülle erheblich verlängert werden.

Die gesetzlichen Anforderungen an die Verarbeitungsräume sollen vor allem dem Verbraucherschutz dienen. Nachteilige Beeinflussungen der Milchprodukte, wie z. B. Reinfektionen der Rohmilch und der Rohkäse, sollen durch eine hygienische Baugestaltung vermieden werden (siehe auch Kapitel 6.3.3).

In der Praxis fallen Verarbeitungsräume häufig zu klein aus. Dabei werden die Kosten für den Käsereibau meistens überschätzt und die täglich entstehenden Folgekosten durch erhöhten Personalaufwand unterschätzt. Die Folgen zu kleiner Verarbeitungsräume sind:
- mangelhafte Arbeitsqualität,
- zeitaufwendige Arbeitsabläufe,
- erschwerte und zeitaufwendige Reinigung.

Auch die Ausweitung des Verarbeitungsumfangs sowie Veränderungen bei der Produktpalette können Gründe für zu kleine Verarbeitungsräume sein. Bereits bei der Planung ist an Freiflächen für eine räumliche Ausdehnung zu denken. Tabelle 3.3 fasst die wichtigsten allgemeinen Anforderungen an die Verarbeitungsräume zusammen.

3.2.1 Bodenbelag

Böden in Käsereien unterliegen einer sehr starken Beanspruchung durch das Begehen, das Überfahren mit schweren Abtropftischen sowie durch die ständige Säureeinwirkung der Molke. Durch gleitverursachende Stoffe, wie z. B. Milch und Wasser, besteht erhöhte Rutschgefahr. Nicht zuletzt müssen die Fußböden gut zu reinigen sein (siehe Kasten 3.1).

Zur Auswahl stehen verschiedene Fliesenfußböden und Kunstharzbeschichtungen. Aber auch profiliertes Schuhwerk leistet bei der Laufsicherheit wertvolle Dienste.

Fliesenfußboden

Fliesenfußböden haben in Molkereien und Käsereien eine lange Tradition. Fliesenfußböden haben gegenüber Industriefußböden den Vorteil, dass sie härter als diese sind. Nachteil der billigeren Fliesenfußböden ist ihr Fugenanteil, der aufwendiger zu reinigen ist und bei falscher Mörtelwahl keine hohe Beständigkeit aufweist.

Grundsätzlich kommen alle säurefesten Fliesen für eine Verlegung in Frage. Zu bevorzugen ist unglasierte Naturkeramik wie Spalt- und Vollklinkerplatten für den Gewerbebereich (siehe Abbildungen 3.5 und 3.7). Sie sind auch ohne Glasur absolut wasserundurchlässig. Billigere Fliesen schützt eine Glasur vor dem Eindringen der Flüssigkeit. Durch absplitternde Kanten kann jedoch die schützende Glasur verloren gehen und Feuchtigkeit in die Fliese eindringen. Die eindringende Feuchtigkeit löst die Fliese und schädigt den Bodenbelag.

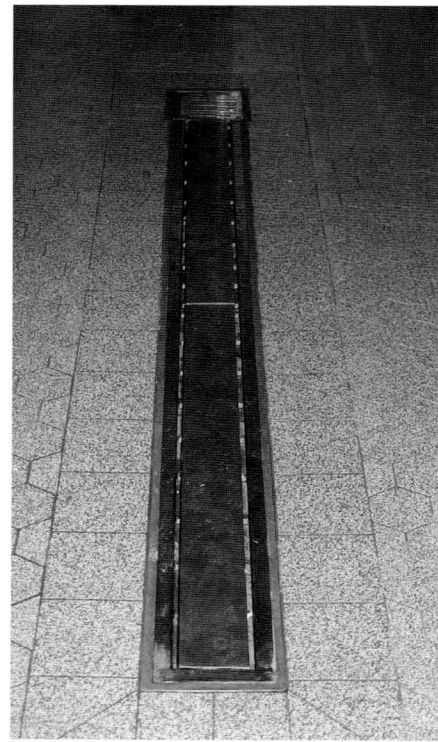

Abb. 3.4 (oben): Glasierte Bodenfliesen erreichen eine ausreichende Rutschfestigkeit nur durch ein schlecht zu reinigendes Profil und sind für Käsereien ungeeignet.

Abb. 3.5 (rechts): Vollklinkerplatten können im Rüttelverfahren verlegt werden und ergeben durch ihre spezielle Geometrie ein sauberes Fugenbild. Entwässerungsrinnen sind für große Verarbeitungsräume zu empfehlen, da sie großflächig entwässern.

> **Kasten 3.1: Problembereiche eines Fußbodens**
> Übergang zwischen Fußboden und Wand: Die Fuge zwischen Boden- und Wandfliese kann wegen der unterschiedlichen Ausdehnung von Wand und Bodenfläche leicht aufreißen. Am besten wird der Übergang mit einer Kehlsockel-Fliese gelöst (siehe Abbildung 3.7). Die Dehnungsfuge am Boden wird mit dauerelastischem Fugenmaterial (z. B. säurefestes Silikon) geschlossen. Kunstharzböden ermöglichen durch eine Hohlkehle einen sauberen Wandanschluss.
> Bodengefälle: Das Bodengefälle soll den raschen Abfluss des Wassers gewährleisten. Pfützenbildung ist unerwünscht und stellt ein hygienisches Risiko dar. Je größer die zu entwässernde Fläche ist, desto größer muss das Gefälle sein. Anzustreben ist ein Gefälle von mindestens 2 %. Relieffliesen benötigen ein etwas stärkeres Gefälle, um ein Absetzen der Schmutzteilchen zu verhindern. Als Obergrenze sollten 5 % Gefälle nicht überschritten werden, da sonst ebenfalls Schmutzteilchen durch das zu schnell abfließende Wasser zurückbleiben.
> Da selbst Fachfirmen diese Gefälle des öfteren nicht einhalten, ist dies bei der Bauabnahme dringend zu überprüfen. Sollte das vertraglich vereinbarte Gefälle nicht eingehalten werden, sollte eine neue Estrichverlegung mit ausreichendem Gefälle verlangt werden.
> Anschlüsse an Abflüsse: Für die Langlebigkeit eines Fußbodens ist die Anbindung der Fliesen an den Bodenabfluss von entscheidender Bedeutung. Hier beobachtet man am häufigsten, dass sich Fliesen lösen. Um die Abflüsse herum empfiehlt es sich, mit dauerelastischem und säurefestem Fugenmaterial zu verfugen (siehe Abbildung 3.5).

Durch die fehlende Glasur ist unglasierte Naturkeramik i. d. R. auch ohne Oberflächenprofil ausreichend rutschfest. Hingegen benötigen fein aufbereitete Keramik und glasierte Fliesen meistens ein Oberflächenprofil um die geforderte Rutschfestigkeitsnorm zu erreichen.

Der Hauptverband der gewerblichen Berufsgenossenschaften hat für Bodenbeläge Bewertungskriterien festgelegt, nach denen die unterschiedlichen gewerblichen Bereiche bezüglich Rutschgefahr eingestuft werden. Milchverarbeitende Betriebe fallen in dem viergliedrigen Bewertungsschema in die Bewertungsgruppe R 11.

Die Langlebigkeit eines Fliesenfußbodens ist ganz entscheidend von der Qualität der Verlegung und der Fliesenauswahl abhängig. Sehr langlebig sind Fußböden mit rüttelverlegten Klinkerplatten. Die Klinkerplatten werden dabei nicht auf einem Estrich verklebt, sondern direkt in ein Mörtelbett eingerüttelt, wodurch die Bodenhaftung der Klinker erhöht wird. Schlecht verlegte Böden geben sonst ständig Anlass für Beanstandungen durch die Veterinärbehörden, sind hygienisch bedenklich und verursachen bei Neuverlegung einen mehrtägigen Produktionsausfall.

In der Vergangenheit waren Fugen häufig das Hauptproblem eines jeden Fliesenfußbodens. Durch Fortschritte bei der Verlegetechnik (Rüttelverlegung) und durch die Entwicklung säurefester Fugenmörtel können Fugen heute hygienisch und dauerhaft ausgeführt werden.

Der Einsatz von „klassischem" Baumarktmörtel ist in einer Käserei fehl am Platz. Dieser Mörtel, auch wenn er als säurefest bezeichnet wird, genügt keiner Dauerbelastung durch Milchsäure und wird dementsprechend schnell aus den Fugen geätzt.

Bewährt haben sich Verfugungen mit säurebeständigem Reaktionsharz (Epoxid- oder Acrylharz). Allerdings gibt es gegenüber den Kunstharzen immer wieder gesundheitliche Bedenken. Erfreulicherweise gibt es inzwischen auch säurefeste, mineralisch-anorganische Silikatmörtel, die ohne bedenkliche Kunstharze auskommen.

Kunstharzbeschichtungen

Seit einigen Jahren bekommt der keramische Fußbodenbelag durch Beschichtungen auf Kunstharzbasis Konkurrenz. Dabei wird ein glatt abgezogener, fettfreier und ausreichend trockener Estrich mit einem Kunststoff-Belag überzogen. Es handelt sich um ein reaktionshärtendes Zweikomponenten-Produkt auf der Basis von Acryl- bzw. Epoxidharz. Die Dicke der Beschichtung beträgt in der Regel 4–8 mm. Durch die Zugabe von Quarzsand wird auch bei diesen Böden die Rutschfestigkeitsnorm R 11 erfüllt.

Der Vorteil dieser Böden besteht vor allem in der fugenfreien Ausführung (siehe Abbildung 3.6). Außerdem kann der Bodenbelag in der Art einer Wanne an den Wänden einige Zentimeter hochgezogen werden. Dadurch entsteht ein absolut dichter und reinigungsfreundlicher Wandanschluss. Feuchte Untergründe sind mit diesen Flüssigkunststoffen nicht beschichtbar.

Nachteilig wirkt sich die geringere Belastbarkeit aus. Fallen spitze, schwere Gegenstände auf den Boden, kann es zu Beschädigungen kommen, die sofort ausgebessert werden müssen, damit keine Feuchtigkeit in den Unterboden dringen kann.

Inzwischen haben einige Hersteller reagiert und bieten dickere Beschichtungen mit Epoxidharzmörtel an.

Acrylharzböden haben gegenüber Beschichtungen auf Epoxidharzbasis außerdem folgende Vorteile:

Abb. 3.6 (oben): Kunstharzbeschichtungen ergeben einen fugenfreien und gut zu reinigenden Fußboden. Bodenabflüsse sollten einen abnehmbaren Gitterrost und einen zur Reinigung herausnehmbaren Senkkasten besitzen.

Abb. 3.7 (unten): Gut gelöster Übergang von Boden und Wand mit einer Kehlsockelfliese und dauerelastischer Verfugung.

- Bei Nachbesserungen infolge Beschädigung oder Abnutzung treten keine Haftungsprobleme zwischen alter und neuer Schicht auf.
- Sie lassen sich abhängig von den Anforderungen auf Härte und Elastizität einstellen und sind daher sehr dauerelastisch. So können Risse im Unterboden durch den Einbau einer flexiblen Membran überbrückt werden. Der Unterboden ist dadurch bei kleinen Beschädigungen der obersten Schicht bis zur Sanierung vor eindringender Feuchtigkeit geschützt.
- Die Anschlüsse an Abläufe und Rinnen lassen sich absolut dicht und dauerelastisch ausführen.
- Saubere, dauerelastische Wandanschlüsse werden durch eine Hohlkehle erreicht.

3.2.2 Bodenabfluss

Alle Räume, die für die Milchverarbeitung genutzt werden, sollten über mindestens einen Abfluss verfügen. Auch Verpackungsräume und Lagerräume sind sinnvollerweise von Anfang an mit einem Abfluss zu versehen, da eine spätere Nutzungsänderung einen aufwendigen nachträglichen Einbau erforderlich machen würde.

Für einen gleichmäßigen Wasserabfluss ist die Raummitte der geeignetste Platz. Bei kleinen Räumen wird er dort häufig als störend empfunden, da viel durch die Raummitte gelaufen wird. Eine Verlegung an den Rand ist dann angebracht. Wichtig ist, dass er nicht unter einem feststehenden Gerät zu liegen kommt, da er dann zum Reinigen nur schlecht zu erreichen ist.

Um der Verstopfungsgefahr durch ein Zuwachsen der Rohrleitung zu begegnen, sollte diese mit ausreichendem Gefälle verlegt werden und einen Rohrquerschnitt von 12 cm nicht unterschreiten.

Bodenablauf

Ein Bodenablauf soll einen guten Wasserabfluss gewährleisten und ohne großen Aufwand zu reinigen sein. Zu empfehlen sind Bodenabläufe aus Edelstahl mit den Mindestmaßen 20 × 20 cm und herausnehmbarem Senkkasten. Ein eckiger Bodenanschluss erleichtert den Übergang zum Fliesenfussboden. Als Abdeckung haben sich rutschhemmende Stab- oder Gitterroste bewährt.

Abzuraten ist von gewöhnlichen Haushaltsabläufen, die mit ihrer Größe von 10 × 10 cm zu klein sind. Außerdem müssen die Deckel vor dem Reinigen abgeschraubt werden und die Senkkästen sind häufig aus minderwertigem Stahl, so dass sie leicht zu rosten beginnen. Auch Abläufe aus Plastik und Gusseisen sind ungeeignet. Erstere werden mit der Zeit rau und spröde und brechen dann leicht. Gusseisen beginnt bei Beschädigung der Schutzschicht aus Emaille zu rosten.

Entwässerungsrinne

Entwässerungsrinnen sind als Sammler bei großen Wassermengen gut geeignet. Der Abfluss erfolgt schneller und besser als bei kleinen Bodenabläufen.

Bei der Materialwahl ist wie bei den Bodenabläufen Edelstahl zu bevorzugen. Unterschieden werden Schlitz- und Kastenrinnen. Schlitzrinnen benötigen keine Abdeckung, so dass nicht ständig auf einem Rost rumgelaufen wird. Eingesetzt werden dürfen aber nur voll einsehbare Rinnen (Hygienerinnen), um die Reinigung kontrollieren zu können. Sie werden gerne mit einem Bodenabfluss kombiniert (siehe Abbildung 3.6).

Besser zu reinigen sind Kastenrinnen, da diese nach Abnahme der Abdeckung voll zugänglich sind. Ihre geringe Höhe empfiehlt sie auch für den Einsatz bei einem niedrigem Bodenaufbau.

3.2.3 Wandbeschaffenheit

Grundsätzlich akzeptiert der Gesetzgeber einen wischfesten Anstrich als Wandbelag. In der Praxis wird dieser sehr selten angewandt, da Fliesen besser zu säubern sind und der Wand einen Stoßschutz bieten. Zu empfehlen ist deshalb eine Fliesenhöhe von mindestens 1,80 m, um die Wand ausreichend vor Spritzwasser zu schützen. Befürchtete Schimmelbildung ist kein Grund für ein höheres Fliesen. Der Schimmel wird lediglich in die Fugen und an die Decke verdrängt. Ein wirksamer Schimmelschutz ist nur durch die Bekämpfung der Ursachen möglich (siehe Kasten 3.2). Über den Fliesen ist ein Mineralputz ausreichend, der nach Bedarf gestrichen wird.

An die Wandfliese und die Verfugung sind keine besonderen Anforderungen zu stellen. Glasierte, helle Fliesen sind sinnvoll. Große Fliesen reduzieren den putzintensiven Fugenanteil. In Türbereichen sollten die Außenkanten durch einen Stoßschutz (z. B. Edelstahlschiene) vor dem Absplittern geschützt werden (siehe Abbildung 3.8). Technische Rohrleitungen (Wasser, Dampf), die nicht unter Putz verlegt wurden, sollten durch entsprechende Abstandhalter mit mindestens 10 cm Wandabstand verlegt werden.

Beim Umbau von Altgebäuden oder zur Unterteilung von großen Räumen bieten sich auch Wandpaneele aus Kunststoff an. Sie entsprechen den gängigen lebensmittel- und baurechtlichen Anforderungen. Weitere Vorteile sind der schnelle Aufbau dieser Wände. Bei veränderten Raumanforderungen können diese Wände schnell demontiert und anderweitig wieder eingebaut werden. Aufgesteckte Leisten und Hohlkehlprofile ermöglichen einen sauberen und leicht zu reinigenden Übergang zwischen den Wandpaneelen und dem Boden bzw. der Decke. Einfache Raumabtrennungen lassen sich auch durch einen Vorhang aus Plastikstreifen erreichen.

3.2.4 Deckenbeschaffenheit

Durch den Einbau in alte Stallgebäude werden häufig ungünstige Deckenaufbauten wie Stahlträgerdecken und Holzbalkenlagen vorgefunden. Stahlträger sind ideale Kältebrücken, an denen eine Kondensatbildung trotz Putz kaum zu verhindern ist. Man wird die Eisenträger daher häufig bereits nach kurzer Zeit anhand ihrer streifenförmigen Schimmelbildung erkennen (siehe Abbildung 3.9). Auch eine Holzbalkenlage ist wegen ihrer Feuchtig-

Abb. 3.8: Im Türbereich sollte der Fliesenbelag durch Edelstahlprofile gegen Stoß geschützt werden.

Kasten 3.2: Maßnahmen zur Vermeidung von Schimmelbildung an Wand und Decken

Das Hauptproblem vieler Käsereien ist der immer wiederkehrende Schimmel an Wänden und Decken. Eine Reinigung und Desinfektion wird keinen dauerhaften Erfolg bringen, wenn die Ursachen der Überfeuchtung nicht beseitigt werden.

Schlechte Be- und Entlüftung: Die während der Herstellung freigesetzte Feuchtigkeit muss durch eine umfassende Raumlüftung abgeführt werden. Luftkurzschlüsse sind zu vermeiden (siehe Kapitel 3.2.7).

Unzureichende oder falsche Isolierung: Eine mangelhafte Isolierung führt an der Decke und den Wänden zur Kondensation der Luftfeuchtigkeit. Auch eine optimale Entlüftung vermag dann kaum die Überfeuchtung zu beheben.

Beim Umbau von Altgebäuden ist eine Deckenisolierung vorzusehen. Auch Außenwände sollten an heiklen Stellen zusätzlich isoliert werden.

Bei Fensterlaibungen kühlen die Seitenwände wegen der geringen Entfernung zur Außenwand stark aus. Zwangsläufig kondensiert an diesen Stellen mehr Luftfeuchtigkeit. Abhilfe schaffen spezielle Isoliereinsätze für Fensterlaibungen.

Abb. 3.9: Die Stahlträger in Stahlträgerdecken sind ideale Kältebrücken, an denen Kondensatbildung kaum zu vermeiden ist. Stahlträger sind nach kurzer Zeit an der streifenförmigen Schimmelbildung zu erkennen (Zeichnung aus Riedel 1952).

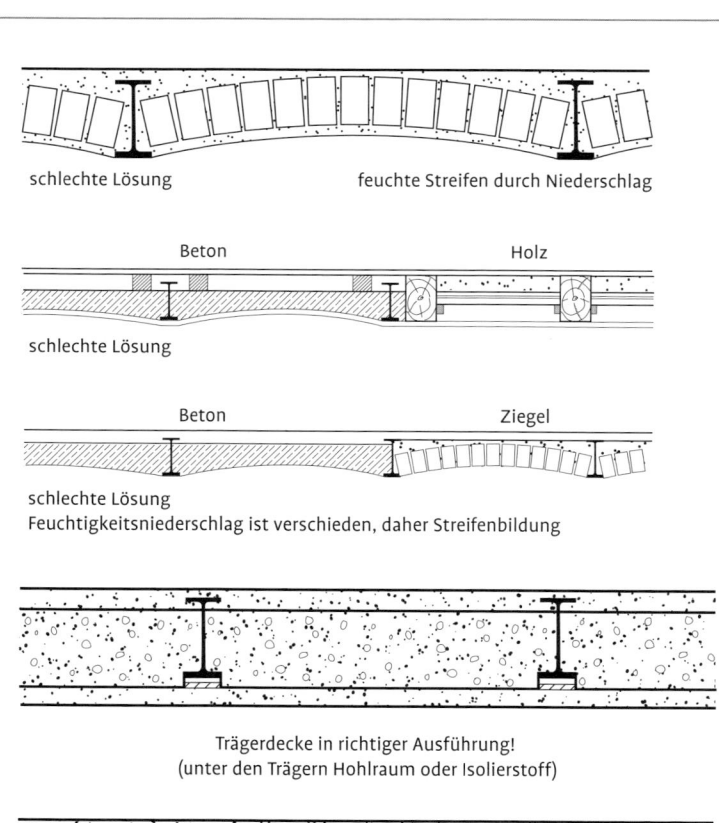

keitsempfindlichkeit für Käsereien von Nachteil. Sinnvollerweise wird man die Käsereidecke mit Feuchtraumplatten, Heraklitplatten oder Polystyrolsegmenten abhängen und gegebenenfalls hinterlüften.

In Neubauten sollte man einer Betondecke den Vorzug geben. Bei guter Isolierung und einem kältebrückenfreien Aufbau genügt an der Decke ein einfacher, möglichst glatter Putz, der von Zeit zu Zeit gestrichen wird. Ein Fliesen der Decken wäre wegen der Tropfwasserbildung verheerend und muss unterbleiben.

Quer zur Fensterfront verlaufende Unterzüge, Träger und Balken sind aus lüftungstechnischer Sicht zu vermeiden, da sie luftkissenbildend und dadurch schwitzwasserfördernd wirken. Auch hier bietet sich das Abhängen der Decke an, wenn eine ausreichende Raumhöhe erhalten bleibt.

3.2.5 Türen

Der vielfach praktizierte Einsatz von Holztüren hat sich in den meisten Fällen nicht bewährt. Türen faulen überall dort, wo sie nicht abtrocknen. Klassische Problemzonen sind die Türzarge, die im Wasser steht sowie die Unterkante der Türe, die bereits nach kurzer Zeit zu faulen beginnt.

Kunststofftüren sind die billigste Alternative, werden aber meistens aus dem wenig umweltverträglichem PVC (Polyvinylchlorid) hergestellt. Verzinkte Eisentüren sind wegen ihrer Rostanfälligkeit ungeeignet. Aus Umweltgesichtspunkten sowie vom Preis-Leistungsverhältnis sind lackierte Aluminium- oder pulverbeschichtete Stahltüren die beste Wahl. Edelstahltüren stellen eine sehr gute aber zugleich teure Lösung dar.

Bei allen Türen ist darauf zu achten, dass Beschläge und Scharniere ebenfalls aus nicht rostendem Material gefertigt sind. Auf Türschwellen oder Bodenschienen aus verzinktem Eisenblech, wie es sie bei manchen Einbautüren gibt, ist zu verzichten, da sonst keine rollenden Hilfsmittel eingesetzt werden können.

Damit auch größere Einrichtungsgegenstände durch die Tür passen, sind zweiflügelige Türen mit einer Mindestbreite von 1,50 m empfehlenswert. Für die Eingangstür zur Käserei ist ein Selbstschließmechanismus zu empfehlen. In der Käserei ist dagegen ein Schließmechanismus bei häufigerem Raumwechsel eher hinderlich.

3.2.6 Fenster

Fenster dienen der Beleuchtung, dem Außenkontakt und der Be- und Entlüftung. Die positive Wirkung mehrere Fenster mit schönem Ausblick auf die Arbeitsmotivation der Mitarbeiter ist bei der täglichen Arbeit in einem rundum gefliesten Verarbeitungsraum nicht zu unterschätzen. Außerdem können Lüftungsanlagen und Lampen Fenster niemals adäquat ersetzen. Gewerblichen Hofkäsereien wird ohnehin durch die Arbeitsstättenverordnung „eine Sichtverbindung nach außen" abverlangt.

Holz ist als Werkstoff wegen der hohen Luftfeuchtigkeit ungeeignet. Lackierte Aluminium- oder pulverbeschichtete Stahlfenster sowie Plastikfenster sind zu bevorzugen. Eine gute Verarbeitung des Fensterrahmens ist zu beachten, damit die Innenmechanik der Fenster nicht durch

Abb. 3.10: Plastikfenster mit Oberlicht sind in Käsereien eine gute Wahl. Der Fenstersturz sollte für eine zweckmäßige Entlüftung mit der Decke bündig abschließen. Schräge Fenstersimse lassen die an den Fensterscheiben kondensierte Feuchtigkeit gut abfliesen.

eindringende Feuchtigkeit geschädigt wird.

Für eine gute Be- und Entlüftung und ausreichend Helligkeit sollten so viele Fenster wie möglich eingeplant werden. Dabei ist der Über-Eck-Beleuchtung der Vorzug vor der Frontal-Beleuchtung zu geben. Bewährt haben sich Fenster mit einem unteren Fensterflügel und einem oberen Kippflügel (siehe Abbildung 3.10)

Über die Sommermonate ist das Anbringen von Fliegengittern erforderlich. Eine doppelte Bespannung sorgt für eine längere Haltbarkeit.

Fensterlaibungen neigen genauso wie Decken zum Schimmelansatz und werden daher des öfteren gefliest. Die Fenstersturzunterseite sollte aber gerade wegen des Tropfwassers nicht gefliest werden.

Durch Isolierverglasung wird zusätzlich die Kondenswasserbildung an den Scheiben reduziert. Da die Kondenswasserbildung nie völlig unterbunden werden kann, sind Fenstersimse immer eine Schmutzquelle. Die Fenstersimse sollten deshalb grundsätzlich schräg angebracht werden (siehe Abbildung 3.10). Dies fördert den Wasserabfluss und verhindert, dass der Fenstersims zugestellt wird. Außerdem wird der Lichteinfall verbessert.

3.2.7 Be- und Entlüftung

Die Notwendigkeit der Entlüftung ergibt sich in erster Linie durch den hohen Feuchtigkeitsgehalt der Luft, der sich während der Käseherstellung einstellt.

Bei der Be- und Entlüftung kann man zwischen einer Schwerkraftentlüftung, die sich die physikalischen Eigenschaften der warmen Luft zu Nutze macht, und einer Zwangsbelüftung mit Ventilatoren unterscheiden.

Die weitverbreitetste Lüftungsform besteht im Öffnen der in der Käserei befindlichen Fenster. Bei geeigneter Fensterzahl und -größe und einer korrekten Anordnung der Fenster sollte diese Lüftungsform den Ansprüchen einer Hofkäserei vollauf genügen. Eine Türenlüftung sollte unterbleiben, da offene Türen Tieren und Fremdpersonen Zugang verschaffen.

Bei der Nutzung alter Gebäude können angrenzende Stallgebäude, Miststätten oder Laufhöfe die Entlüftung in diese Richtung ausschließen, da die Infektionsgefahr zu groß ist. In diesem Fall muss die Entlüftung der Käserei mit Hilfe verschiedener Entlüftungseinrichtungen unterstützt werden. An eine einwandfreie Entlüftung sind folgende Anforderungen zu stellen (siehe auch Abbildung 3.11):

- Gewölbe oder Stürze dürfen nicht quer zur Entlüftung verlaufen, da sonst die Luftzirkulation behindert wird.
- Fenster- und Ventilatoren sind an verschiedenen Wandseiten anzuordnen, um eine Querbelüftung zu ermöglichen. Bei zu enger Anordnung von Luftzufuhr und -abfuhr wird die zugeführte Luft direkt wieder abgeführt (Luftkurzschluss) ohne dass der Raum entlüftet wird (siehe Abbildung 3.11, Beispiel 1).
- Ausreichend große Luftzuführungs- und Luftabführungswege sind Voraussetzung, dass sich Druckverluste und Strömungsgeräusche in annehmbaren Grenzen halten.
- Jeder Raum braucht eine eigene Entlüftungsvorrichtung. Der Versuch, einen Raum indirekt über einen zweiten Raum zu entlüften, scheitert an der unzureichenden Luftzirkulation.
- Entlüftungseinrichtungen sollten nicht über einem Abtropftisch angebracht werden, da in diesem Fall die kalte Luft über den Käse fällt oder gezogen wird. Dadurch kühlt der Käse ab und die Säuerung wird gehemmt. Aus diesem Grunde hat sich auch ein separater Abtropfraum bewährt, in den der Käse auf einem rollbaren Abtropftisch gefahren werden kann. Danach kann der Verarbeitungsraum ohne Risiko gelüftet werden.

Fensterentlüftung

Die Fensterentlüftung ist sicherlich die billigste Lüftungsform. Da Fenster bereits zur Beleuchtung dienen, können sie mit der Entlüftung eine Doppelfunktion ohne erhöhten Kostenaufwand erfüllen.

Damit eine Käserei nach dem Käsen ausreichend und in kurzer Zeit gelüftet werden kann, ist natürlich die Fensteranzahl wichtig. Weit mehr Bedeutung kommt aber der Fensteranordnung zu. Die Anordnung der Fenster muss tote Winkel vermeiden, die durch die ausströmende Luft nicht erfasst werden.

Ein optimales Lüftungsergebnis erreicht man, wenn die feuchte Luft direkt unter der Decke abgezogen wird. Ideal ist daher ein mit der Decke abschließender Fenstersturz, der oberhalb der Fenster keine toten Winkel entstehen lässt (siehe Abbildung 3.10). Die ausströmende Luft kann dann direkt unter der Decke entlang streichen. Eine Querlüftung des Raumes wird durch die Öffnung der unteren Fensterflügel erzielt. Wenn die Oberlichter nicht bis unter die Decke reichen, kann man eine Querbelüftung auch mit Ventilatoren erreichen. Auch Wandecken müssen durch den Luftstrom erfasst werden. Dazu sollten die Fenster möglichst bis in die Raumecken eingebaut werden.

Zwangsentlüftung

Vorwiegend werden ventilatorbetriebene Absauganlagen eingesetzt. Da sie Strom verbrauchen und mehr oder weniger Lärm verbreiten, sollten sie die Fensterlüftung nur unterstützen und nicht ersetzen. Bei ihrer Anordnung ist auf die nachfolgenden Punkte zu achten:

- Lüftungsschächte sind Schmutzquellen und sollten daher nicht über Tischen oder anderen Gerätschaften angeordnet sein.
- Absauganlagen benötigen Nachströmöffnungen (z. B. Fenster), die eine Querbelüftung erlauben. Eine oberhalb eines Fensters angebrachte Absauganlage ist daher sinnlos, da ein Luftkurzschluss entsteht und der restliche Raum nicht entlüftet wird.
- Eine ausreichende Entlüftungsleistung wird nur erzielt, wenn die Luft direkt unter der Decke abgesaugt wird (siehe Abbildung 3.11). Die Zugluft sollte möglichst von unten, z. B. durch ein geöffnetes Fenster oder Lüftungsklappen herangeführt werden.
- Querschnittsveränderungen und Rohrbögen hinter der Austrittsöffnung sind

Beispiel 1

Falsch: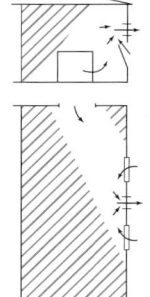

Richtig: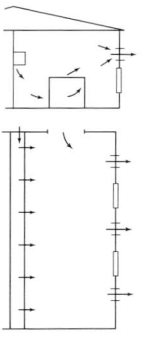

Oben Schnitt, unten Grundriss: Die Luft geht den leichtesten Weg zum Ventilator. Der gekennzeichnete Bereich wird nicht durchlüftet.

Oben Schnitt, unten Grundriss: Gleichmäßige Querlüftung. Auf den Kanal kann verzichtet werden, wenn Frischluft über Zuluftöffnungen in der dem Ventilator gegenüberliegende Wand nachströmen kann.

Beispiel 2

Falsch: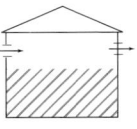

Richtig:

Querlüftung: Zu- und Abluftöffnungen zu hoch. Keine Lüftung der Aufenthaltszonen.

Querlüftung: Zu- und Abluftöffnungen diagonal zueinander angeordnet. Gute Lüftung der Aufenthaltszone.

Beispiel 3

Falsch: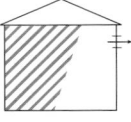

Richtig: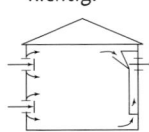

Luftkurzschluss: Große Teile des Raumes bleiben unberührt.

Absaugung teils schwerer Gase (Stall, Batterieraum, Gärkeller).

Abb. 3.11: Beispiele für gute und schlechte Luftführung bei der Be- und Entlüftung von Käsereiräumen.

zu vermeiden, da die Leistung des Ventilators erheblich gedrosselt wird.
- Der Ventilator muss eine Jalousienklappe haben und sollte leicht zu demontieren sein, damit das Entlüftungsrohr von Zeit zu Zeit gesäubert werden kann.

3.2.8 Heizung

In der Heizungstechnik wird zwischen der Strahlungsheizung und der Konvektionsheizung unterschieden. Für welches der beiden Systeme man sich entscheidet, ist letztlich eine finanzielle Frage. Die Strahlungsheizung stellt ohne Zweifel die putzfreundlichere Heizungsform dar, doch ist ihr Einbau meistens kostspieliger.

Für beide Heizungssysteme gilt, dass die Heizkörper in den verschiedenen Räumen separat zu steuern sein müssen, da die Temperaturanforderungen unterschiedlich sein können.

Mit Ausnahme der Wand- und Fußbodenheizung sind die Heizkörper normalerweise aus lackiertem Stahl. Um Rost zu vermeiden, muss auf die Unversehrtheit der Lackschicht geachtet werden. Problemloser sind Heizungsrohre aus nicht rostendem Edelstahl.

Abb. 3.12: Schlecht zu reinigende kaschierte Rippenheizkörper sind für Käsereien ungeeignet.

Konvektionsheizung

Die Erwärmung des Heizkörpers hat ein Aufsteigen der erwärmten Luft zur Folge. Dadurch wird kühlere Luft an den Heizkörper herangeführt und ebenfalls erwärmt. Im Raum findet dadurch eine ständige Luftumwälzung statt. Allerdings werden auch Staub und Schmutzpartikel am Heizkörper vorbeigeführt, die sich dort absetzen können.

Je größer die Wärmetauscherfläche, desto schlechter sind diese Heizkörper sauber zu halten. Nicht bewährt haben sich aus diesem Grunde kaschierte Rippenheizkörper. Während die Luft hinter der Kaschierung langstreichen kann, ist eine Reinigung der Rippen nahezu unmöglich und Roststellen können nicht beseitigt werden (siehe Abbildung 3.12).

Einen Kompromiss zwischen Putzfreundlichkeit und Energieausnutzung stellen gewöhnliche alte Rippenheizkörper dar. Noch besser lassen sich Flachheizkörper oder Heizkörper aus dicken Edelstahlröhren sauber halten.

Bei allen Heizkörpern ist eine ausreichende Wandentfernung bei der Anbringung zu beachten, um auch dahinter reinigen zu können. Ein Versenken des Heizkörpers in einer Wandnische ist deshalb unangebracht. Die Anbringung des Heizkörpers unterhalb eines Fensters, um die dort einfallende Kälte direkt aufzuwärmen, ist wärmetechnisch sinnvoll und daher in Wohnungen weitverbreitet. In Käsereien hängen die Heizkörper dann aber im Spritzwasserbereich. Aus diesem Grunde sollten die Heizkörper besser im oberen Wanddrittel aufgehängt werden (siehe Abbildung 3.13).

Strahlungsheizung

Bei dieser Heizungsform erfolgt die Lufterwärmung durch die Wärmeabstrahlung der Oberfläche. Während Konvektionsheizungen eine große Wärmetauschfläche auf kleinem Raum besitzen, verteilt sich die Wärmetauschfläche von Konvektionsheizkörpern großflächig z. B. auf den Boden oder die Wand.

Eine Strahlungsheizung ist aus hygienischer Sicht eindeutig zu bevorzugen, da

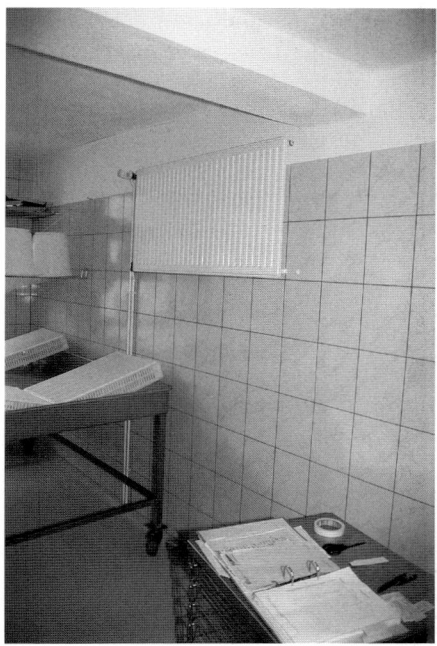

Abb. 3.13 (links): Flachheizkörper sind im oberen Wanddrittel außerhalb der Spritzwasserzone anzubringen.

Abb. 3.14 (rechts): Strahlungsheizungen sind in der Käserei optimal. Die abstandslose Anbringung verhindert eine Luftzirkulation hinter den Heizkörpern.

sich die glatte Oberfläche der Wärmetauscherflächen gut sauber halten lässt.

Bei Wand- und Bodenheizung verschwinden die wärmeführenden Rohre hinter den Fliesen. Diese Heizungssysteme sind jedoch wegen des großen baulichen Aufwandes nur bei einer Komplett-Sanierung der Verarbeitungsräume oder einem Käserei-Neubau sinnvoll. Eine weitere Möglichkeit ist die Anbringung von flachen Heizkörpern an der Decke (siehe Abbildung 3.14). Die abstandslose Anbringung verhindert eine Luftzirkulation hinter den Heizkörpern, weshalb es sich im Grunde um eine Strahlungsheizung handelt.

3.2.9 Beleuchtung

Tageslicht ist allen künstlichen Lichtquellen vorzuziehen. Leider findet man in der Praxis immer noch zahlreiche sehr dunkle Käsereien, was sicher auch am Einbau in Altgebäude liegt. Dennoch sollte man sich bei einem Umbau bestehender Gebäude die Mühe machen, ausreichend Fensterflächen einzuplanen (siehe Kapitel 3.2.6).

Als künstliche Lichtquellen kommen in erster Linie Punktstrahler und Leuchtstoffröhren in Frage. Die Anbringung der Leuchtstoffröhrenkästen sollte dabei die Luftzirkulation nicht behindern. Bei abgehängten Decken können die Kästen bündig in die Decke integriert werden.

3.2.10 Technische Leitungen

Technische Leitungen mit Ausnahme der Stromleitungen werden in Käsereien nur selten unter Putz verlegt. Gut zugängliche Versorgungsschächte sind sinnvoll, um die Leitungen gemeinsam heranzuführen. In den Käsereiräumen vermeidet man kaschierte Schächte oder Kabelleitungen, da sie ein beliebtes Rückzugsgebiet für Schimmel darstellen. Rohrleitungen werden am besten auf Putz und mit ausreichendem Abstand (mind. 10 cm) von der Wand entfernt verlegt. Flexible Leitungen, wie z. B. Stromkabel, verlegt man am besten in offenen Gitterbahnen, die sich gut reinigen lassen.

Sollen verschiedene Versorgungsleitungen (Kalt-, Warm- und/oder Heißwasser, Dampf) verlegt werden, sind eine gute Beschriftung sowie gut bedienbare, übersichtliche Armaturen wichtig. Üblich sind neben der Kaltwasserleitung insbesondere ein Warmwasser- (45 °C) und ein Heißwasserbereich (85 °C).

Für Milchleitungen kommen Edelstahlrohre oder Lebensmittelschläuche zum Einsatz. Für eine hygienische Reinigung der Leitungen muss eine Ringspülung eingerichtet werden.

Für Wasserleitungen können Kupferleitungen (unter Putz) sowie Edelstahlrohre (auf Putz) eingesetzt werden.

Molkeleitungen sind selten fest installiert, da sie meistens in Kombination mit einer Pumpe zum Einsatz kommen. Wegen der flexiblen Einsatzmöglichkeiten sind Lebensmittelschläuche zu empfehlen.

Stromleitungen sollten unter Putz verlegt werden. Bei Steckdosen und Schaltern ist auf eine feuchtraumtaugliche Ausführungen zu achten, damit ihnen Spritzwasser nicht schadet. Innerhalb der Käserei müssen feuchtraumtaugliche Kabel verwendet werden.

3.3 Technische Einrichtungen der Verarbeitungsräume

Unterschiedliche Käsesorten verlangen auch eine unterschiedliche technische Einrichtung. Vielfach kennt man selbst bei einer Käsesorte verschiedene Herstellungsvarianten. Die Fließbilder in Abbildung 3.15 und 3.16 geben daher auch nur einen groben Überblick über die Grundstufen der Käseherstellung. Je nach Umfang der Verarbeitung lassen sich einzelne Arbeitsschritte weiter mechanisieren.

Grundsätzlich werden an alle Einrichtungsgegenstände folgende Anforderungen gestellt:
- Das Gerät muss funktionstüchtig und betriebssicher sein.
- Die Formgestaltung muss den Produktanforderungen genügen (z. B. Käsewanne bei Weichkäse statt eines Käsekessels).
- Die Bedienungselemente müssen zweckmäßig und übersichtlich angeordnet sein.
- Der Werkstoff muss lebensmitteltauglich sein. Dies bedeutet, dass er i. d. R. korrosionsbeständig sein und sich gegenüber dem Produkt neutral verhalten sollte. Dadurch sollen chemische und physikalische Veränderungen der Lebensmittel, die die Gesundheit gefährden könnten, ausgeschlossen werden (siehe Tabelle 3.4).
- Die Oberfläche muss sich gut reinigen lassen. Gute Reinigungsergebnisse werden nur bei Werkstoffen erzielt, die gut benetzbar sind. Kunststoffe weisen hier gegenüber metallischen Werkstoffen Nachteile auf.
- Die Gesamtkonstruktion des Gerätes muss eine gründliche und schnelle Grundreinigung zulassen. Grundsätzlich ist es immer günstig, wenn Gerätschaften eine visuelle Kontrolle der Reinigung zulassen. Konstruktionsbedingte Schwachstellen, wie z. B. raue Oberflächen, Schraub- und Klemmverbindungen, scharfe Übergänge an Böden und Flanschverbindungen, schlecht ausgeführte Schweißnähte sowie verwinkelte Stellen, die schlecht zu reinigen sind, gilt es zu vermeiden.

Bei den entsprechend hohen Anforderungen an die zum Einsatz kommenden Werkstoffe, hat sich in Käsereien inzwischen weitgehend Edelstahl (Chromnickelstahl) durchgesetzt. In der Käserei ist der Einsatz von V2A-Stahl absolut ausreichend. Salzbäder und Reifungsgestelle sollten wegen der größeren Korrosionsbeständigkeit aus V4A-Stahl hergestellt werden.

Für die Herstellung von Schnitt- und Hartkäse sind nach wie vor Käsekessel aus Kupfer zu empfehlen.

Weniger empfehlenswert sind die teilweise noch anzutreffenden Weichkäsewannen, Abtropfbleche, Wendebleche und Milchkannen aus Anticorodal (Aluminium-Magnesium-Silizium-Legierung).

Holz ist teilweise zu Unrecht in Verruf geraten. Neuere Untersuchungsergebnisse zeigen, dass Holz aus bakteriologischer Sicht nicht schlechter als Kunststoff zu bewerten ist. Holz hat daher vor allem für

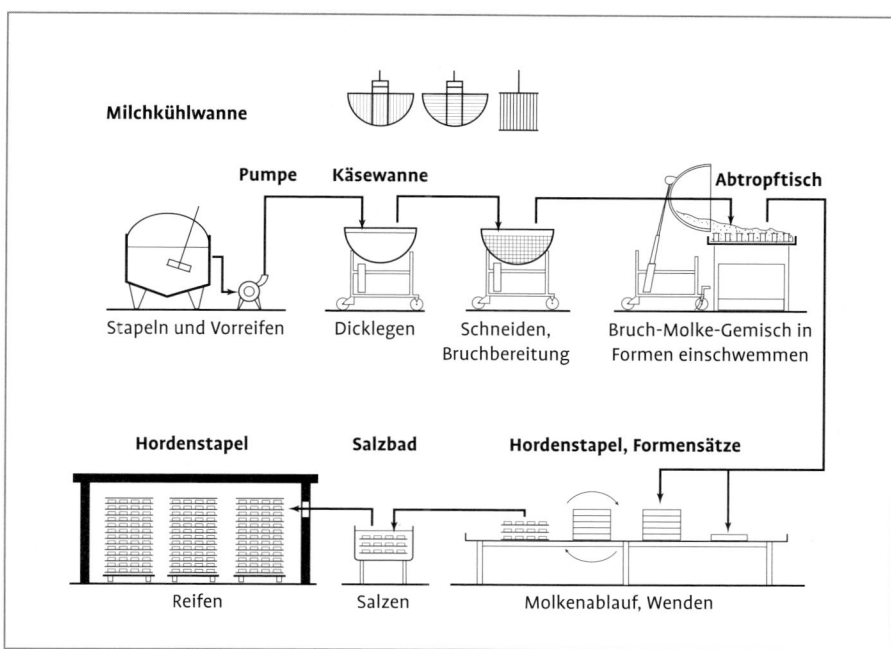

Abb. 3.15: Herstellungsprozess von Weichkäse. Die Verarbeitungsmilch wird mit einer Pumpe in die Käsewannen gepumpt (nach Siegfried Seidel, Köln).

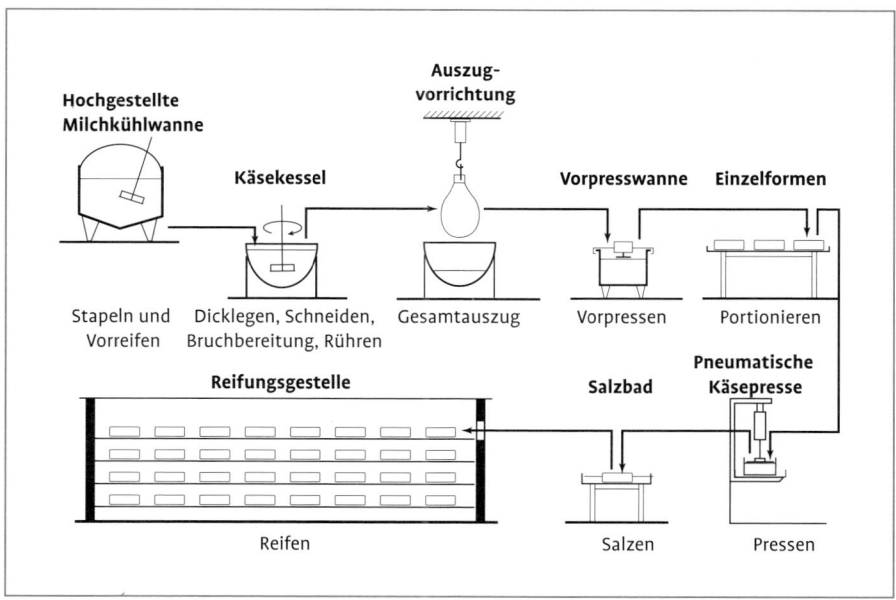

Abb. 3.16: Herstellungsprozess von Schnitt- und Hartkäse. Die Verarbeitungsmilch fließt aus der hochgestellten Milchkühlwanne per Eigengefälle in den Käsekessel (nach Siegfried Seidel, Köln).

die Herstellung von Reifungsbrettern seine Berechtigung. Auch viele traditionelle Käseformen sind aus Holz. Dass Holz immer mehr durch Kunststoff oder Edelstahl ersetzt wird, hat vor allem praktische Gründe. Holzgegenstände benötigen wesentlich mehr Pflege, damit sie in einem einwandfreien und hygienischen Zustand bleiben.

Kunststoffe sind in der Käserei in vielfältiger Weise anzutreffen, Sinnvoll sind sie überall dort, wo sie eine kostengünstige und hygienisch vertretbare Alternative zu Edelstahl sind. So sind Spülbecken

Tab. 3.4 Werkstoffe in der Käserei und ihre Einsatzgebiete

Werkstoff		Einsatzgebiete
Chromnickelstahl (V2A)	Eisen-Legierung mit ca. 0,2 % Kohlenstoff, 18 % Chrom und 8 % Nickel	Milchtanks, Käsekessel, Abtropftische, sämtliche Käsereigeräte
Chromnickelstahl (V4A)	Eisen-Legierung mit ca. 0,2 % Kohlenstoff, 18 % Chrom und 8 % Nickel; 2 % Molybdän	Salzbäder, Reifungsgestelle
Holz	Fichte, Buche und Teakholz sind am weitesten verbreitet	Reifungsbretter, traditionelle Käseformen (Bergkäse, Gouda), Außenwandung von holländischem Käsekessel, holländische Käsepresse
Anticorodal	Aluminium-Legierung mit 0,5–5 % Silizium und bis zu 0,7 % Magnesium	Milchkannen, Milchgeschirr, Abtropfbleche, Abtropftische, Weichkäsewannen
Kunststoffe	für Gebrauchsgegenstände i. d. R. Polyäthylen (PE) oder Polypropylen (PP)	Milchkannen, Quarkwannen, Schläuche, Spülbecken, Reifungsbretter, Salzbäder, Verpackungsmaterial

oder Salzbäder aus Kunststoff empfehlenswert. Von Milchkannen oder Quarkwannen aus Kunststoff ist dagegen eher abzuraten.

3.3.1 Einrichtungen zum Transport der Milch
(siehe auch Kapitel 5.1.2)

Ein erster und meist unverzichtbarer Pumpvorgang erfolgt beim Melken. Auf weitere Pumpvorgänge kann in Hofkäsereien jedoch häufig verzichtet werden.

Liegen Melkstand und Verarbeitungsräume räumlich nah beieinander, kann die Milch durch die Melkanlagenpumpe entweder direkt in den Käsekessel oder in eine höhergestellte Kühlwanne gepumpt und dort gekühlt werden. Aus der hochgestellten Kühlwanne kann die Milch zum Verkäsen mittels Eigengefälle in das entsprechende Verarbeitungsgefäß fließen. Vorsicht geboten ist beim Einsatz von Kupferkesseln. Diese eignen sich nicht zur Aufbewahrung der Milch, da Kupfer oxidiert und dadurch Geschmacksfehler und Verfärbungen des Käses hervorrufen kann.

Schwieriger wird der Milchtransport überall dort, wo Stall, Milchkammer und Verarbeitungsraum weit auseinander liegen. Hier wird der schonende Milchtransport entweder sehr zeitintensiv (Verschöpfen der Milch mit Eimern) oder sehr kostenintensiv (Hubvorrichtung für den Hofbehälter, Frontlader, Gabelstapler). In der Praxis wird dann trotz aller Bedenken auf die Milchpumpe zurückgegriffen (siehe Kasten 5.1).

Je nach Anwendungszweck kommen unterschiedliche Pumpen in Frage (siehe Tabelle 3.5). Hauptbauteile einer Pumpe sind das Gehäuse mit Saug- und Druckstutzen, die Pumpvorrichtung und die Antriebseinheit.

Bei allen Pumpen sind folgende Anforderungen zu stellen:
- Die Pumpe darf die zu fördernde Flüssigkeit in ihrer Beschaffenheit und ihren Eigenschaften nicht wesentlich beeinträchtigen.
- Mit einem Frequenzumwandler kann die Pumpenleistung stufenlos an das zu pumpende Medium angepasst werden. Nur so kann eine zu schnelle Umdrehung des Pumpenrades und somit eine Schädigung des zu pumpenden Mediums verhindert werden.
- Der Querschnitt der Rohrleitungen darf vor allem bei der Zuleitung nicht durch

viele Winkel, Ventile u. ä. verringert sein, um eine Schädigung des Transportmediums zu vermeiden.
- Der Werkstoff der Pumpe muss gegen die chemischen Einflüsse der zu transportierenden Flüssigkeit unempfindlich sein. Geeignet sind Plastik und Edelstahl.
- Zur Reinigung der Pumpen sollten nur flüssige Reinigungsmittel eingesetzt werden, um eine Schädigung des Pumpenrades (vor allem bei Impellerpumpen) zu vermeiden.
- Kunststoffteile, wie Impeller oder Stator, müssen regelmäßig kontrolliert und gewechselt werden.
- Pumpengehäuse sollten nach der Reinigung entwässert werden. Es empfiehlt sich ein Ventil im Pumpengehäuse, um das Wasser ablassen zu können.

Kreiselpumpe

Kreiselpumpen sind dank ihrer einfachen, hygienischen und relativ produktschonenden Bauweise in Käsereien und Molkereien weitverbreitet. Sie besitzen im Pumpengehäuse ein rotierendes Laufrad, welches das Fördermedium beschleunigt. Milch oder Molke fließen durch den Saugstutzen in Achsrichtung ins Pumpengehäuse, werden dort vom Laufrad erfasst und in Rotation versetzt und verlassen das Pumpengehäuse mit einem höheren Druck beim Druckstutzen. Dieses Bauprinzip setzt aber voraus, dass die Flüssigkeit selbständig ins Pumpengehäuse fließt, also der Zulaufbehälter über der Pumpe stehen muss.

Im Vergleich zur Impellerpumpe ist die Kreiselpumpe außerdem empfindlicher gegen Luftanteile im Fördermedium. Wenn die Luftanteile die Laufradkanäle „verstopfen", kann dies zum Abbruch der Förderung führen.

Impellerpumpe

Impellerpumpen sind selbstansaugende Verdrängungspumpen. Im Gegensatz zur Kreiselpumpe verfügt die Impellerpumpe über ein elastisches Flügelrad und ein exzentrisches Pumpengehäuse. Die Lamellen des Flügelrades werden durch die exzentrische Form des Pumpengehäuses umgebogen. Erst auf der Saugseite werden die Lamellen entspannt und der Luftraum wird dadurch vergrößert, es entsteht ein leichter Unterdruck. Durch diesen Vorgang kann eine Impellerpumpe Flüssigkeiten auch ansaugen. Der elastische Impeller kann Flüssigkeiten mit unterschiedlichen Viskositäten fördern und ist relativ unempfindlich gegen Fremdkörper.

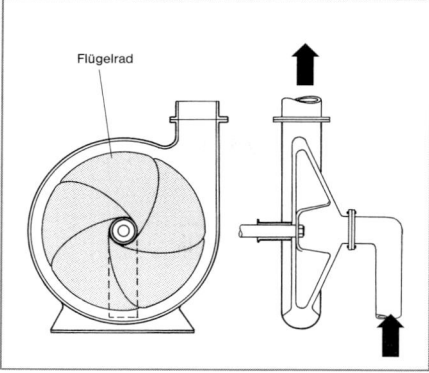

Abb. 3.17: Funktionsweise einer Kreiselpumpe. Milch oder Molke fließen durch den Saugstutzen in Achsrichtung ins Pumpengehäuse, werden dort vom Laufrad erfasst und in Rotation versetzt und verlassen das Pumpengehäuse mit einem höheren Druck beim Druckstutzen (nach Alfa Laval, Hrsg.).

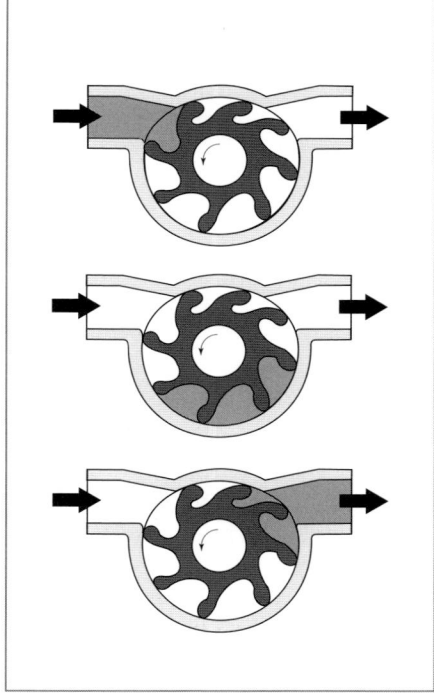

Abb. 3.18: Funktionsweise einer Impellerpumpe. Die Lamellen des Flügelrades werden durch die exzentrische Form des Pumpengehäuses umgebogen. Erst auf der Saugseite werden die Lamellen entspannt und der Luftraum wird dadurch vergrößert, es entsteht ein leichter Unterdruck (nach Stevens Pumpen & Mischtechnik, Friedrichsdorf).

Tab. 3.5 Die richtige Pumpe für den richtigen Zweck	
Produkt	Pumpen-Typ
flüssige Produkte (Milch, Molke, Wasser), die mit Eigengefälle in die Pumpe fließen	Kreiselpumpe, Impellerpumpe
flüssige Produkte (Milch, Molke, Wasser), die angesaugt werden müssen	Impellerpumpe
Schnitt- und Hartkäsebruch	Impellerpumpe
pastöse Produkte (Speisequark, Joghurt)	Exzenterschneckenpumpen

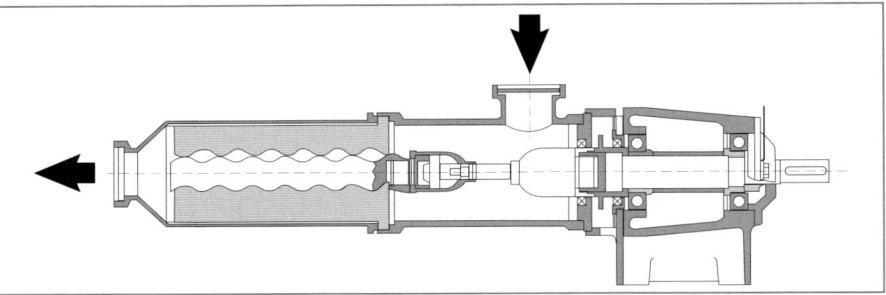

Abb. 3.19: Funktionsweise einer Exzenterschneckenpumpe. Die aufeinander abgestimmte Bauart von Rotor und Stator lässt Hohlräume entstehen, die sich bei der Drehbewegung des Rotors in ununterbrochener Folge wechselseitig öffnen und schließen, so dass das Fördermedium weitergeschoben wird (nach Spreer 1995).

Exzenterschneckenpumpen

Exzenterschneckenpumpen (Mohnopumpe) zählen zur Gruppe der rotierenden Verdrängerpumpen. Charakteristisches Merkmal dieser Pumpen ist die besondere Ausbildung und Anordnung der beiden Förderelemente, der aus Kunststoff gefertigte Stator und der sich darin drehende Rotor aus Metall.

Der Rotor ist eine schraubenförmig gewundene, eingängige Exzenterschnecke, die sich drehend oszillierend bewegt. Das feststehende zweite Förderelement, der Stator, ist mit einer Innenschnecke gleicher geometrischer Abmessungen versehen.

Die aufeinander abgestimmte Bauart von Rotor und Stator lässt Hohlräume entstehen, die sich bei der Drehbewegung des Rotors in ununterbrochener Folge wechselseitig öffnen und schließen.

Das Fördermedium wird dabei kontinuierlich von der Saugseite zur Druckseite transportiert. Die geometrische Ausbildung und die permanente Berührung zwischen beiden Förderelementen sorgt in jeder Stellung des Rotors für einen absoluten Abschluss zwischen Saug- und Druckseite, auch im Stillstand. Dadurch erhält die Pumpe ihre hohe Saugfähigkeit und ermöglicht einen hohen Druckaufbau nahezu unabhängig von der Drehzahl.

3.3.2 Einrichtungen zur Kühlung der Milch
(siehe auch Kapitel 5.1.2)

Die Kühlung der Milch erfolgt, indem die Milch die Wärme an ein Kühlmittel abgibt. Brunnenwasser, ein früher durchaus übliches Kühlmittel, wird heutzutage meistens durch leistungsfähigere Kühlmittel (wie z. B. Eiswasser, verdampfendes Kältemittel) ersetzt.

Betriebe, die noch Milch an die Molkerei abliefern und entsprechend die gesetzlich geforderten Kühltemperaturen einhalten müssen, sollten ihre Käsereimilch in einer separaten Kühlwanne kühlen, damit sie nicht durch die niedrige Lagertemperatur Schaden nimmt.

Tauchkühler mit Hofbehälter

Tauchkühler sind eine beliebte und günstige Möglichkeit, wenn man nur sehr kleine Milchmengen kühlen muss. Früher wurden vor allem Röhrenverdampfer (Zylinderverdampfer) eingesetzt. Diese Modelle sind nicht zu empfehlen, da sie die Milch zu schnell umwälzen und so dass Fett der Milch stark schädigen. Ringverdampfer mit größerer Wärmetauscherfläche sind besser geeignet.

Kühlwannen
Bei größeren Milchmengen (ab ca. 100 l) wird Milch in Kühlwannen heruntergekühlt. Auch Käsekessel aus Edelstahl eignen sich für die Kühlung der Milch.

Die Kälte wird durch das Verdampfen einer vorher komprimierten Flüssigkeit erzeugt. Man unterscheidet dabei zwei unterschiedliche Kühlprozesse.

Direkte Kühlung: Wird die komprimierte Flüssigkeit direkt an die Kesselwand geleitet, spricht man von direkter Kühlung. Dieses Verfahren ist bei den handelsüblichen Kühlwannen weitverbreitet. Der Verdampfer ist bei diesen Kühlwannen direkt an der Kühlwanne angebracht. Diese Wannen werden steckerfertig geliefert, so das keine aufwendigen Installationsarbeiten nötig sind. Auch für kleine Milchmengen (ca. 50 l) stehen entsprechende Kühlwannen zur Verfügung. Damit zu den Melkzeiten eine rasche Kühlung der Milch erfolgen kann, ist aber der Einsatz leistungsfähiger und energieintensiver Kompressoren erforderlich.

Indirekte Kühlung: Bei der indirekten Kühlung wird nicht die Milch direkt gekühlt, sondern ein Kältevorrat (z. B. Eiswasserspeicher) angelegt. Die Kälte wird über einen zweiten Kreislauf an einen Kälteträger (z. B. Eiswasser) übertragen, der über Rohrleitungen zum Kühlvorhaben geleitet wird.

Da in Hofkäsereien an verschiedenen Orten (Kühlzelle, Reifungsraum, Kühlwannen) Kühlmittel benötigt werden, ist die indirekte Kühlung sinnvoll und trägt außerdem zu einem besseren Energiemanagement auf dem Betrieb bei.

Das Eiswassersystem baut das für die Milchkühlung erforderliche Eis jeweils vor den Melkzeiten auf. Energieintensive Leistungsspitzen werden vermieden. Durch die verlängerte Laufzeit des Kompressors sind für die Kälteerzeugung außerdem kleinere Kompressoren ausreichend.

3.3.3 Einrichtungen zur Reinigung der Milch
(siehe auch Kapitel 5.1.2)

Die Reinigung der Milch soll milchfremde Bestandteile (Tierhärchen, Staubpartikel, Fliegen, Stroh etc.), die während oder nach dem Melkvorgang in die Milch gelangen, entfernen.

Milchfilter
Je nach Melksystem erfolgt die Reinigung mit Milchfilterscheiben (Eimermelkanlage) oder Milchfilterschläuchen bzw. Durchflussfiltern aus Edelstahl (Rohrmelkanlage).

Das Risiko einer erneuten Verunreinigung der Milch ist bei Hofkäsereien wegen der sehr kurzen Transportwege sehr gering. Die gewonnene Milch verlässt weder den Milcherzeugerbetrieb noch erfolgt eine Beimengung von Fremdmilch.

Innerbetrieblich kann daher eine Verunreinigung der Milch durch präventive Maßnahmen, wie einer optischen Kontrolle der Gefäße und dem Transport in verschlossenen Behältern, wirksam verhindert werden.

Bei der Verarbeitung von Fremdmilch sollte auf einfache Filtervorrichtungen mit Milchfilterscheiben zurückgegriffen werden. Beim Einsatz einer Pumpe können auch Milchfilterschläuche oder Durchflussfilter aus Edelstahl eingesetzt werden.

Zentrifuge (siehe auch Kapitel 3.3.4)
Die Zentrifuge diente ursprünglich der Abtrennung des Milchfettes. Die Reinigung der Milch im gleichen Arbeitsgang war ein willkommener Zusatznutzen. Außerdem zeichnete sich die Zentrifuge gegenüber anderen Filtersystemen durch eine höhere Stundenleistung aus. In Hofkäsereien wird die Zentrifuge nur bei der Verarbeitung großer Milchmengen (ab 1.000 l pro Tag) für eine Reinigung der Milch in Frage kommen.

3.3.4 Einrichtungen zur Entrahmung der Milch
(siehe auch Kapitel 5.1.2)

Wenn Käse mit reduziertem oder erhöhtem Fettgehalt hergestellt werden sollen, muss die Käsereimilch entrahmt werden.

Natürliches Aufrahmen

Wenn der Milch Fett nur in geringerem Umfang entzogen werden soll, kann man sich die natürliche Aufrahmung der Milch zu Nutze machen.

In nicht gerührter Milch steigen die Fettkugeln nach wenigen Minuten zur Oberfläche. Die Aufrahmungsgeschwindigkeit hängt von der unterschiedlichen Dichte der Magermilch und des Milchfettes und von der Größe der Fettkugeln ab. Die Tropfenbildung der Fettkugeln führt zu größeren Agglomeraten und beschleunigt das Aufrahmen.

Für die natürliche Aufrahmung wird gekühlte Milch (ca. 10–12 °C) in flachen Gefäßen in einem kühlen und luftigen Raum oder direkt im Käsekessel über Nacht aufgestellt. Am nächsten Morgen kann der Rahm mit einer Lochkelle vorsichtig von der Oberfläche abgeschöpft werden. Besteht die Gefahr, dass sich die Milch darin über Nacht zu stark erwärmt, ist auf kühlbare Behälter zurückzugreifen.

Ziegen- und Schafmilch rahmen nur wenig auf. Ihre Fettkugeln sind kleiner und sie haben im Gegensatz zu denen in der Kuhmilch kein Agglutinin in der Fettkugelmembran, so dass sie keine Fetttropfen bilden.

Maschinelles Entrahmen

Meistens erfolgt das Entrahmen mit einer Zentrifuge (Milchseparator). Diese nutzt die Zentrifugalkraft, um die Milch in zwei flüssige (Magermilch und Rahm) und eine feste Phase (Zentrifugenschlamm) zu trennen.

Die Rohmilch muss vor dem Zentrifugieren auf 45–55 °C aufgewärmt werden. Bei dieser Temperatur ist die Viskosität der Milch am geringsten und die Effizienz der Zentrifuge am besten. Aus einer Rohmilch mit ca. 4,0 % Fett bekommt man 90 % Magermilch mit einem Fettgehalt von 0,05–0,1 % und 10 % Rahm mit ca. 40 %. Fett.

Der Zentrifugenschlamm, 0,01–0,1 % der Zulaufmenge besteht aus 70–80 % Wasser, 15–25 % Eiweiß, Fett, Laktose und ca. 3 % Schmutz (Staubteile, Euterzellen, Blutkörperchen, Bakterien).

Eine Zentrifuge besteht aus einem Elektromotor, der eine Trommel (Rotor) auf 4.000–7.000 Umdrehung/min antreibt. In der Trommel befindet sich ein Tellerpaket, in dem die Trennung von Magermilch und Rahm stattfindet. Der Zulauf der Milch in die Teller erfolgt durch zentrierte Bohrungen in den Tellern, die Steigkanäle bilden. Der oberste Teller (ohne Bohrungen) trennt Magermilch und Rahm. Je nach Bauart der Zentrifuge erfolgt der Milchzulauf und der Ablauf von Magermilch und Rahm unterschiedlich.

Offene Zentrifugen: Der Zulauf erfolgt von oben mittels eines Schwimmers, Magermilch und Rahm laufen drucklos ab. Of-

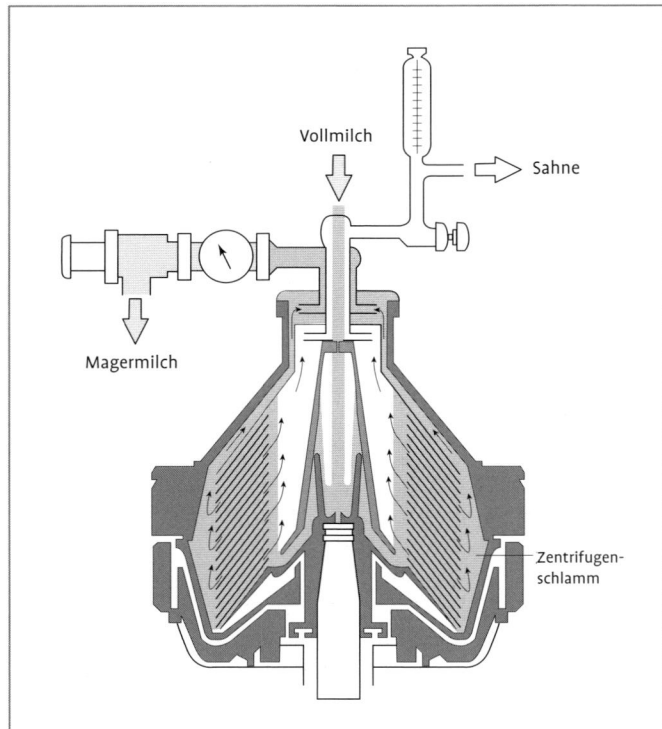

Abb. 3.20: Funktionsweise einer Zentrifuge (nach Alfa Laval Hrsg.).

fene Zentrifugen können auch mit frisch gemolkener Milch gefahren werden. Sie haben eine Leistung von 100–500 l/h und sind gut an die Bedürfnisse von Hofkäsereien angepasst.

Halbhermetische Zentrifugen: Der Zulauf erfolgt ebenfalls unter atmosphärischem Druck. Die Abläufe von Magermilch und Rahm sind mit Schälscheiben ausgerüstet. Die Schälscheiben arbeiten wie eine Pumpe und können Magermilch und Rahm unter erhöhtem Druck in Rohrleitungen weiter befördern. Um den Zentrifugenschlamm zu entfernen, muss die Zentrifuge nach Stillstand zerlegt werden. Die einzelnen Teile werden von Hand gereinigt.

Hermetische Zentrifuge: Hier erfolgt der Milchzulauf durch eine externe Pumpe. Die meisten hermetischen Zentrifugen sind mit einer selbstreinigenden Trommel ausgestattet und können mit der Pasteurisierungslinie gereinigt werden. Die Betriebsdauer ist deutlich verlängert, die lästige manuelle Reinigung fällt aus. Die Leistung solcher Zentrifugen ist meistens viel zu hoch für Hofkäsereien (5.000–75.000 l/h). Nur wenige Firmen bieten auch Zentrifugen mit einer Leistung von ca. 1.000 l/h an, die für Hofkäsereien interessant sind.

Hier ist insbesondere folgendes zu beachten:
- Es müssen am Vorwärmer der Pasteurisierungsanlage Ein- und Ausgänge vorgesehen sein, um die Milch bei 50–60 °C zur Zentrifuge und anschließend zurück zum Erhitzer zu bringen.
- Die Milchförderpumpe muss an die Leistung der Zentrifuge angepasst werden (am besten mit einer Frequenzsteuerung).
- Die Druckverhältnisse vor und nach der Zentrifuge müssen sowohl auf der Rahmseite wie auf der Magermilchseite bei der Inbetriebnahme vom Fachmann eingestellt werden.
- Es ist auch möglich, Molke mit der Zentrifuge zu entrahmen. Dazu wird das Gerät jedoch anders eingestellt.
- Ob man eine selbstreinigende Zentrifuge auswählt oder nicht, ist eine Kostenfrage. Das Abmontieren, Reinigen und wieder Zusammenmontieren einer Zentrifuge dauert 1–2 h.

3.3.5 Einrichtungen zur Wärmebehandlung der Milch
(siehe auch Kapitel 5.1.2)

Für Hofkäsereien eignet sich wegen der i. d. R. eher kleinen Milchmengen (bis zu 500 l/Tag) vor allem die Dauererhitzung. Eine Mehrfachnutzung dieser Anlage als Pasteur und Fertigungstank für Frischkäse, aber auch zur Käseherstellung, ist möglich und sinnvoll.

Wer größere Milchmengen pasteurisieren möchte, wird sich i. d. R. für die Kurzzeiterhitzung entscheiden. Dieses Verfahren ermöglicht wesentlich höhere Stundenleistungen und zeichnet sich gegenüber der Dauererhitzung wegen der Wärmerückgewinnung durch eine bessere Energieeffizienz aus (siehe auch Tabelle 5.6).

Dauererhitzungsanlagen (Wannenpasteure)

Das charakteristische Merkmal einer Dauererhitzungsanlage ist die chargenweise Wärmebehandlung (nicht kontinuierliches Verfahren) der Milch. Bei der Dauererhitzung wird eine rasche Erwärmung (ca. 45 min bis 1 ½ h), eine Heißhaltezeit (30–32 min) ohne Unter- bzw. Überschreitung von 62 bzw. 65 °C sowie eine rasche Abkühlung (ca. 45 min bis 1 ½ h) auf Kühl- oder Verarbeitungstemperatur gefordert. Schwierigkeiten können durch eine nicht ausreichend dimensionierte Heiz- und Kühltechnik auftreten.

Eine Dauererhitzungsanlage besteht aus folgenden Komponenten:
- temperierbarer, wärmeisolierter Behälter mit aufklappbarem Deckel, doppelwandig, zum Erhitzen und Kühlen.
- Rührwerk zur gleichmäßigen Temperaturverteilung.
- Schreibeinrichtung zur Dokumentation von Erhitzungstemperatur und -zeit (optional).

Abb. 3.21: Als Dauererhitzungsanlagen kommen die meisten Käsekessel aus Edelstahl in Frage.

Abb. 3.22 (unten): Kurzzeiterhitzungsanlagen sind bei Milchmengen über 500 l pro Charge sinnvoll (Werkfoto Fa. Asta-Eismann).

Die Milcherhitzung erfolgt über die im Behältermantel eingebaute elektrische Heizung oder über extern erzeugtes Heißwasser bzw. Dampf. Für die Produktqualität ist entscheidend, dass die Anlage nicht mit einer zu hohen Temperaturdifferenz arbeitet, da sonst die Milch an der Kesselwandung überhitzt.

Zur Kühlung der Milch muss das Heizwasser abgelassen und durch Kühlwasser ersetzt werden. Für Werkmilch ist kaltes Brunnenwasser zur Kühlung ausreichend. Bei der Herstellung von Konsummilch sollte eine Eiswasseranlage zur Verfügung stehen.

Kurzzeiterhitzungsanlagen (Plattenpasteure)

Eine Kurzzeiterhitzungsanlage erhitzt die Milch im Durchflussverfahren (kontinuierliches Verfahren) kurzzeitig (15–30 s) auf 72–75 °C. Direkt im Anschluss erfolgt eine ebenso rasche Abkühlung auf Kühl- oder Verarbeitungstemperatur. Durch die nur kurzzeitige Erhitzung verfügen Plattenpasteure gegenüber den Wannenpasteuren über eine weit höhere Stundenleistung.

Die Kurzzeiterhitzung benötigt große Mengen extern erzeugtes Heißwasser oder Dampf, um Temperaturschwankungen beim Betrieb der Anlage zu verhindern. Während der Heißhaltezeit (15–30 s) darf die Betriebstemperatur von 72–75 °C weder über- noch unterschritten werden. Zur raschen Kühlung muss ausreichend Eiswasser verfügbar sein.

Eine Kurzzeiterhitzungsanlage besteht aus folgenden Komponenten:
- Milchreinigung (Filter oder Separator).
- Rohmilchzulaufpumpe.
- Plattenwärmetauscher zur Anwärmung der Rohmilch (Wärmerückgewinnung).
- Plattenwärmetauscher zur Milcherhitzung.
- Plattenwärmetauscher zur Milchkühlung.
- Schreibeinrichtung zur Dokumentation von Erhitzungstemperatur und -zeit.
- Umlaufreinigung.
- Elektrisch oder pneumatisch gesteuertes Umschaltventil das nicht ausreichend erhitzte Milch wieder zum Vorlaufbehälter bringt.

Die Vorteile des Plattenpasteurs sind seine größere Leistungsfähigkeit sowie die weitgehende Automatisierung der Milcherhitzung, -kühlung und Anlagenreinigung. Das Durchflussverfahren senkt durch die Möglichkeit der Wärmerückgewinnung außerdem die laufenden Energiekosten.

3.3.6 Käsewannen und Käsekessel

Auch in Hofkäsereien reicht die technische Ausrüstung inzwischen von der einfachen klassischen Einrichtung, wo alle Arbeitsschritte vorwiegend von Hand ausgeführt werden, bis zu teilmechanisierten Verfahren bei der Bruchbereitung und -abfüllung. Zentrales Verarbeitungsgerät ist der Käsekessel bzw. -wanne, an die sich im Verarbeitungsablauf weitere Geräte wie Abtropftische, Pressen u. a. anschließen (siehe Abbildungen 3.15 und 3.16).

Abb. 3.23: Schulenburg-Fertiger mit Pressvorrichtung (Werkfoto Fa. Asta-Eismann).

Prinzipiell sollte der Käsekessel auf die speziellen Anforderungen der hergestellten Käsesorten zugeschnitten sein. Wer sich aber zu Beginn der Milchverarbeitung nicht direkt spezialisieren möchte, dem ist ein Universalkessel zu empfehlen. Käsereien, die sich auf die Herstellung bestimmter Käsesorten spezialisieren, sollten den für ihren Zweck am besten geeigneten Käsekessel auswählen.

Auf Frischkäse spezialisierten Käsereien empfiehlt sich die Anschaffung einer Längswanne mit Pressvorrichtung (siehe Abbildung 3.23). Aber auch jeder Wannenpasteur eignet sich als Fertigungstank.

Natürlich können auch die nachfolgend beschriebenen Weichkäsewannen sowie andere Edelstahlgefäße für die Dicklegung des Frischkäses benutzt werden. Wegen der langen Dickungszeiten und der starken Säureentwicklung sind Kupfer- und Aluminiumgefäße ungeeignet. Zur Vermeidung einer zu starken Abkühlung der Milch ist bei nicht beheizbaren Gefäßen auf eine gute Isolierung oder auf eine ausreichend hohe Raumtemperatur während der Dicklegung zu achten.

Weichkäse werden am besten in Käsewannen hergestellt (siehe Abbildung 3.24). Die hochstehenden und nicht sehr tiefen Wannen erleichtern die Durchführung der einzelnen Arbeitsschritte. Insbesondere eine gleichmäßige und schonende Bruchbereitung und -bearbeitung wird durch die Wannenform unterstützt. Wannen mit hydraulischer Kippvorrichtung ermöglichen außerdem eine weitgehende Mechanisierung der Bruchabfüllung.

Wenn nur geringe Mengen Weichkäse hergestellt werden, lohnt sich die Anschaffung einer Spezialwanne meistens nicht. Als Kompromisslösung eignen sich Edelstahlkessel, die auch zur Schnittkäseherstellung eingesetzt werden können. Nicht zu empfehlen sind Kupferkessel, da hohe Kupferwerte im Käse und eine Bruchverfärbung die Folge sein können.

Die vielen verschiedenen Schnitt- und Hartkäsesorten haben regional sehr unterschiedliche Kesselformen hervorgebracht. Traditionelle Käsekessel, wie der schwenkbare Kupferkessel für die Bergkäseherstellung oder der holländische „kaastobbe" zur Herstellung von „Bauern-Gouda" mussten in größeren Käsereien längst dem längsovalen Käsefertiger Platz machen. In Hofkäsereien erleben diese Geräte eine Renaissance.

Zur Herstellung von Schnitt- und Hartkäse nach Bergkäse-Art finden in Hofkäsereien traditionelle Sennereieinrichtungen in abgewandelter Form Verwendung. Holzbefeuerte Käsekessel werden auf Gasbefeuerung umgerüstet oder mit einem Temperiermantel versehen. Die Halbkugelform sollte einer bauchigen oder flachen Kesselform vorgezogen werden, da sich der Käsebruch besser ausziehen lässt.

Für die Schnittkäseherstellung sind holländische Käsekessel weitverbreitet. Der doppelwandige Kessel besteht aus einer Außenwand aus Holz und einer Innenwand aus Edelstahl (siehe Abbildung 3.25). Dazwischen zirkuliert Warm- und Kaltwasser zum Temperieren der Milch. Diese Kessel haben im Gegensatz zum Kupferkessel eine nahezu zylindrische Form mit einem flachen nur mäßig gewölbten Kesselboden. Ein Gesamtauszug des Käsebruchs, wie er bei Bergkäse gerne praktiziert wird, ist bei dieser Kesselform schwierig.

In Abwandlung der beiden traditionellen Kesselformen werden inzwischen zahl-

Abb. 3.24: Herstellung von Weichkäse, Käsewannen erleichtern eine gleichmäßige und schonende Bruchbereitung (Werkfoto Fa. Asta-Eismann).

Abb. 3.26 (links): Käsekessel aus Kupfer für die Herstellung von Bergkäse.

Abb. 3.25 (rechts): Holländerkessel mit hölzerner Außenwand.

reiche Edelstahlkessel mit den unterschiedlichsten Kesselformen angeboten. I. d. R. sind Innen- und Außenwand aus Edelstahl. Sie unterscheiden sich vornehmlich in der Verarbeitungsqualität, Preis, Größe und in der Form der Beheizung.

Bis zu einem Volumen von 1.500 l sind die Käsekessel meistens rund. 1.500 l Fassungsvermögen ist zugleich die Grenze der manuellen Bruchbereitung. Größere Käsekessel benötigen zur gleichmäßigen Bruchbereitung ein Schneidwerk und haben daher meistens eine längsovale Form.

Inzwischen gibt es auch rechteckige Käsewannen, die als Universalwannen eingesetzt werden. Das Höherstellen dieser Kessel ermöglicht ein Ablassen des Bruches in darunter stehende Vorpresswannen bzw. bei Weichkäse über Abfüllbleche in bereitstehende Formen.

Dadurch entfällt der Gesamtauszug mit Kran, das Pumpen des Bruches oder das Verschöpfen, was sowohl eine Kostenersparnis als auch eine Arbeitserleichterung bedeutet.

Heizquelle

Neben Form, Material und Größe unterscheiden sich die verschiedenen Käsekessel insbesondere in der Art der Beheizung. Dabei muss jeder Käsekessel folgende Bedingungen erfüllen:

- Sämtliche Milchteilchen der zu verarbeitenden Milch müssen gleichmäßig erwärmt werden.
- Die Dauer der Wärmezufuhr muss regelbar sein.
- Die Wärmezufuhr muss rechtzeitig und gegebenenfalls gänzlich unterbrochen werden können.

Schwenkbare Kessel über offenem Holzfeuer, die später durch die geschlossene Feuerung und der Feuerung mit beweglichem Wagen bzw. Schwenkfeuer abgelöst wurden, finden sich bis heute in der Alpwirtschaft. Aus hygienischen Gründen muss das Holzfeuer in Hofkäsereien durch einen Gasbrenner ersetzt werden. Zur Temperatursteuerung wird entweder der Kessel an einem Schwenkarm (Galgen) aufgehängt oder der Gasbrenner muss zum Wegziehen auf Rollen montiert sein. Allerdings sind stark rostende Gasbrenner infolge überlaufender Molke keine Seltenheit.

Da nur der Boden des Kessels erwärmt wird, haben diese Kessel zur besseren Energieausnutzung meistens eine bauchige Form. Kesselummantelungen erhöhen die Effizienz der Energieausnutzung. In kleineren Hofkäsereien ermöglicht diese Form der Befeuerung eine kostengünstige Erstanschaffung.

In größeren Käsereien werden Käsekessel mit Temperier- und/oder Isoliermantel eingesetzt.

Der Temperiermantel dient der Aufwärmung bzw. der Abkühlung der Milch bzw. des Käsebruchs. Dabei lassen sich im we-

sentlichen drei Ausführungen unterscheiden:
- geschlossene Tankumhüllung, bei der sich der Zwischenraum vollständig mit dem Heizmedium füllt;
- aufgelötete Rohre führen das Heizmedium an die Kesselwand;
- die Kesselwand wird durch die Berieselung mit dem Heizmedium erwärmt.

Wichtig ist, dass die Wärmeführung im Temperiermantel bis zur Oberkante des Kessels möglich ist, da sonst eine gleichmäßige und schnelle Erwärmung nicht gewährleistet ist. Als zusätzlicher Außenmantel kann ein Isoliermantel (Steinwolle, Polystyrol) starke Wärme- bzw. Kälteverluste vermeiden.

Für die Warmwassererzeugung kommen verschiedene Verfahren in Frage:

- eine ausreichend dimensionierte Zentralheizung,
- ein separater Heißwasserbereiter,
- elektrisch betriebene Heizstäbe, die in der Doppelwand des Käsekessels integriert sind.

In geschlossenen Systemen, z. B. beim Anschluss an die Zentralheizung, wird das Warmwasser dem Käsekessel unter erhöhtem Druck zugeführt. Bei der Kesselauswahl ist daher je nach Beheizungsart auf eine druckbeständige Ausführung zu achten.

Auch Dampf kann zur Kesselbeheizung eingesetzt werden. Dampf ermöglicht dank der höheren Temperaturen verkürzte Heizzeiten, was insbesondere bei der Pasteurisierung von Vorteil ist. Geeignete Nieder-

Tab. 3.6 Vor- und Nachteile verschiedener Kesselheizformen

Heizformen	Vorteile	Nachteile
Gas	- geringe Anschaffungskosten - Nutzung gebrauchter Sennereianlagen	- hoher Energiebedarf - zusätzliche Warmwasserquelle notwendig - stark rostende Brenner
Warmwasser mit Heizstäben	- steckdosenfertige Lieferung	- hohe Leistung notwendig - schlechte Energieausnutzung - Gefahr der Überhitzung der Heizstäbe bei Wasserabfluss - zusätzliche Warmwasserquelle notwendig
Warmwasser/Zentralheizung	- Zentralheizung meistens vorhanden	- Käserei muss in der Nähe der Zentralheizung liegen
Warmwasser/Heißwasserbereiter	- räumliche Unabhängigkeit von der Zentralheizung - sinnvoll bei nicht ausreichender Kapazität der Zentralheizung	- Anlage lediglich für die Käserei nutzbar
Niederdruckdampfkessel	- Dampf lässt sich gut steuern - schnelle Erwärmung bei ausreichender Dimensionierung - Dampf zum Desinfizieren vorhanden - gute Energieausnutzung	- teure Anlage - Anlage wird meistens nur für die Käserei genutzt
Hochdruckdampfkessel	- Dampf lässt sich gut steuern - schnelle Erwärmung bei ausreichender Dimensionierung - Dampf zum Desinfizieren vorhanden	- sehr teure Anlage - Anlage wird meistens nur für die Käserei genutzt - hohe Sicherheitsanforderungen

druckdampfkessel sind aber recht teuer, so dass diese Heizquelle nur bei größeren Betrieben zum Einsatz kommt.

Grundsätzlich muss die Energiequelle auf die Kesselgröße abgestimmt sein, da sonst das Erreichen der Temperatur in einer angestrebten Zeitspanne unmöglich wird. Zu groß ausgelegt bereiten Dampfanlagen Probleme, da sie sehr viel unnötige Energie verbrauchen. Bei strombeheizten Kesseln sind für ein schnelles Erreichen der Temperatur meistens mehrere Heizstäbe notwendig. Als Mindestvoraussetzung muss bei einem 500 l Kessel eine Leistung von 27 kW verfügbar sein.

Bei vorheriger Pasteurisierung der Milch braucht man bei Frisch-, Weich- und selbst bei Schnittkäse nicht unbedingt einen beheizbaren Kessel, da die Milch direkt aus der Pasteurisierungsanlage mit Einlabtemperatur in das Verarbeitungsgefäß fließt. Das Nachwärmen der Schnittkäse kann auch durch die Zugabe von warmem Wasser erfolgen.

Für welche Heizquelle man sich letztlich entscheidet, hängt stark von den betrieblichen Verhältnissen ab. Tabelle 3.6 gibt einen groben Überblick über die Vor- bzw. Nachteile der jeweiligen Systeme. Die Wahl der Beheizungsform sollte vor allem die bereits auf dem Betrieb vorhandene Energiequelle berücksichtigen und gegebenenfalls in ein Energiekonzept für den gesamten Betrieb münden. Um die Heizquelle auf den Käsekessel und die entsprechenden Leistungsanforderungen abzustimmen, sollte man unbedingt einen Fachmann hinzuziehen. Nicht selten entstehen Probleme durch zu geringe Auslegung der Heizquelle oder durch Druckunterschiede zwischen Wasserzufuhr und Käsekessel.

Rühr- und Schneidwerk
(siehe auch Kapitel 5.4.1)

Mit Harfe und Brecher (Quirl) stehen traditionelle Geräte für die Bruchbereitung zur Verfügung. Inzwischen werden bei vielen Käsekesseln automatische Rühr- und teilweise auch Schneidwerke mitgeliefert. Ihr Einsatz beschränkt sich vorwiegend auf die Schnitt- und Hartkäseherstellung.

Abb. 3.27: Rührwerk für die Schnitt- und Hartkäseherstellung.

Abb. 3.28: Verziehblech für das behutsame Wenden des Weichkäsebruches.

Frisch- und Weichkäsebruch wird nach wie vor weitgehend manuell hergestellt.

Rührwerke bewähren sich beim Aufwärmen der Milch auf Einlabtemperatur sowie beim Vorkäsen, Nachwärmen und Ausrühren. Die Aufgabe des Rührens besteht vor allem im Aufrechterhalten eines bestimmten Verteilungsgrades im Rührgut (siehe Abbildung 3.27). So sollen die Milchteilchen beim Aufwärmen der Milch gleichmäßig der Wärmequelle (Kesselwand) zugeführt werden. Nach der Bruchbereitung unterstützt das Rühren den Molkeaustritt und verhindert vor allem ein Absitzen der Bruchkörner. Der Empfindlichkeit des Rühr-

Abb. 3.29 (oben): Drahtharfe für das manuelle Schneiden des Käsebruchs (www.oekolandbau.de).

Abb. 3.30 (unten): Automatisierung des Bruchschneidens mit einer Klingenharfe (Werkfoto Fa. Asta-Eismann).

eine schräge, exzentrische oder seitliche Rühreranordnung lässt sich die Entmischung weitgehend verhindern. Für den empfindlichen Weichkäsebruch sind Rührwerke ungeeignet. Der Weichkäsebruch wird statt dessen mit Hilfe eines Verziehbleches in der Wanne behutsam gewendet (siehe Abbildung 3.28).

Die Anbringung des Rührwerkes kann in vielfältiger Art erfolgen. Bei Holländerkäsekesseln ist es meistens durch einen Holm direkt am Kessel befestigt. Zu beachten ist, dass sich die Halterung nicht durch die Eigenschwingungen löst, das Rührwerk gut höhenverstellbar und möglichst seitlich schwenkbar ist.

Bei einem fest installierten Kessel sollte der Rührwerkarm hochgeklappt oder weggeschwenkt werden können, damit er bei der Bruchbereitung nicht stört (siehe Abbildung 3.26). Weniger günstig sind Rührwerke, die durch eine Brückenkonstruktion fest am Käsekessel montiert sind. Diese Einrichtung ist nicht nur bei der Bruchbereitung hinderlich. Häufig sind die Stromzuführung und die Bedienungselemente schlecht verkleidet und daher schwer sauber zu halten.

Ein Schneidwerk wird zwar bei einigen Käsekesseln mit angeboten, doch ist ihr Einsatz bisher wenig verbreitet. Die wenig standardisierten Bedingungen in Hofkäsereien lassen ein schablonenhaftes Vorgehen bei der Bruchbereitung kaum zu. Von Hand kann auf eine unterschiedliche Bruchbeschaffenheit besser reagiert werden. Zudem ist die Zeitersparnis bei diesem Arbeitsgang gering.

Zur Bruchbereitung dienen daher immer noch traditionelle Geräte wie der Käsesäbel beim Frischkäse bzw. Harfen beim Weich-, Schnitt- und Hartkäse (siehe Abbildung 3.29). Für Weichkäsewannen bieten sich an die Wannenform angepasste Harfenkonstruktionen mit horizontal und vertikal verlaufenden Drähten an. Dadurch werden in zwei Arbeitsgängen liegende Säulen geschnitten. Das weitere Verschneiden erfolgt mit der klassischen Harfe. Neben der drahtbespannten Harfe werden wegen ihres saubereren Schnitts gerne

gutes muss dabei durch die richtige Konstruktion des Rührers und der Rührgeschwindigkeit Rechnung getragen werden. Die Rührgeschwindigkeit muss daher stufenlos regelbar sein.

Weitverbreitet sind Blattrührer mit vertikaler und schräger Anordnung der Rührblätter. Beim Rühren kommt es infolge der Fliehkrafteinwirkung zu einer Entmischung des Bruch-Molke-Gemisches. Durch den Einbau eines Strombrechers oder durch

Klingenharfen eingesetzt (siehe Abbildung 3.30). Zur Bruchbereitung von Hand scheidet letztere bei Hart- und Schnittkäse aber aufgrund ihres Gewichtes aus.

3.3.7 Abfüllverfahren und Käseformen
(siehe auch Kapitel 5.4.5)

Der fertig bearbeitete Bruch wird in bereitstehende und möglichst temperierte Käseformen geschöpft bzw. eingelassen. Das Abfüllverfahren und die Käseformen müssen auf die speziellen Anforderungen der Käsesorte abgestimmt sein. Je weicher der Bruch ist, um so behutsamer muss der Abfüllvorgang erfolgen. Wird das Bruch-Molke-Gemisch direkt auf die Formen verteilt, so ist auf eine gleichmäßige Formenfüllung zu achten.

Bei den meisten Käsesorten ist das Ausziehen unter Molke erwünscht. Lediglich Käse mit angestrebter Bruchlochung, wie z. B. der Tilsiter, werden möglichst unter Lufteinschluss abgefüllt.

Traditionell hatte früher jede Käsesorte ihre spezielle Käseform. Die Formenvielfalt hat inzwischen stark abgenommen. Wichtig ist, dass bei der Formenauswahl die speziellen Entmolkungseigenschaften der hergestellten Käse berücksichtigt werden.

Frischkäse

Frischkäse und Quark werden in den meisten Fällen mit einer Kelle verschöpft. Auch Lochkellen oder Käseformen finden Anwendung.

Quark wurde ursprünglich in Tücher oder Säcke verschöpft und zum Abtropfen aufgehängt. Zur Arbeitserleichterung kann der Bruch auch auf einen mit Tüchern oder Abtropfmatten ausgelegten Abtropftisch verschöpft werden. Selbst perforierte Gemüsedämpfkörbe für Großküchen eignen sich zum Abtropfen des Quarks.

Bei größeren Milchmengen wird der Frischkäsebruch in entsprechende Abtropftische verschöpft oder mit einem Schulenburg-Fertiger durch eine Pressvorrichtung entmolkt (s. Abb. 3.23 Seite 43).

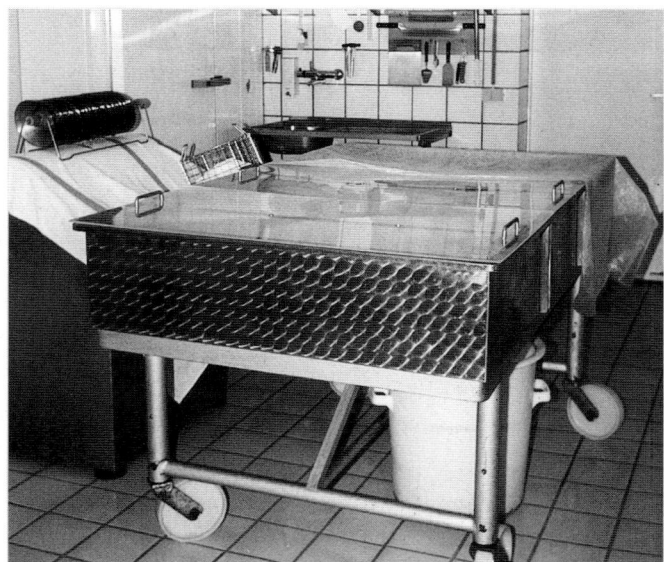

Frischkäse können sowohl durch das Ausformen von Quark, als auch durch Verschöpfen in Formen hergestellt werden. Bei den Formen ist auf eine nicht zu große Lochung zu achten, da der Käse sonst zu schnell entmolkt, Käsestaub weggeschwemmt wird und eine trockene, krümelige Struktur bekommt. Becherformen mit einzelnen Löchern sowie Schichtkäseformen haben sich bewährt.

Abb. 3.31: Der Frischkäsebruch wird in Tücher oder Säcke verschöpft und zum Abtropfen aufgehängt.

Abb. 3.32: Abtropfwanne für Quark mit einem perforierten Zwischenboden und Plastikdeckel.

Weichkäse

Weichkäse wird ebenfalls häufig von Hand verschöpft (siehe Abbildung 3.33). Hydraulisch kippbare Käsewannen sind ein Schritt, um die Abfüllung zu mechanisieren. Dabei wird das Bruch-Molke-Gemisch über eine Bruchverteil-Einrichtung und Abfüllbleche auf die Einzel- oder Blockformen verteilt. Noch eleganter lässt sich Weichkäsebruch durch hochgestellte Kessel abfüllen. Über einen Auslaufstutzen am Kesselgrund und einen Schlauch kann der Bruch in die bereitgestellten Formen fließen. Der Einsatz von Verteilerblechen ist auch bei diesem Verfahren sinnvoll.

Weichkäse soll möglichst schonend ohne große Molkeverluste abgefüllt werden. Die Formen müssen einen raschen Molkenablauf sicherstellen. Körbchenformen sind im kleinen Maßstab gut geeignet. Allerdings lassen sie sich nur schlecht unter zur Hilfenahme von Abfüllblechen befüllen und jeder Käse muss unter hohem Zeitaufwand einzeln gewendet werden.

Beschleunigen lässt sich der Abfüll- und Wendevorgang durch den Einsatz bodenloser zylindrischer Formen, die auf Wendeblechen zu Batterien zusammengestellt werden (siehe Abbildung 3.34). Durch den Aufsatz eines Abfüllblechs lassen sich die

Abb. 3.33 (links): Verschöpfen des Weichkäsebruches auf Einzelformen.

Abb. 3.34 (rechts): Abfüllen des Bruches mit Eimern auf ein Abfüllblech.

Abb. 3.35 (links): Bei hochgestellten Käsekesseln kann der Käsebruch über einen Schlauch auf die Formen verteilt werden.

Abb. 3.36 (rechts): Stapelwender erleichtern das Wenden der Käse.

Formen schnell und gleichmäßig befüllen.

Beim Wenden der Käse ist bei den recht hohen Formen darauf zu achten, dass die Käse nicht verkanten.

Weitere Vorteile beim Abfüllen und Wenden der Käse bieten stapelbare Blockformen. Ein Abfüllaufsatz ermöglicht ein rasches gleichmäßiges Befüllen ohne Nachschöpfen. Nach dem Befüllen können der Aufsatz abgenommen und mehrere Blockformen zum Wenden übereinander gestapelt werden. Durch die baugleiche Ausführung der Ober- und Unterseite des Formenbodens können die Blockformen als Ganzes gewendet werden. Durch den Einsatz manueller Stapelwender erfolgt das Wenden schnell und kraftsparend (siehe Abbildung 3.36).

Schnitt- und Hartkäse
Bei Schnitt- und Hartkäsen unterscheidet man zwei unterschiedliche Abfüllverfahren. Bei Bergkäse, Gouda u. a. ist ein Verschöpfen unter Molke angestrebt, um einen Lufteinschluss zu vermeiden. Dagegen wird z. B. bei Tilsiter ein bleibender Lufteinschluss für die charakteristische Schlitzlochung angestrebt. Entsprechend unterschiedlich sind auch die Abfüllvorgänge.

Unter Molke verschöpfen: Traditionell werden die Käse einzeln mit Tuch und Bogen ausgezogen (siehe Abbildung 3.37). Der Bruchkuchen wird mitsamt dem Tuch in einen Holz- oder Plastikreifen (Järb) eingearbeitet. Da diese Formen nur im Durchmesser verstellbar sind, ist die Käsehöhe vorgegeben. Dieses Verfahren ist sehr arbeitsaufwendig, weil die Käse häufig gewendet werden müssen. Bei großen Milchmengen unterscheiden sich außerdem die Käse stark in ihrem Auskäsungsgrad, da sie nur nacheinander ausgezogen werden können.

Hier bietet sich der Gesamtauszug an. Bei diesem Verfahren wird das gesamte Bruch-Molke-Gemisch mit einer Zughilfe auf einmal ausgezogen. In einer Vorpresswanne wird der Bruchkuchen vorgepresst (siehe Abbildung 3.40 und 3.41).

Aber auch ohne Gesamtauszug kann der Bruch zunächst vorgepresst werden. So eignen sich rechteckige Käsewannen mit flachem Boden als Vorpresswanne, wenn der Käsebruch nach seiner Bearbeitung mit Lochblechen in einem Teil der Wanne zusammengeschoben wird. Die Molke kann abgesaugt oder durch einen Auslauf abgelassen werden. Alternativ kann man einen Käsekessel mit Bodenabfluss auch auf ein Podest stellen. Durch Eigengefälle lässt sich dann das Bruch-Molken-Gemisch mit einem Schlauch in eine mit Molke oder Warmwasser geflutete Vorpresswanne leiten.

Nach der Vorpressung (ca. 15 min) wird der Bruchkuchen entsprechend der Größe der Käseformen portioniert und auf diese verteilt. Gut geeignet sind runde, bodenlose Formreifen, in denen auch zwei Käse übereinander, getrennt durch runde Abtropfmatten und Pressdeckel, gepresst werden können. Aber auch Formen mit Netzeinsatz (z. B. Kadova-Formen) oder mikroperforierte Formen können verwendet werden.

Bei Käsen nach Gouda-Art wird vor dem Abfüllvorgang meistens ein Großteil der Molke entfernt. Die Holländerkessel haben zu diesem Zweck einen Ablasshahn. Die Bruchmasse wird mit einem Lochblech zurückgehalten. Bei Kesseln ohne Hahn kann die Molke aber auch abgepumpt werden. Durch das Zusammenschieben des Bruches mit dem Lochblech und durch den Eigendruck des Bruches wird dieser ein wenig vorgepresst. Von Hand oder mit einer Schöpfhilfe wird die Bruchmasse in Formen verschöpft.

Weitverbreitet sind Kadova-Formen, die aus einer Form samt Deckel mit dazugehörigem Form- und Deckelnetz bestehen (siehe Abbildung 3.39). Bei der Abfüllung von Käse mit Kräuterzusatz besteht die Gefahr, dass sich die Kräuter in den Netzen festsetzen. Zur Abhilfe kann man die Erstabfüllung auch ohne Netze durchführen. Erst beim Wenden wird der Käse in die Netze umgetucht.

Kadova-Formen gibt es in verschiedenen Größen: in rechteckiger und der häufiger

benutzten runden Ausführung. Bei der Größenwahl wird man sich vor allem an den Kundenwünschen orientieren. Alternativ gibt es inzwischen auch Formen, die statt der Netze eine Mikroperforation in der Formenwandung haben. Diese Formen sind leichter zu reinigen, entmolken aber nicht ganz so gut wie die Netzformen.

Abfüllen mit Lufteinschluss: Die einfachste Form der Abfüllung ist das Verschöpfen des Käsebruches mit Lochkellen. Dadurch wird beim Abfüllen eine ausreichende Entmolkung und in der Folge ein Lufteinschluss erzielt. Bei hochgestellten Käsekesseln kann der Käsebruch über eine Siebrutsche fließen, um ihn vor der Abfüllung ausreichend zu entmolken. Der Bruch wird dann auf bereitgestellte Formenbatterien verteilt. Die klassische Tilsiterform ist rechteckig und aus perforiertem Edelstahl. Selbstverständlich können auch die oben genannten Formen benutzt werden.

3.3.8 Abtropftische
(siehe auch Kapitel 5.4.6)

Abtropftische sind neben dem Käsekessel meistens das zweite Großgerät in einer Käserei. Da sich Ausbeute und Käsegröße von Frisch- bis Hartkäse sehr stark unterscheiden, werden auch sehr unterschiedliche Abtropfflächen benötigt. Allerdings kann durch geeignete Formenwahl die benötigte Abtropffläche erheblich verkleinert werden. Stapelbare Formenblöcke oder das Ausformen zweier Käse übereinander in einem Formreifen wirken sich Platz sparend aus. Neben der eingesparten Abtropffläche kann bei stapelbaren Formenblöcken auch der Wendevorgang rationeller gestaltet werden.

Schließlich muss sich die Abtropffläche an der maximal täglich verarbeiteten Milchmenge orientieren. Dies ist vor allem dann zu berücksichtigen, wenn aus Gründen der Arbeitswirtschaft die Milch gestapelt und nur alle 2 Tage verarbeitet wird.

Abtropftische müssen aus korrosionsbeständigem Material gefertigt sein. Abtropftische aus Holz und Aluminium werden deshalb von Veterinären nur in Ausnahmefällen akzeptiert. Durch die dauernde Einwirkung von Feuchtigkeit und aggressiver Molke entsteht eine reliefartige Oberflächenstruktur, die nur sehr schwer sauber zu halten ist. Daher werden inzwischen fast ausschließlich Abtropftische aus Edelstahl verwendet. Abtropftische sollten ein Gefälle von ca. 2 % haben, damit die Molke gut abfließen kann.

Die Ausführung des Abtropftisches entscheidet über dessen Putzfreundlichkeit und Beweglichkeit. Vierbeinige Tische mit und ohne Rollen sowie an der Wand hängende Ausführungen sind die geläufigsten Varianten.

Ideal sind rollbare Tische, die zum Abfüllen an den Käsekessel geschoben werden können. Auch das Säubern von Wand und Boden wird dadurch erheblich erleichtert. In sehr kleinen Käsereien, wo ein Herumschieben des Abtropftisches aus Platzmangel sowieso nicht möglich ist, sollte der Abtropftisch an der Wand aufgehängt werden, damit man den Boden darunter gut sauber halten kann.

Wichtig ist, dass ein Käsewenden ohne große Verrenkungen erfolgen kann. Wandständige Tische sollten eine Tiefe von 1 m nicht überschreiten. Rollbare Tische sollten zwischen 1,20 m und 1,50 m tief sein. Die Tischlänge muss vor allem den Räumlichkeiten angepasst sein. Tische über 2,50 m sind in den meisten Käsereien nur schwer zu bewegen.

Eine seitliche Begrenzung von ca. 10 cm Höhe verhindert, dass entweichende Molke auf den Boden fließt. Eine höhere Begrenzung ist ungeschickt, da sie den Arbeitsablauf behindert. Aus einer unter dem Abfluss stehenden Wanne kann die Molke dann in einen Vorratsbehälter gepumpt werden.

Häufig werden auch gebrauchte Edelstahltische aus Metzgereien oder dem Gastronomiebereich als Abtropftische eingesetzt. Diese Tische haben meistens keine seitliche Begrenzung. Ein Auffangen der

Abbildungen der linken Seite:
Abb. 3.37 (links oben): Ausziehen des Käsebruches bei Bergkäse mit einem Käsetuch.

Abb. 3.38 (rechts oben): Vorpressen des Käsebruches bei Gouda mit einem Lochblech.

Abb. 3.39 (rechts mitte): Abfüllen des Käsebruches bei Gouda in Kadovaformen.

Abb. 3.40 (unten): Gesamtauszug des Käsebruches
(Foto: Bienert, Martin, Alpsichtverlag CH).

Abb. 3.41 (rechts unten): Nach dem Vorpressen wird der Bruchkuchen zerteilt und auf die Formen verteilt
(Foto: Bienert, Martin, Alpsichtverlag CH).

Molke ist dadurch unmöglich. Das nachträglich Anschweißen einer seitlichen Begrenzung ist möglich, doch sollte auf eine einwandfreie Schweißnaht geachtet werden. Poröse Schweißnähte sind hygienisch äußerst bedenklich, können die Ursache für Fremdinfektionen der Käse sein.

3.3.9 Pressen
(siehe auch Kapitel 5.4.6)

Durch das Pressen wird die Molkenabgabe des Käses beschleunigt und die Käsemasse verfestigt. Weichkäse und auch zahlreiche Schnittkäse werden nur durch den Druck ihrer Eigenmasse gepresst (Eigenpressung). Hart- und einige Schnittkäse benötigen einen erhöhten Pressdruck, der nur durch eine Presse erzielt werden kann.

Der Pressvorgang ist so zu steuern, dass mit geringem Druck begonnen wird, der dann allmählich erhöht wird. Ein zu starker Anfangsdruck entmolkt nur den Randbereich des Käses. Die dann verfestigte Randzone lässt auch bei stark erhöhtem Druck kaum noch Molke aus dem Innern austreten. Käsepressen müssen daher eine weitgehend stufenlose Pressdruckeinstellung ermöglichen.

Pressen mit Gewichten

Die einfachste Art des Pressens erfolgt durch Pressgewichte. Gut zu handhabende und zu reinigende Edelstahlgewichte oder kunststoffummantelte Steingewichte werden in einem Formreifen auf den Käse gelegt. Nicht geeignet ist diese Form des Pressens für Hartkäse, da der durch die Gewichte erzielbare Pressdruck zu niedrig ist.

Hebelpresse

Die Hebelpressen sind vor allem in der Holländer-Käserei verbreitet. Bei diesen Pressen wird der Pressdruck auf den Käse über einen Stempel mittels Gewichten am Hebelarm ausgeübt.

Die traditionellen Holländerpressen sind häufig aus Teakholz (siehe Abbildung 3.42). Durch ihre verwinkelte Bauweise sind sie relativ schwer sauber zu halten. Deshalb haben auch hier weitgehend Edelstahlpressen Einzug gehalten.

Generell ist auf eine gute Handhabung und eine einfache Regulierung des Pressdrucks zu achten. Nicht selten sind Pressen schwergängig und schlecht zu regulieren. Auch die senkrechte Führung des Pressstempels ist häufig unzureichend, so dass Käse übereinander schlecht oder schief gepresst

Abb. 3.42: Traditionelle Holländer-Hebelpresse für Schnitt- und Hartkäse

Abb. 3.43: Pneumatische, fahrbare Käsepresse für Schnitt- und Hartkäse (Werkfoto: Asta-Eismann).

werden. Der Freiraum zwischen Abtropftisch und Hebelvorrichtung sollte daher nicht zu groß sein. Ein bequemes Wenden der Käse muss aber gewährleistet bleiben.

Pneumatische Pressen
Neben den Hebelpressen sind auch pneumatische Pressen recht weitverbreitet. Ein Kompressor liefert den notwendigen Druck im Arbeitszylinder der Presse. Wird die Presse an der Wand aufgehängt, müssen die zwischen Presstisch und Pressvorrichtung entstehenden Hebelkräfte abgefangen werden. Es empfiehlt sich daher, Presstisch und Pressvorrichtung nicht einzeln an der Wand zu befestigen, sondern über eine Konsole miteinander zu verbinden. Die Wandhalterung muss dann nur das Eigengewicht der gesamten Presse tragen.

Platzsparend sind rollbare Käsepressen (siehe Abbildung 3.43). Die spezielle Pressführung (eine Käseform über der nächsten) vermeidet ein schiefes Pressen unterschiedlich hoher Käse.

Presswannen, bei denen die Pressvorrichtung im verschiebbaren Deckel der Wanne integriert ist, eignen sich wegen ihrer hohen Kosten nur bei ausreichender Auslastung, z. B. in spezialisierten Hartkäsereien.

4 Der Reifungsraum

4.1 Bauliche Gestaltung des Reifungsraumes

Nach der Formgebung und dem Abtropfen werden die Rohkäse gesalzen und anschließend im Reifungsraum bis zur Verzehrsreife gepflegt. Während der Reifung finden zahlreiche biochemische Umwandlungsprozesse statt. Bakterien, Hefen und Schimmel aus Starter- und Oberflächenkulturen bauen unter für sie günstigen Bedingungen Fett, Eiweiß und Milchsäure ab. So entstehen aus den nahezu geschmacksneutralen Rohkäsen Produkte mit sortentypischer Geschmackausbildung und Teigbeschaffenheit. Der Erfolg der Käsereifung hängt deshalb entscheidend von der Schaffung optimaler Klimabedingungen für die Reifungskulturen ab (siehe auch Kapitel 5.7).

Die Planung von Reifungsräumen sollte bauliche und technische Maßnahmen der Klimaregulierung gleichermaßen berücksichtigen, um die gewünschten Luftzustände hinsichtlich Feuchte, Temperatur und Gaszusammensetzung für die Käsereifung konstant garantieren zu können.

Früher entwickelten sich Käsesorten nach den verfügbaren Klimabedingungen. So entstanden z. B. in Regionen mit hohem Grundwasserpegel Käse mit Trockenrinden (Gouda), da eine feuchte Lagerung der Käse in Gewölbekellern oder Höhlen nicht möglich war. Heutzutage orientiert man sich meistens an bereits bestehenden Käsesorten und versucht die entsprechenden Klimabedingungen künstlich zu erzeugen. Wer nicht unbedingt Käsesorten „kopieren" möchte, kann durchaus auf die vorhandenen Klimabedingungen zurückgreifen und seine „eigene" Käsesorte entwickeln.

In Zeiten ohne künstliche Raumklimatisierung waren Reifungsräume vorwiegend in Gewölbe- oder Felsenkellern untergebracht. Dort waren die Käse der übers Jahr stark schwankenden Witterung einigermaßen entzogen. Konstante Luftfeuchtigkeit und Temperatur waren relativ einfach zu erzielen. Die heutzutage für die Käsereifung ausersehenen Kellerräume werden den hohen Klimaanforderungen häufig nicht gerecht. Entweder sind sie zeitweilig zu trocken oder zu nass, im Winter zu kalt oder im Sommer zu warm. In solchen Räumen wird man künstlich klimatisieren müssen.

Wer keinen Keller zur Verfügung hat, wird sich aus Kostengründen meistens für ebenerdige Reifungsräume entscheiden. Hier wird zwar eine künstliche Klimaregulierung unumgänglich sein, aber eine gute Isolierung sowie eine Ausrichtung des Reifungsraumes nach Norden reduzieren den Energieaufwand zur Klimatisierung der Räume erheblich.

Auch die Raumgröße hat starken Einfluss auf das Raumklima. Neben dem Salzbad und ausreichend Lagerfläche sind lediglich Gänge zwischen den Regalen vorzusehen. Raumhöhen von 2 m sind i. d. R. ausreichend. Zu große Reifungsräume sind zu vermeiden, da leere Gestellpartien zu lokalen Zusammenbrüchen der relativen Luftfeuchtigkeit führen können. Statt von Anfang an einen großen Reifungsraum vorzuhalten, sollte man bei Produktionssteigerungen besser einen zweiten Reifungsraum hinzunehmen.

4.1.1 Bodenbelag

Fußböden erfüllen in Reifungsräumen gemeinsam mit den Wänden eine wichtige klimaregulierende Funktion. Durch einen unversiegelten Bodenaufbau bleibt der Feuchtigkeitsaustausch zum Unterboden erhalten. Ein Ziegelboden, der zum Erdreich nur in Kalkmörtel und somit nicht auf einer wasserdichten Unterlage verlegt wird, ist zu empfehlen. Die Verlegung von Natursteinplatten erfüllt den gleichen Zweck. Naturstein lässt sich aber wesentlich schlechter sauber halten.

Diese „offene" Bodenausführung ist insbesondere für rotgeschmierte Käse sinnvoll. Die im Vergleich zu Fliesenböden schlechtere Reinigbarkeit einer solchen Bodenausführung führt immer wieder zu Beanstandungen durch Veterinärbehörden und ist deshalb schwer durchzusetzen. Ein Hinweis auf traditionelle Reifungshöhlen ist in diesem Zusammenhang durchaus hilfreich, zeigen diese doch, dass für den Verbraucher sichere Produkte unter solchen Bedingungen hergestellt werden können.

Wenn Käsereien andere Wege bei der Käsereifung eingeschlagen haben, war die Ursache meistens in der Arbeitswirtschaft zu suchen. Schnelles Säubern und der Einsatz von Schmierrobotern sprachen für eine ausreichend befestigte Bodengestaltung.

Für Reifungsräume, in denen für Fremdschimmel anfällige Weißschimmelkäse gelagert werden, sind hingegen Kachelfußböden zu empfehlen. Im Gegensatz zu rotgeschmierten Käsen lässt sich Fremdschimmel bei diesen Käsen nicht durch Schmieren der Käseoberfläche verhindern. Bei auftretenden Infektionen müssen Reifungsräume gut gesäubert und gegebenenfalls desinfiziert werden. Dies ist aber nur bei glatten und gut zu reinigenden Wand- und Bodenflächen möglich.

Durch das Molke-Salz-Gemisch werden Kachelfußböden stark beansprucht und müssen daher ähnlich stabil wie in den Verarbeitungsräumen ausgeführt werden (siehe Kapitel 3.2.1). Zur Arbeitserleichterung empfiehlt sich ein Gefälle von 2%.

4.1.2 Abfluss

Abflüsse sind nur bei einem gekachelten Fußboden notwendig. Die Anforderungen sind weitgehend die gleichen wie an den Bodenabfluss im Verarbeitungsraum. Zu beachten ist, dass das Molke-Salz-Gemisch weit aggressiver ist als Molke alleine. Daher muss bei Abflüssen aus Edelstahl auf V4A-Stahl geachtet werden.

4.1.3 Wandbeschaffenheit

Neben dem Boden tragen vor allem die Wände zur Regulierung der Raumfeuchte bei. In alten Reifungsräumen wurde aus klimatischen Gründen bewusst auf eine Feuchtigkeitsisolierung im Kellergeschoss verzichtet, damit die Bodenfeuchtigkeit nicht ferngehalten wird. Bei Neubauten wird heutzutage zwar aufsteigende Feuchtigkeit im Mauerwerk vermieden. Statt dessen werden feuchtigkeitsregulierende Baustoffe ausgewählt. Gut geeignet sind Ziegel oder Naturstein (z. B. Sandstein). Da die Wandoberfläche glatt und gut verfugt sein sollte, eignen sich Bruchsteine nur bei einem zusätzlichen Wandputz. Betonmauern und Kunststoffpaneele sind weniger empfehlenswert. Ein Kalkanstrich verleiht dem ganzen Raum mehr Helligkeit und ein freundliches sowie sauberes Aussehen.

Wenn bei der Reifung von Weißschimmelkäse Fremdschimmel auftritt, können dichte Putze oder Anstriche, gegebenenfalls pilzhemmende Anstriche auf Kautschukbasis Abhilfe schaffen. Die feuchtigkeitsregulierenden Eigenschaften der Wand gehen dadurch zwar verloren, aber der Schimmel hat auf der festen und glatten Oberfläche schlechtere Wachstumsbedingungen.

Die Durchsetzung der beschriebenen feuchtigkeitsregulierenden Raumgestaltung wird allerdings zunehmend schwieriger. Luftfeuchtigkeit und Temperatur lassen sich inzwischen auch mit moderner Technik nach den jeweiligen Bedürfnissen einstellen. Folglich halten einige Veterinärbehörden den Einsatz von feuchtigkeitsregulierenden Baustoffen nicht für notwendig. Statt gebrannter Ziegel werden glatte, leicht zu reinigende und zu desinfizierende Wandpaneele oder gekachelte Wände empfohlen.

4.1.4 Deckenbeschaffenheit

Decken tragen zur Feuchtigkeitsregulierung im Reifungsraum nicht bei. Aufgrund der hohen Luftfeuchtigkeit unterliegen sie

Abb. 4.1 (rechts oben): Frei schwimmende Käse mit ausreichend Platz gewährleisten eine gleichmäßige Salzaufnahme.

Abb. 4.2 (rechts unten): Zu dicht gestapelte Käse erschweren die Salzaufnahme.

aber einer erhöhten Schimmelgefahr. Um dieser zu begegnen, sollte die Decke die wärmste Fläche sein. Wenn sich über dem Reifungsraum keine beheizten Räume befinden, ist an eine zusätzliche Wärmeisolierung zu denken.

Ein Deckenaufbau mit Stahlträger- oder Holzbalkenlage ist in Reifungsräumen wegen der konstant hohen Luftfeuchtigkeit ungeeignet. Ideal sind Gewölbedecken, wie sie in alten Kellern noch des öfteren angetroffen werden. In Neu- bzw. Umbauten wird man der Einfachheit halber auf Betondecken zurückgreifen. Mit einem Putz versehen sind diese Decken ausreichend.

4.1.5 Türen

Die Kriterien für die Türenwahl im Reifungsraum entsprechen weitgehend den Anforderungen im Kapitel 3.2.5. Auf Holztüren muss man in Reifungsräumen ganz verzichten, da ein Abtrocknen der Türen dort nicht möglich ist.

Wichtig sind gut schließende Türen, damit keine Fliegen in den Reifungsraum eindringen können. Da man beim Hineintragen der Käse häufig keine Hand frei hat, sollten die Türen nach innen aufgehen. Sie lassen sich dann leichter aufstoßen. Ein Selbstschließmechanismus verkürzt außerdem die Öffnungszeit der Tür.

Wenn zu Lüftungszwecken die Türe offengehalten werden soll, benötigt man eine zweite mit Gaze bespannte Tür. Auch Lüftungsschlitze für die Luftzufuhr müssen mit Gaze vor eindringenden Fliegen geschützt werden.

4.1.6 Fenster

In den meisten Kellerräumen sind keine Fenster vorhanden. Aber auch in ebenerdigen Reiferäumen kann man auf Fenster verzichten. Fenster erhöhen den Einfluss der äußeren Witterung auf die Raumtemperatur enorm, da sie vergleichsweise viel Wärme an die Umgebung abgeben. Eine übers Jahr konstante Raumtemperatur lässt sich dann nur mit viel Aufwand aufrecht erhalten. Zur Be- und Entlüftung können dichtschließende Lüftungsklappen eingebaut werden. Die Beleuchtung erfolgt am besten mit feuchtraumtauglichen geschlossenen Neonröhren.

4.2 Technische Einrichtungen des Reifungsraumes

4.2.1 Käsetransport zum Reifungsraum

Während die Formgebung und das Abtropfen der Käse noch im Verarbeitungsraum stattfindet, werden sie zum Salzen bereits in den Reifungsraum gebracht. Der Transport der Käse in entfernt liegende Reifungsräume ist möglich und erlaubt, Kontaminationen und nachteilige Beeinflussungen müssen während der Beförderung durch die Verwendung von geeigneten Transportbehältern ausgeschlossen werden. An die Käserei direkt angegliederte Reifungsräume erleichtern den Käsetransport erheblich. Reifungskeller können über ein vom Verarbeitungsraum zugängliches Treppenhaus oder einen Lastenaufzug erreicht werden.

4.2.2 Salzen der Käse
(siehe auch Kapitel 5.5)

Vor der eigentlichen Käsereifung werden alle Käse gesalzen. Dadurch wird der Molkeaustritt gefördert, der Säuregehalt reguliert, die Haut- und Rindenbildung aktiviert und die Käseflora selektiert. Das Salzen hat somit bedeutenden Einfluss auf die Reifung und die Haltbarkeit der Käse.

In Hofkäsereien kommen nur das Trockensalzen und das Salzen im Lakebad in Frage. Industrielle Salzverfahren, wie das Salzen in verschweißten Folien oder Beuteln, die Injektion von NaCl-Lösung oder das Einbringen von Salzpresslingen in den Käsebruch sind im handwerklichen Rahmen nicht praktikabel.

Das Trockensalzen wird in Hofkäsereien von Hand ausgeführt, was Geschick und Erfahrung erfordert, um die Käse nicht zu versalzen. Benötigt wird lediglich ein Tisch, auf dem die Käse im Salz gewälzt werden können. Überschüssiges Salz wird anschließend abgeklopft. Besonders bei den durch Fremdinfektionen stark gefährdeten Weißschimmelkäsen ist das Trockensalzen noch weit verbreitet, da Kontaminationen mit technologischen Schadkeimen, wie sie im Salzbad vorkommen, ausgeschlossen werden. Weißschimmelkäse sollten deshalb separat von andere Käsen gesalzen werden.

Aus arbeitswirtschaftlichen Gründen wird das Trockensalzen bei der Herstellung größerer Chargen durch das Salzbad weitgehend verdrängt. Als Nebeneffekt kann dadurch auch der Salzbedarf von 70 g auf rund 35 g NaCl/kg Käse halbiert werden.

Zur Salzaufnahme werden Käse für eine bestimmte Zeit in eine Salzlake eingebracht. Grundsätzlich wird die Salzaufnahme durch hohe Temperaturen, eine lange Verweilzeit im Salzbad, eine hohe Salzbadkonzentration, geringe Käsegröße und hohe Wassergehalte der Käse gefördert. Zur Herstellung einer gleichbleibenden Käsequalität sollte man versuchen, alle Einflussfaktoren halbwegs konstant zu halten. Vor allem zur Vermeidung stark schwankender Temperaturen ist der Reifungsraum der richtige Ort für das Salzbad.

Bei der Herstellung verschiedener Käsesorten braucht man wegen der doch sehr unterschiedlichen Anforderungen mehrere Salzbäder.

Nach dem Einlegen der Käse ins Salzbad dringt Salzlake über die wässrige Phase in den Rohkäse ein. Die Käse sollten dafür frei in der Salzlake schwimmen können (siehe Abbildung 4.1). Mit fortschreitender Verweilzeit im Salzbad kommt es zu einem Verarmungshorizont an der Randschicht des Käses. Damit es auch bei kleinen Käsen während ihrer kurzen Verweilzeit im Salzbad zu einer gleichmäßigen Salzaufnahme kommt, kann die Lake durch einen Rührer, eine Umwälzpumpe oder die

Abb. 4.3 (oben): Pökelwannen aus dem Metzgereibedarf sind eine kostengünstige Lösung.

Abb. 4.4 (links): Salzbad aus V4A-Edelstahl mit einem Regal zum Abtrocknen der Käse.

Abb. 4.5 (rechts): Salzbäder aus Polyester sind in holländischen Gouda-Käsereien verbreitet.

Einleitung von Luft in Bewegung gehalten werden.

Auch bei großen Käsen kann es zu einer mangelhaften Salzaufnahme kommen, wenn die Käse statt frei zu schwimmen, dicht gestapelt werden (siehe Abbildung 4.2). Die Salzbadgröße hat sich daher nach der maximalen Chargengröße einer Käsesorte zu richten. Um zu große Salzbadflächen zu vermeiden, hat man vor allem bei Weichkäse die Stapelsalzung eingeführt. Aber auch Hart- und Schnittkäse können auf Salzbadhorden übereinandergestapelt in die Tiefe eines Salzbades eingebracht werden.

Kostengünstige Salzbäder lassen sich in Pökelwannen aus Plastik einrichten. Auch Polyester- oder Edelstahlbehälter aus V4A-Stahl sind für ein Salzbad geeignet (siehe Abbildung 4.3 bis 4.5). Gelegentlich trifft man auch auf gemauerte bzw. betonierte Behälter, die anschließend säurefest gefliest bzw. mit Kunstharz beschichtet wurden. Gemauerte Salzbäder sind aber wenig flexibel, weil sie bei einer Raumnutzungsänderung oder Verarbeitungsaufstockung nicht einfach umgestellt oder erweitert werden können.

Bei einer guten Salzbadpflege durch regelmäßiges Nachstellen des Salzgehaltes und Abstumpfen der Säure können Salzbäder sehr lange genutzt werden. Von Zeit zu Zeit muss der entstehende Bodensatz abgetrennt werden. Mit einer Pumpe kann das Salzbad abgepumpt und zur Entkeimung in einem separaten Behälter erhitzt werden. Der Bodensatz kann über einen Abfluss am tiefsten Punkt des Salzbades einfach entfernt werden.

4.2.3 Käselagerung

Nach dem Salzbad sollten die Käse oberflächig abtrocknen können, bevor sie in Reifungsräume kommen. Dort stehen für die Lagerung der Käse entweder Horden oder Regale mit Brettern zur Verfügung.

Bis zur Verzehrsreife werden die Käse regelmäßig gewendet, um Deformationen zu vermeiden und eine gleichmäßige Lochung sowie Rindenbeschaffenheit zu fördern.

Abb. 4.6: Weißschimmelkäse benötigen für das Schimmelwachstum eine ausreichende Luftzufuhr und werden auf Horden gereift.

Horden

Horden werden vorwiegend bei der Reifung von Weichkäse eingesetzt. Während bei Rotschmiereweichkäse eine Lagerung auf Holzbrettern möglich ist, kommt bei Weißschimmelkäse ausschließlich eine Horden-Reifung in Betracht, da sich auf Brettern kein geschlossener Schimmelrasen bildet (siehe Abbildung 4.6). Auch für reifende Frischkäse eignen sich Horden nach Auflage von Abtropfmatten.

Nach dem Salzbad werden die Käse von den Salzbadhorden auf Reifungshorden gewendet. Zu empfehlen sind ausschließlich Horden aus Edelstahl. Salzbadhorden sollten außerdem aus V4A-Stahl gefertigt sein, da sie sonst nach kurzer Zeit rosten.

Ein arbeitswirtschaftliches Umhorden setzt identische Hordenabmessungen bei Salzbad- und Reifungshorden voraus. Zum alleinigen Wenden der Käse sind kleine Horden (50 × 60 cm) zu empfehlen. Ansonsten kann auch auf größere Horden (100 × 70 cm) zurückgegriffen werden.

Käse gleichen Reifungsgrades können auf Horden platzsparend zu Hordenstapeln zusammengefasst werden. Vorteilhaft ist der Einsatz von Rollwagen bzw. kleinen Hubwagen zum Transport ganzer Hordenstapel.

Regale

Da Regale vielfach selber gebaut werden, trifft man in Hofkäsereien auf eine große Regalvielfalt (siehe Abbildungen 4.7–

Der Reifungsraum

Abb. 4.8: Rollbare Reifungsgestelle aus Edelstahl.

Abb. 4.7: Platzsparendes Regalsystem aus der Sennereiwirtschaft mit quereingeschobenen Käsebrettern.

Technische Einrichtungen | 63

Abb. 4.9 (links): Klassisches Regalsystem aus Holland.

Abb. 4.10 (rechts): Regalsystem mit Kantenprofilen aus Edelstahl.

4.11). Alle Regale besitzen ein Grundgerüst, auf dem Holz- oder Plastikbretter zu liegen kommen. Damit die Bretter zur Reinigung leicht entnommen werden können, sollten sie lediglich in das Regalgestell hineingelegt werden.

Raumsparend sind Regalsysteme, bei denen die Bretter quer ins Regal geschoben werden und somit die Käse hintereinander zu liegen kommen (siehe Abbildung 4.7). Nachteilig erweist sich allerdings der hohe Kraftaufwand beim Herausheben der Regalbretter.

Rückenschonender sind Regalsysteme, bei denen die Käse möglichst nebeneinander statt hintereinander gelegt werden (siehe Abbildungen 4.8–4.11). Bei kleinen Räumen bieten sich als platzsparende Alternative rollbare Regalgestelle an (siehe Abbildung 4.8). Bis auf einen Mittelgang kann bei diesem Regalsystem auf Gänge verzichtet werden. Sie bieten außerdem den Vorteil einer schnellen Käseauslagerung bei notwendigen Reparatur- und Renovierungsarbeiten.

Dem aggressiven Klima in Reifungsräumen widerstehen eigentlich nur Edelstahl

und Holz. Klassische Holzgestelle kommen aus Holland (siehe Abbildung 4.9). Bestehend aus zwei Holzständern mit Querrohren zur Brettauflage lassen sich diese einfachen Regale auch leicht selber bauen. Etwas teurer sind Edelstahlregale mit Kantenprofilen für die Brettauflage (siehe Abbildung 4.10). Rollbare Lagergestelle kann man sich aus gebrauchten Wurst-Räucherwagen umbauen.

Abb. 4.11: Regalsystem für Bergkäse aus Holz.

Abb. 4.12: Zum Trocknen und Lagern der Bretter ist ein separater Raum vorzusehen.

Abb. 4.13 (unten): Plastikbretter für die Käsereifung benötigen weniger Pflegeaufwand.

Der Wandabstand der Regale sowie der Bretterabstand in den Gestellen muss eine ausreichende Luftzirkulation gewährleisten. Sonst besteht die Gefahr, dass die Käse schlecht abtrocknen, stärker verschimmeln und einen dumpfen, muffigen Geschmack entwickeln.

Käsebretter
Holzbretter sollten gut abgelagert und leicht angeschliffen, aber ungehobelt zum Einsatz kommen (siehe Abbildungen 4.7–4.11). Allgemein wird zur Käselagerung gut abgelagertes Fichtenholz (Rottannenholz) empfohlen. Bei den meisten anderen Holzarten besteht die Gefahr, dass sich die Käse im Laufe der Lagerung verfärben. Käsebretter aus Holz verlangen einen hohen Pflegeaufwand. Sie müssen alle 2–4 Wochen gereinigt und anschließend gut getrocknet werden. Es empfiehlt sich ein separater Raum in der Nähe der Reifungsräume zum Reinigen und Trocknen der Bretter (siehe Abbildung 4.12).

In größeren Käsereien setzen sich aus arbeitswirtschaftlichen Gründen deshalb Plastikbretter immer mehr durch (siehe Abbildung 4.13). Fein perforiert und in genormter Größe, können diese Bretter in Spülmaschinen gereinigt werden. Abgeklopft sind sie sofort trocken und wieder einsetzbar. Allerdings können Plastikbretter die Feuchtigkeit eines zu nassen Käses nicht regulieren. Käse müssen deshalb nach dem Salzbad gut abtrocknen und dürfen keinesfalls zu nass auf die Plastikbretter gelegt werden.

Die Verwendung einer genormten Brettergröße bringt arbeitswirtschaftlich entscheidende Vorteile, da die Bretter nicht mühsam wieder eingepasst werden müssen.

Bei der Größenwahl hat man sich nach der Käsegröße zu richten, damit die Käse mit ihrer ganzen Oberfläche auf den Brettern Platz finden. Die Lagerung von Käsen auf zwei zusammengeschobenen Brettern führt zu einer unebenen Oberfläche, da sich der Käse in die Zwischenräume der Stoßstellen drückt. In den Ritzen können sich außerdem Schimmel und Milben ausbreiten.

4.2.4 Käsepflege
(siehe auch Kapitel 5.7.3)

Die Reifung der verschiedenen Käsesorten dauert von wenigen Tagen bei Weichkäse bis zu mehreren Jahren bei Extra-Hartkäsen. Die Behandlung der Käse ist stark von der Käsesorte mit ihrer spezifischen Oberflächenflora abhängig.

Käse mit einer mikrobiologisch wenig aktiven Oberfläche, wie z. B. Emmentaler oder Gouda, werden regelmäßig gewendet und trocken abgerieben. Eine Schmierebildung ist bei diesen Käsen genauso wenig erwünscht wie bei Weißschimmelkäsen, deren Oberfläche überhaupt nicht behandelt wird.

Hingegen müssen Käse mit Oberflächenschmiere wie z. B. Bergkäse, Tilsiter oder Romadur regelmäßig geschmiert werden. I. d. R. wird diese Arbeit von Hand ausgeführt. In schmalen Gängen kann ein auf beiden Regalen aufliegendes Brett den ansonsten notwendigen Schmiertisch ersetzen (siehe Abbildung 4.11).

4.2.5 Steuerung des Reifeklimas
(siehe auch Kapitel 5.7.2)

Das Klima eines Reifungsraumes wird im wesentlichen durch das Wechselspiel von Temperatur, Luftfeuchtigkeit und Luftzusammensetzung bestimmt. Innerhalb gewisser Schwankungsbreiten sollten die sortenspezifischen Anforderungen an das Reifungsklima über das ganze Jahr eingehalten werden. In den meisten Reifungsräumen wird man deshalb durch den Einsatz von Heizung, Kühlung, Luftbe- oder -entfeuchtung sowie der Be- und Entlüftung nachhelfen, um für die Käse optimale Reifungsbedingungen zu schaffen.

Temperatursteuerung

In den Sommermonaten kommt es nicht selten zu unerwünschten Temperaturerhöhungen im Reifungsraum. Als Folge wird die Reifung beschleunigt und es steigt die Gefahr von Fehlgärungen bis hin zum Verderb der Käse. Auch die Oberfläche der Käse trocknet durch die sinkende relative Luftfeuchtigkeit schneller aus, wodurch der Pflegeaufwand erhöht wird.

Bei nur geringen Temperaturerhöhungen kann man sich bereits durch den Einbau einiger Flachheizkörper behelfen, die an einen Kühlkreislauf angeschlossen werden. Größere Temperaturschwankungen machen den Einsatz leistungsstarker Kühlaggregate mit großer lamellenartiger Wärmetauscherfläche notwendig. Diese lassen sich an eine Eiswasseranlage anschließen. Platzprobleme und eine fehlende Eiswasseranlage sind die Hauptgründe, wenn auf eine stille Kühlung verzichtet wird.

Statt dessen werden handelsübliche Kühlaggregate eingesetzt, bei denen die Luft über den Verdampfer in den Raum geblasen wird. Die dadurch verursachten starken Luftbewegungen wirken sich negativ auf die Entwicklung von Oberflächenschimmel aus. Bei rotgeschmierten Käsen erhöhen sie den Pflegeaufwand und es kann im ungünstigsten Fall zur Rissbildung infolge Austrocknens kommen.

Als Nebeneffekt der Kühlung wird i. d. R. die Luftfeuchtigkeit abgesenkt. Sinkt die relative Luftfeuchtigkeit zu stark ab, muss man durch einen Luftbefeuchter dem Reifungsraum die durch Kondensatbildung am Verdampfer entzogene Feuchtigkeit wieder zurückführen.

Wer bereits im Sommer Probleme mit zu warmen Reifungsräumen hat, wird im Winter kaum auf eine Heizung verzichten können. Zu stark absinkende Temperaturen bewirken Reifeverzögerung bzw. -stillstand. Außerdem besteht die Gefahr, dass die häufig im Reifungsraum stehenden Salzbäder zu stark abkühlen. Als Folge wird der Molkeaustritt wegen der Hautbildung des Käses beeinträchtigt.

Bei nur geringen Temperaturschwankungen bietet sich die Doppelnutzung eines Flachheizkörpers zur Kühlung und Heizung an. Ansonsten kann auf die im Kapitel 3.2.8 besprochenen Heizsysteme zurückgegriffen werden.

Be- und Entlüftung

Die Be- und Entlüftung hat entscheidenden Anteil am Aufbau eines geeigneten Reifungsklimas. Intensiver Luftaustausch sowie eine starke Luftumwälzung führen zu schwankenden Klimabedingungen, die der Käsereifung abträglich sind. Um die Hauptklimafaktoren Luftfeuchtigkeit und Temperatur einigermaßen konstant zu halten, sollte nur ein mäßiger Luftaustausch stattfinden. Dies gilt auch bei einer künstlichen Klimatisierung, da die ständige Aufbereitung frischer Außenluft enorm kostspielig wäre.

Außerdem sind starke Luftströmungen zu vermeiden. Die Käseoberfläche trocknet in Folge der Zugluft schneller ab und es besteht die Gefahr, dass die Rinde rissig wird und die Oberflächenkulturen im Wachstum behindert werden.

Andererseits müssen flüchtige Abbauprodukte der Käsereifung wie z. B. Ammoniak abgeführt und Sauerstoff zugeführt werden, um Fehlentwicklungen bei der Reifung zu vermeiden. Auch überfeuchte modrige Bretter sind durch eine geschickte Klimaführung zu verhindern, da die Käse sonst einen muffigen Geruch annehmen können.

Be- und Entlüftungsmöglichkeiten sind daher im Reifungsraum unerlässlich. Frische, meist kühlere Luft sollte möglichst bodennah einströmen können. Gut geeignet sind mit Gaze bespannte Lüftungsschlitze in der Tür. Die verbrauchte Luft kann dann über höher gelegene Lüftungsluken oder einen kleinen Ventilator abgeführt werden.

Steuerung der Luftfeuchte

Der Erhalt einer konstanten Luftfeuchte steht in einem engen Wechselspiel mit der Temperatursteuerung. Bei gleichem Wassergehalt wird die Raumluft mit sinkender Temperatur „feuchter" und bei steigender Temperatur „trockener".

Dies ist aus mehreren Gründen von Bedeutung. Einerseits arbeiten die Oberflächenkulturen (insbesondere die Rotschmierkulturen) nur bei ausreichender Luftfeuchtigkeit, so dass die Reifung bei zu trockener Luft stark eingeschränkt verläuft. Außerdem führt zu trockene Luft zu einem Austrocknen der Käse und somit zu einem Gewichtsverlust. Andererseits führt eine zu hohe Luftfeuchtigkeit zu einer weichen, schwammigen Konsistenz sowie zu erheblichen Geschmackseinbußen.

Bei geringen Schwankungen kann eine optimale Luftfeuchte bereits durch manuelle Methoden, wie das Ausschütten von Wasser, erreicht werden. Das Aufstellen eines Salzbades hat dagegen keine luftbefeuchtende Wirkung, da es die Feuchtigkeit anzieht.

Abgesehen vom Arbeitsaufwand führen manuelle Methoden bei sehr trockenen Reifungsräumen nicht zum Ziel. Die Luftbefeuchtung muss in diesen Fälle künstlich vorgenommen werden. Für diesen Zweck stehen unterschiedliche Befeuchtungseinrichtungen zur Verfügung. I.d.R. geschieht dies durch Verdampfen oder Einspritzen von Wasser oder Dampf in einen Luftstrom.

Wesentlichen Einfluss hat neben der künstlichen Befeuchtung auch die Belegungsdichte des Reifungsraumes. In nicht ausreichend mit Käsen beschickten Raumteilen fällt die Luftfeuchte ab, da sie sich zu einem nicht unerheblichen Teil aus dem Wassergehalt der lagernden Käse speist.

Zu feuchte Reifungsräume sind nur selten ein Problem.

Die Entfeuchtung erfolgt am besten durch eine kombinierte Kühlung und Heizung. Das Kühlaggregat bringt die Luftfeuchtigkeit zum Kondensieren, während die Heizung die gewünschte Raumtemperatur hält.

5 Die Käseherstellung

5.1 Rohstoff Milch

5.1.1 Zusammensetzung der Milch

Chemisch betrachtet ist Milch eine Emulsion von Fett in einer wässerigen Lösung. Sie besteht aus echt gelösten Stoffen wie Milchzucker (Laktose) sowie aus Milchsalzen, größeren Molekülen wie Molkenproteinen und aus Aggregaten mehrerer Moleküle, den Caseinmizellen.

5.1.2 Käsereimilch

Der einwandfreie Zustand der Milch ist von höchster Bedeutung für die Käseherstellung. Die Milch muss von gesunden, gut ernährten Tieren gewonnen werden. Sie sollte möglichst frisch sein (maximal 2 Melkzeiten).

Qualitätsverluste der Milch:

a) Qualitätsverluste durch Fremdstoffe:
- Wasser verdünnt die Milch und verschlechtert ihre Gerinnungseigenschaften.
- Reinigungsmittelreste verhindern oder hemmen die Säuerung und verschieben den pH-Wert der Milch.
- Antibiotika hemmen das Wachstum von Mikroorganismen.
- Giftige Stoffe (Aflatoxin, PCB) können durch das Futter in die Milch gelangen.

b) Physikalische Qualitätsverluste:
- Schädigung der Fettkügelchen durch zu starke mechanische Belastungen (Rühren, Pumpen).
- Austreten von Calcium aus der Caseinmizelle nach zu langem Kühlen.
- Nach dem Erhitzen wird ein Teil des Calciums unlöslich und steht bei der Labgerinnung der Milch nicht mehr zur Verfügung.
- Das Denaturieren der Molkenproteine durch Hocherhitzung behindert die Labwirkung.

c) Mikrobiologische Qualitätsverluste:
- Mikroorganismen, die Toxine bilden können (z. B. *Staphylococcus aureus*).
- Mikroorganismen, die zu einer zu starken Milchsäurebildung führen (unter einem pH-Wert von 6,4 gerinnt die Milch beim Pasteurisieren).
- Mikroorganismen und deren Enzyme, die die Proteine und das Fett der Milch angreifen (vor allem psychrotrophe (kälteliebende) Mikroorganismen). Beim Käsen wandern vermehrt Proteinbestandteile in die Molke, es bilden sich Bitterpeptide. Durch den Fettabbau bilden sich Stoffe, die den Geschmack der Milch verschlechtern.

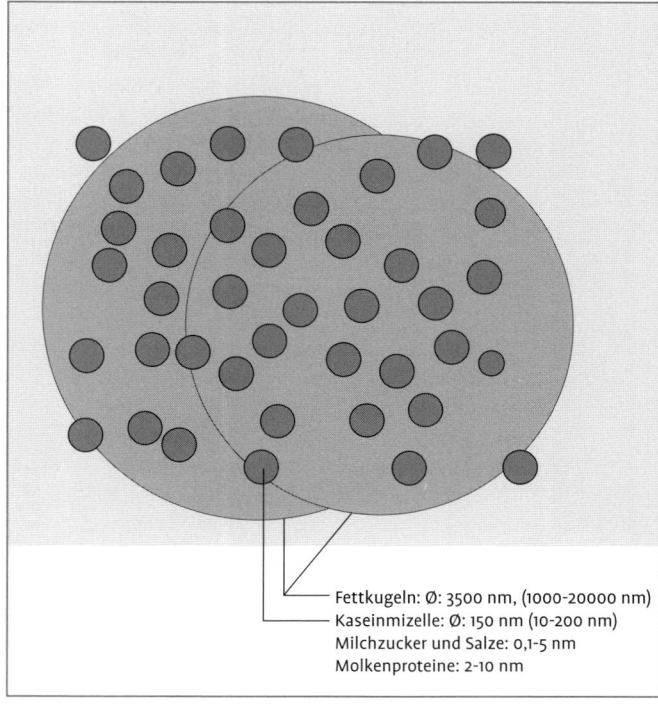

Abb. 5.1: Größenverhältnisse der Milchbestandteile.

Fettkugeln: Ø: 3500 nm, (1000-20000 nm)
Kaseinmizelle: Ø: 150 nm (10-200 nm)
Milchzucker und Salze: 0,1-5 nm
Molkenproteine: 2-10 nm

Tab. 5.1 Durchschnittliche Zusammensetzung von Kuhmilch und Eigenschaften der einzelnen Milchbestandteile

Stoffe	Anteil g/100 g	Bestandteile	Eigenschaften	Einfluss der Milchbehandlungen
Wasser	88			
Protein	3,25	Caseine: 78 % des Gesamtprotein	– Sind in der Milch in Form von Caseinmizellen enthalten, bestehend aus verschiedenen Caseinen (αS-Casein, β-Casein, κ-Casein) die durch Calciumphosphatcluster und hydrophobe Bindungen zusammenhalten. – Caseinmizellen werden unlöslich im sauren Bereich oder durch die Wirkung von Lab. – Hauptbestandteil des Käses. – Sie binden Wasser. – Sie werden von Enzymen der Milch oder der Mikroorganismen gespalten, es können bittere Stoffe entstehen (Bitterpeptide).	– Caseine sind hitzebeständig. – Caseine lösen sich teilweise von der Mizelle, wenn die Milch gekühlt wird. – Sie werden geschädigt, wenn die Milch zu lange gelagert wird.
		Molkenproteine	– Molkenproteine werden weder durch Lab noch durch Säure gefällt. – Sie sind jedoch hitzeempfindlich. – Fällung durch Kombination aus Hitze und Säuerung (Ricotta). – Sie binden Wasser, vor allem wenn sie denaturiert sind (z. B. nach einer Hocherhitzung). – Ernährungsphysiologisch sehr wertvoll.	– Nach einer Hocherhitzung lagern sie sich an die Caseinmizellen und verhindern die Labfällung.
Fett	4,0	Triglyceride: 98 % des Fettanteiles	– Das Fett befindet sich in der Milch in Form von Fettkugeln, die aus einer Membran und aus Triglycerid bestehen. – Die Fettkugeln bilden eine relativ stabile Emulsion von Fett in der Magermilch (Öl-in-Wasser-Emulsion). – Durch den Abbau der Triglyceride entstehen freie Fettsäuren, die dem Käse Aroma verleihen, aber auch unerwünschten Geruch und Geschmack in Milchprodukten verursachen können.	– Die Fettkugeln werden durch mechanische Belastung (Pumpen) und Lufteinzug geschädigt. Das ausgetretene Fett rahmt sehr schnell auf, geht in der Molke verloren oder wird enzymatisch zu unerwünschten Stoffen abgebaut.
		Membranbestandteile	– Lipoproteine spielen die Rolle des Emulgators für das Fett. – In der Membran befinden sich die fettlöslichen Vitamine, Cholesterin, Enzyme und Agglutinin, das für das Aufrahmen der Rohmilch verantwortlich ist.	
Milchzucker	4,5	Laktose	– Ein Disaccharid, das enzymatisch hydrolysiert werden kann. Es ist der Nährstoff der Milchsäurebakterien.	
Mineralstoffe	0,6–0,8		– Calciumphosphat hält die Caseinmizelle zusammen, Calcium dient zur Bildung und zur Festigkeit von Labgel. – Die Milch ist die Hauptquelle von Calcium in unserer Ernährung.	– Durch Säuern geht Calcium von der Caseinmizelle in die wässerige Phase. – Beim Erhitzen wird ein Teil des Calciums unlöslich.

Tab. 5.2 Durchschnittliche Zusammensetzung der Milch unterschiedlicher Tierarten

	Milchleistung (kg)	Laktose (g/kg)	Protein	Fett	Mineralstoffe
Kuh	3.500–8.000	45–50	30–35	35–40	7–9
Ziege	500–1.000	40–50	28–35	30–38	7–9
Schaf	100–500	52–55	45–75	55–110	8–14

- Mikroorganismen aus der Rohmilch, die als Konkurrenzflora die Vermehrung der zugegebenen Säuerungskulturen behindern können.
- Mikroorganismen, die zum Verderb des Produktes führen (Hefen, Fremdschimmel).
- Mikroorganismen, die Krankheiten beim Menschen auslösen können (*Listeria monocytogenes*, Salmonellen u. a.).

d) Qualitätsverluste durch enzymatische Abbauprozesse:
- Originäre Enzyme der Milch greifen Fett und Proteine an und können den Geschmack der Milch verändern. Sie werden zum Teil durch die Milcherhitzung inaktiviert.
- Viel schädlicher sind die Enzyme von unerwünschten Bakterien, die auch nach deren Abtötung wirken und Käsefehler verursachen.

Der Transport der Milch
(siehe auch Kapitel 3.3.1)
Vom Euter der Kuh muss die Milch zum Verkäsen bis in den Käsekessel gelangen. Da jeder Transport die Milchqualität beeinflusst, sollte der Transportvorgang so schonend wie möglich erfolgen.

Die Kühlung der Milch
(siehe auch Kapitel 3.3.2)
Die Milch von gesunden Tieren hat eine Keimzahl von ca. 100–1.000 Keimen/ml beim Verlassen des Euters. Die Keime stammen aus der ständigen Kontamination des Strichkanals. Danach kommen einige Tausend Keime durch die Luft in die Milch. Der größte Teil der Kontamination stammt von der Euterhaut und dem Melkgeschirr. Die positive Entwicklung der Melkgeräte-Hygiene verstärkt die Bedeutung der Hautflora um die Zitzen. Ein großer Teil dieser Flora sind Staphylokokken, die besonders bei der Rohmilchkäseherstellung unerwünscht sind. Unter guten hygienischen Bedingungen liegt die Gesamtkeimzahl immer unter 100.000 Keime/ml.

Da die Verarbeitung frisch gemolkener Milch eher die Ausnahme ist, muss die Zunahme der Keimzahl durch eine entsprechende Kühlung verhindert werden. Wichtig ist, dass die Milch beim Kühlvorgang keinen Schaden nimmt. Dies setzt voraus, dass die Milch:

- rasch gekühlt wird. Das Kühlen in Kannen im Kühlschrank oder in der Kühlzelle dauert zu lange, so dass sich ungewünschte Mikroorganismen vermehren können.
- nicht punktuell gefriert. Die Kühlwanne darf die erste ermolkene Milch nicht zum gefrieren bringen, da sonst die Fettkügelchen zerstört werden und freies Fett austritt.
- schonend gekühlt wird. Eine zu schnelle Milchumwälzung durch zu starkes und schnelles Rühren ist nicht zu empfehlen, da das Milchfett durch diesen Vorgang stark belastet wird.
- nicht erstickt. Die Milch sollte zum Ausgasen langsam gerührt oder sehr flach gestapelt werden.

Lange Kühlphasen verschlechtern die Käsereitauglichkeit der Milch erheblich (siehe Kasten 5.1). Optimal ist die Verarbeitung von gekühlter Abendmilch und frischer Morgenmilch.

Je nach Lagerdauer schreibt der Gesetzgeber unterschiedliche Temperaturen für die Milchlagerung vor. Außerdem ist der Verwendungszweck für die Kühltemperatur maßgebend. (siehe Tabelle 5.3).

Das Reinigen der Milch
(siehe auch Kapitel 3.3.3)

Die Reinigung der Milch soll milchfremde Bestandteile (Tierhärchen, Staubpartikel, Fliegen, Stroh etc.), die während oder nach dem Melkvorgang in die Milch gelangen, entfernen.

Eine erste Reinigung erfolgt im Erzeugerbetrieb unmittelbar nach dem Melken. Molkereien unterziehen die Milch einer weiteren Reinigung, da auf dem Transport und bei der Vermengung verschiedener Milch eine erneute Verunreinigung prinzipiell möglich ist.

Bis heute wird in vielen Käsereien, Sennereien und Dorfkäsereien die Milch mittels Wattescheiben gefiltert. Molkereien, die wesentlich größere Milchmengen verarbeiten, setzen zur Milchreinigung vorwiegend Zentrifugen ein.

Tab. 5.3 Erforderliche Kühltemperaturen in Abhängigkeit von der Lagerdauer

Lagerdauer	Kühltemperatur
frische Milch	keine Kühlung erforderlich
12 h	10°C (Käse)
	8°C (Konsummilch, Milcherzeugnisse)
24 h	8°C
48 h	6°C

Die Fetteinstellung der Milch
(siehe auch Kapitel 3.3.4)

Die Fetteinstellung der Käsereimilch ist notwendig, um den Fettgehalt des Käses einzustellen. Eine leichte Entrahmung ist bei Schnitt- und Hartkäse wünschenswert, weil das Fett die Entmolkung der Käse verschlechtert. Die Einstellung erfolgt durch Entrahmen oder Mischen von Vollmilch, Magermilch und Sahne.

Der Fettgehalt richtet sich nach folgenden Parametern:
- Gewünschter Fettgehalt im Käse.
- Fettverluste in der Molke.
- Proteingehalt der Milch.
- Übergang des Proteins in den Käse.

Der Fettgehalt in der Molke liegt zwischen 0,05 % und 0,6 %. Bei der Herstellung von Käse mit hohem Fettgehalt sind die Fettverluste größer als bei Käse mit niedrigem Fettgehalt. Je kleiner der Bruch geschnitten wird, umso größer wird der Fettgehalt in der Molke sein.

Der Proteinübergang im Käse liegt für Kuhmilch bei ca. 75 % der gesamten Proteine. Mit der Tabelle 5.4 von Schulz und Kay kann der Fettgehalt der Käsereimilch (f_k) in Abhängigkeit des Proteingehaltes (P) und der Käsesorte ermittelt werden.

$f_k = P \times F$
F = Faktor laut Tabelle 5.4

Die Wärmebehandlung der Milch
(siehe auch Kapitel 3.3.5)

Nach wie vor ist die Verarbeitung von Rohmilch in Hofkäsereien weit verbreitet. Aber auch die Thermisierung und Pasteurisie-

---

Kasten 5.1:
Negative Einflüsse der Kühlung auf die Rohmilch

Einige Bakterien, die sich an die Kälte angepasst haben, vermehren sich in der kalten Milch langsam weiter. In der Fachsprache nennt man sie „psychrotrophe Keime". Sie gelangen vor allem durch das Melkgeschirr in die Milch. Bei 5°C vermehren sie sich in den ersten 40 h kaum, danach verdoppelt sich ihre Zahl alle 4–6 h. Psychrotrophe Keime haben eine stark proteolytische und lipolytische Aktivität und können Geschmacksfehler verursachen (ranzig, bitter). Der Proteinabbau verschlechtert zusätzlich die Ausbeute. Diese Keime werden durch die Pasteurisierung abgetötet, einige ihrer Enzyme wie die Lipasen sind weiter in der erhitzten Milch oder im Käse aktiv. Nicht zuletzt gehören auch die Bakterien der Gattung *Listeria* zur psychrotrophen Flora. In der frischen Rohmilch sind sie schwierig zu isolieren. Sie vermehren sich während der Lagerung und im Herstellungsprozess von Rohmilchprodukten. Ein verstärktes Vorkommen von *Listeria monocytogenes* in diesen Produkten bedeutet für den Menschen eine ernsthafte Gefährdung.

rung von Milch ist in Hofkäsereien keine Seltenheit mehr. Tabelle 5.5 fasst die Vor- und Nachteile der verschiedenen Erhitzungsverfahren zusammen.

Die Verarbeitung von Rohmilch: Die Verarbeitung von Rohmilch ist die hohe Kunst des Käsehandwerks (siehe Kasten 5.2). Voraussetzungen sind eine sehr gute Milchqualität sowie gute Kenntnisse mikrobiologischer Zusammenhänge. Wer bisher Milch an die Molkerei abgeliefert hat, wird sich an neue Qualitätsparameter gewöhnen müssen. Die Keimzahl verliert an Bedeutung, Parametern wie der Zellzahl und dem Gehalt an spezifischen Mikroorganismen, wie z. B. *Staphylococcus aureus*, *Escherichia coli* oder *Listeria monocytogenes*, muss große Aufmerksamkeit geschenkt werden.

Die Thermisierung: Für Käsesorten, die aus Rohmilch hergestellt werden dürfen, findet auch die Thermisierung zur Reduzierung des Keimgehaltes zunehmend Verbreitung. Unter Thermisierung versteht

Tab. 5.4 Faktoren (F) für die Fettgehaltsberechnung und Fettgehalteinstellung ($f_{3,3}$) in Prozent mit einem mittlerem Proteingehalt von 3,3 % nach Schulz und Kay

Käsegruppe	Fettstufen (F. i. Tr.)									
	10 %		30 %		45 %		50 %		60 %	
	F	$f_{3,3}$	F	$f_{3,3}$	F	$f_{3,3}$	F	$f_{3,3}$	F	$f_{3,3}$
Hart- und Butterkäse					0,93	3,1	1,09	3,6		
Schnitt- und Edelpilzkäse			0,5	1,65	0,9	3,0	1,06	3,5		
Weichkäse			0,44	1,45	0,84	2,8	1,0	3,3	1,5	4,95
Frischkäse	0,17	0,6	0.55	1,85	0,96	3,2	1,12	3,7	1,6	5,3

Tab. 5.5 Vor- und Nachteile der Erhitzungsverfahren

	Vorteile	Nachteile
Rohmilch	– Geringe Investition. – Käse bekommt durch die Rohmilchbakterien einen eigenen Charakter. – Milchproteine werden nicht denaturiert: Milch behält ihre Labgerinnungseigenschaften.	– Pathogene Keime können sich während der Käseherstellung vermehren. – Große Schwankungen in der Qualität.
Thermisierte Milch	– Milchproteine werden kaum denaturiert: gute Labgerinnungseigenschaften. – Für Hartkäse mit einer Reifung von mehr als 3 Monaten: sicher ohne die Nachteile der Pasteurisation. – Schädliche Bakterien sind zum größten Teil beseitigt. – Durch Verwenden von Starterkulturen ist die Herstellung einfacher und von gleichbleibender Qualität.	– Keine Sicherheit, dass das Produkt frei von pathogenen Keimen ist. – Investition fast wie für pasteurisierte Milch.
Pasteurisierte Milch	– Hohe Sicherheit des Endprodukts. – Gute Standardqualität. – Verarbeitung von kühlgelagerter Milch problemlos. – Längere Haltbarkeit der Produkte. – Bessere Arbeitseinteilung.	– Gerinnungszeit und Dickungszeit werden verlängert. – Labgel wird nicht so fest wie mit Rohmilch. – Weniger spontane Synärese (für die Frischkäseherstellung ist es ein Vorteil). – Größere Investition.

Kasten 5.2: Besondere Maßnahmen bei Bearbeitung von Rohmilch

Wer sich für die Verarbeitung von Rohmilch entscheidet, sollte unbedingt folgendes beachten:

- Strenge und ständige Beobachtung des Gesundheitszustandes der Tiere, insbesondere auf Mastitis achten.
- Nur hochwertiges Futter benutzen, ausgeglichene Futterration erstellen.
- Beim Zukauf von Milch ist die Rohmilchqualität in einem Liefervertrag genau zu definieren.
- Tägliche Milchverarbeitung.
- Es ist besonders wichtig, auf die Hygiene in Stall, Melkstand, Rohmilchlagerraum und Käserei zu achten.
- Das Personal muss geschult sein. Es muss jedem im Betrieb bewusst sein, was Sauberkeit, Gesundheit und Hygiene bedeuten.
- Regelmäßige Kontrolle der Rohmilch und des Rohmilchkäses auf pathogene Keime.
- Bei Verdacht einer Kontamination oder bei einer Fehlsäuerung müssen die Produkte untersucht, im Zweifel vernichtet werden.
- Für Personen mit geschwächtem Immunsystem, Babys, schwangere Frauen und ältere, schwache Menschen bedeutet der Verzehr von Frisch-, Weich- und Schnittkäse aus Rohmilch zwar ein minimales, aber dennoch nicht zu unterschätzendes Risiko.

man eine Erhitzung der Milch über 40 °C. Jedoch wird nicht die Dauer und/oder die Temperatur der anerkannten Wärmebehandlungsverfahren erreicht. (Beispiel: Milch wird auf 62 °C erhitzt und nach Erreichen direkt wieder auf Einlabtemperatur abgekühlt. Da die geforderte Heißhaltezeit von 32 min für das anerkannte Verfahren der Dauererhitzung nicht erfüllt wird, wird das Verfahren als Thermisierung bezeichnet).

Die anerkannten Wärmebehandlungsverfahren

Für die Käseherstellung eignen sich insbesondere folgende Wärmebehandlungsverfahren

- Dauererhitzung
- Kurzzeiterhitzung

Tabelle 5.6 gibt einen Überblick über die in Hofkäsereien praktikablen Wärmebehandlungsverfahren.

Vorreifung der Milch

Die Milch sollte vor dem Einlaben auf den gewünschten Einlab-pH gebracht werden. Dies gelingt durch die Zugabe einer Säuerungskultur; die Milch wird vorgereift.

Man unterscheidet zwischen einer kalten Vorreifung über Nacht bei einer Milchtemperatur von 10–13 °C und einer Zugabe von 0,05–0,3 % Kultur und einer warmen Vorreifung (in der Regel bei Einlabtemperatur) von 20–90 min vor dem Einlaben und einer Zugabe von 1–3 % Kultur.

Meistens nähert man sich dem Einlab-pH mit einer kalten Vorreifung und vollendet die Reifung durch eine geringe Kulturzugabe kurz vor dem Einlaben.

Je nach Käsesorte ist die Dauer der Vorreifung sowie die zugegebene Kulturmenge zu variieren. Aber auch das Herstellungsverfahren (Einlabtemperatur, Dauer des Käsens, Abtropftemperatur etc.) beeinflusst die Vorreifungsdauer und die Kulturmenge.

Tab. 5.6 Für Hofkäsereien geeignete anerkannte Wärmebehandlungsverfahren

Wärmebehandlungsverfahren	Anforderungen
1. Pasteurisierung	
– Dauererhitzung	Dauererhitzen auf 62–65 °C mit einer Heißhaltezeit von 30–32 min. Nach dem Erhitzen müssen der Phosphatasenachweis negativ, der Peroxidasenachweis positiv sein.
– Kurzzeiterhitzung	Kurzzeiterhitzen im kontinuierlichen Durchfluss auf 72–75 °C mit einer Heißhaltezeit von 15–30 s. Nach dem Erhitzen muss der Phosphatasenachweis negativ, der Peroxidasenachweis positiv sein.

5.2 Hilfsstoffe

5.2.1 Kulturen

Die Kulturen sind ausgewählte gezüchtete Mikroorganismen, die zur Herstellung der Milchprodukte dienen.

Säuerungskulturen (Starterkultur)
Die Funktion der Säuerungskulturen ist in erster Linie die Absenkung des pH-Wertes, beginnend in der Käsereimilch, dann im Käse. Eine weitere wichtige Funktion der Milchsäurebakterien ist die Bildung von Aromastoffen als Nebenprodukt der Milchsäuregärung und der Abbau von Proteinen, in geringem Maße auch von Fett, während der Käsereifung.

Die Starterkulturen setzen sich aus ein oder mehreren Stämmen, einer Bakterienart oder aus verschiedenen Bakterienarten zusammen. Einstammkulturen sind zwar sehr spezifisch, sie sind aber auch sehr anfällig gegen Bakteriophagen. Bakteriophagen sind Viren, die spezifisch einen Bakterienstamm angreifen und sich so schnell vermehren, dass alle Bakterien dieses Stammes absterben. Einstammkulturen sind deshalb nur in täglichem Wechsel mit anderen Stämmen zu verwenden. Für die Käseherstellung wird meistens als Basiskultur eine Mischkultur aus 2–4 Bakterienarten verwendet. Diese setzen sich aus verschiedenen Stämmen zusammen.

Man unterscheidet zwischen mesophilen Kulturen, die sich im Temperaturbereich von 20–39 °C vermehren und thermophilen Kulturen, die im Temperaturbereich von 30–45 °C am aktivsten sind.

Die mesophilen Kulturen: Sie werden für Frischkäse, Weichkäse und Schnittkäse, aber auch für Sauermilch oder Butterungsrahm eingesetzt.

In den üblichen mesophilen Mischkulturen sind vier Bakterienarten enthalten:
- *Lactococcus lactis* subsp. *Lactis* (Lc. Lactis)
- *Lactococcus lactis* subsp. *Cremoris* (Lc. Cremoris)
- *Lactococcus lactis* subsp. *Lactis* biov. *Diacetyllactis* (Lc. Diacetyllactis)
- *Leuconostoc mesenteroides* subsp. *Cremoris* (Leuconostoc cremoris)

Die beiden Erstgenannten sind reine Säurebildner, die anderen bilden neben Säure auch noch Aromastoffe und Gas. Die Eigenschaften einer Kultur hängen von der prozentualen Zusammensetzung dieser vier Bakterienarten ab.

Die thermophilen Kulturen: Die typische thermophile Kultur für die Käserei ist die Emmentaler-Kultur. Sie enthält folgende Bakterienarten:
- *Streptococcus salivarius* subsp. *thermophilus* (Sc. thermophilus)
- *Lactobacillus delbrueckii* subsp. *helveticus* (Lb. helveticus)
- die mit *Lc. lactis* ergänzt werden können.

Ihre Eigenschaft, hohe Temperaturen zu überstehen (52 °C), die beim Nachbrennen von Hartkäsebruch erreicht werden, ermöglicht die Herstellung von sehr trockenem Hartkäse, wie Emmentaler oder Parmesan. Joghurtkulturen, die ebenfalls in der Käserei benutzt werden können, enthalten statt *Lb helveticus* und *Lb bulgaricus* manchmal zusätzlich noch *Lb. Acidophilus* und/oder Bifidobakterien.

Die Kulturenhersteller bieten auch Mischungen von mesophilen und thermophilen Bakterien an. Sie werden für Weich- und Schnittkäse empfohlen, säuern sehr schnell, verleihen dem Käse eine cremigweiche Struktur und einen milden Geschmack. Die Übersäuerungsgefahr ist aber sehr groß, wenn die Säuerung nicht rechtzeitig gestoppt werden kann.

Einsatzformen der Starterkulturen: Verwendung eines selbst hergestellten Säureweckers (SW). Die Kultur wird wie folgt zubereitet: Frische und hemmstoffreiche Milch, am besten Magermilch, auf 90–95 °C für 10–20 min erhitzen und anschließend auf Bebrütungstemperatur abkühlen: 20–30 °C für mesophile Kulturen, 37–45 °C für thermophile Kulturen. Es ist auch möglich, teilentrahmte UHT-Milch in ein keimfreies Gefäß zu füllen und auf die gewünschte Temperatur aufzuwärmen.

Impfen der Milch mit der selbstgezüchteten Mutterkultur oder mit einer gekauften, zur Herstellung von Betriebskultur gedachten Starterkultur und bebrüten. Wenn der gewünschte pH-Wert erreicht ist (4,7–5,0) wird sofort gekühlt. Die Abbildung 5.2 zeigt die typische Wachstumskurve einer Bakterienkultur. Die Kultur erreicht in den Phasen 4 und 5 ihre maximale Aktivität. In der letalen Phase (6) sinkt zwar der pH-Wert noch weiter, die Bakterien sterben aber in ihrer eigenen Säure ab. Es ist also wichtig die Kultur rechtzeitig zu kühlen, (Phase 4) um das Wachstum zu stoppen. Gekühlt ist die Kultur ein bis zwei Tage haltbar. Bei längerer Lagerung verliert sie deutlich ihre Aktivität. Säuerungskulturen werden der Milch in Mengen von 0,1–5 % beigegeben.

Verwendung von Direktstarter (DIP). Es sind Kulturen mit einer sehr hohen Keimdichte 10^{10} bis 10^{11} Keime/g, die direkt der Käsereimilch zugegeben werden. Sie sind entweder in tiefgefroren konzentrierter Form oder in gefriergetrockneter Form erhältlich. Die tiefgefrorenen Pellets müssen bei −45 °C gelagert werden und sind 6–8 Monate haltbar, die gefriergetrockneten Kulturen sind 12 Monate bei −18 °C haltbar. Die Zudosierung erfolgt nach den Anweisungen des Herstellers in Gramm oder in units/100 l Milch. Die Benutzung von Direktstarter verlangt eine gewisse Umstellung der Gewohnheiten des Käsers:

- In den ersten 40–60 min ändert sich der pH-Wert der Milch kaum. Die Bakterien müssen sich an die Milch anpassen.
- Den Einlab-pH höher wählen als mit einer herkömmlichen Kultur.
- Die Einlabtemperatur um 1 °C erhöhen.
- Nach dem Ansetzen der Säuerung verläuft sie viel schneller.
- Bei der Schnittkäseherstellung muss der Bruch kräftiger gewaschen werden, um eine Übersäuerung zu vermeiden.
- Größere Gefahr von Übersäuerung oder Nachsäuerung.

Reifungskulturen

Hefen: Es sind aerobe Mikroorganismen, die sich auf der Oberfläche von Weichkäse und geschmiertem Schnittkäse entwickeln. Sie sind am Anfang der Reifung auch im Käseteig vorhanden. Die Kulturenhersteller bieten spezielle Hefestämme an, die das Käsearoma verbessern können. Die Käse bekommen ein frisches, fruchtiges Aroma. Sie beeinflussen auch die Teigstruktur. Man fügt sie der Milch vor dem Einlaben zu.

Andere Hefestämme sind eher für die Entsäuerung der Käseoberfläche entwickelt worden. Sie ermöglichen ein schnelleres Wachstum des Schimmels oder der Rotschmiere. Sie sind sehr hilfreich für die Herstellung von Camembert, weil sie das Wachstum von Schimmel fördern. Weichkäse mit optimalem Hefewachstum haben 2–3 Tage nach dem Salzen einen angenehmen Apfelgeruch. Hefekulturen werden in Wasser aufgelöst und nach dem Salzen auf den Käse gesprüht.

Schließlich werden die Hefen auch für die Blauschimmelkäseproduktion eingesetzt. Hier wird die starke Gasbildung ausgenützt. Die Hefen sollen die Löcher im Käse vergrößern, damit der Schimmel mehr Platz zum Wachsen hat.

Schimmel: Schimmelkulturen werden eingesetzt, um einen dichten gleichmäßigen Rasen auf dem Käse zu bilden oder um die Löcher in den Edelpilzkäsen zu besiedeln.

Weißschimmel: Der Weißschimmel stammt ursprünglich von *Penicillium camemberti* ab, der graue Sporen bildet. Am Anfang des zwanzigsten Jahrhunderts sind *Penicillium camemberti*-Stämme, die nur weiße Sporen bilden, isoliert und selektioniert worden. Heute sind sie unter den Namen *Penicillium candidum* oder *Penicillium caseicolum* bekannt.

Penicillium candidum verleiht allen Weißschimmelkäsen einen schönen weißen Mantel, ein frisches champignonar-

Logarithmus der Keimzahl
1
2
3
4
5
6
Zeit
1 Latenzphase
2 Beschleunigungsphase
3 exponentielle Vermehrungsphase
4 Verzögerungsphase
5 stationäre Phase
6 letale Phase

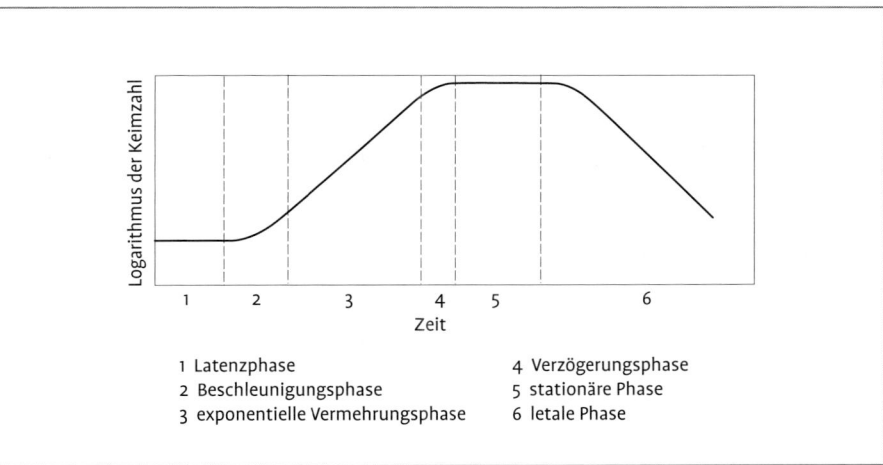

Abb. 5.2: Vermehrungsphasen einer Bakterienkultur (Wachstumskurve) nach Monod.

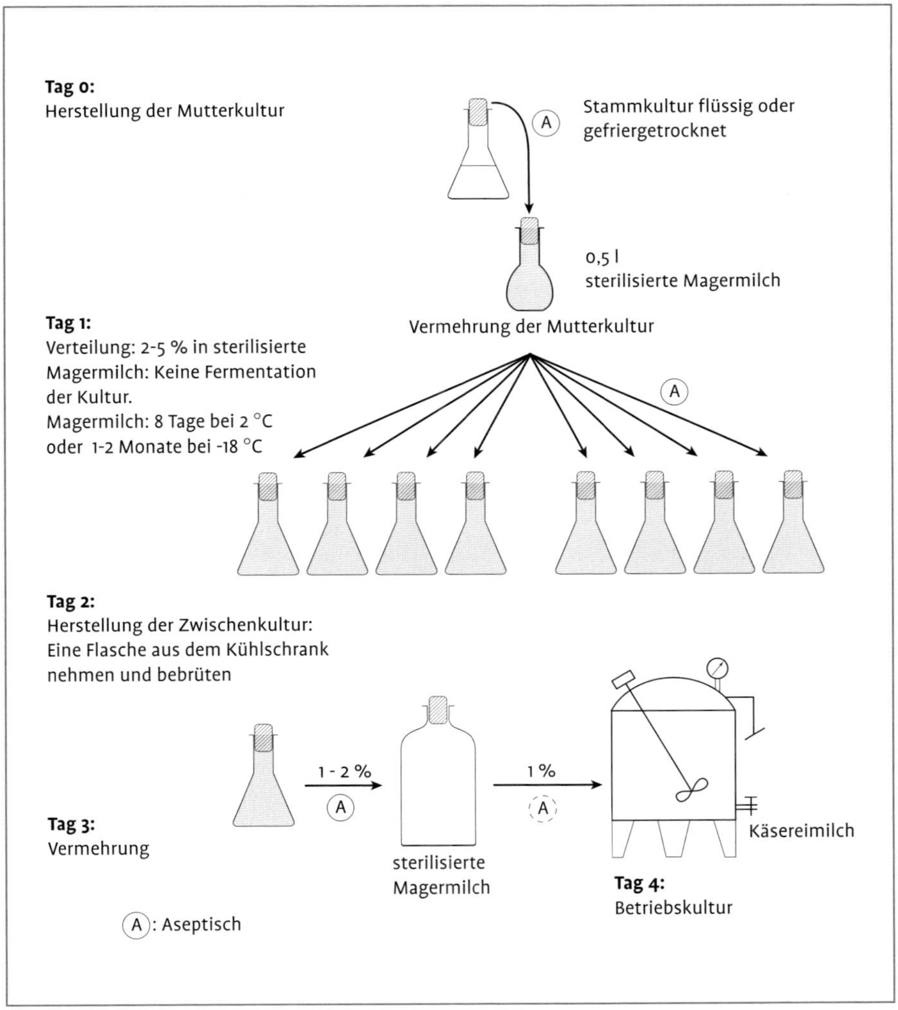

Tag 0:
Herstellung der Mutterkultur
Stammkultur flüssig oder gefriergetrocknet
A
0,5 l
sterilisierte Magermilch
Vermehrung der Mutterkultur
Tag 1:
Verteilung: 2-5 % in sterilisierte Magermilch: Keine Fermentation der Kultur.
Magermilch: 8 Tage bei 2 °C oder 1-2 Monate bei -18 °C
A
Tag 2:
Herstellung der Zwischenkultur: Eine Flasche aus dem Kühlschrank nehmen und bebrüten
1 - 2 %
A
1 %
A
Tag 3:
Vermehrung
sterilisierte Magermilch
Käsereimilch
Tag 4:
Betriebskultur
A: Aseptisch

Abb. 5.3: Vermehrung der Stammkultur zur Herstellung von Säurewecker.

tiges Aroma, das mit zunehmender Reife würzig bis pikant werden kann und im Inneren zu einer weichen, cremigen Struktur führt.

Penicillium camemberti, auch *Penicillium album* genannt, wird heute noch auf Ziegenkäse benutzt. Er hat am Anfang eine weiße Farbe und wird nach wenigen Tagen grau bis bläulich.

Einsatz von Weißschimmel:
Den Schimmel kauft man in lyophilisierter Form (Pulver), manchmal auch als flüssige Kultur. Die getrockneten Sporen müssen 24 Stunden vor Gebrauch in abgekochtem Wasser aufquellen. Die Weißschimmellösung wird vor dem Einlaben in die Milch gegeben und/oder nach dem Salzen auf die Käse gesprüht.

Blauschimmel: Es werden hauptsächlich zwei Blauschimmelarten in der Käserei benutzt:
- der P*enicillium roqueforti* für fast alle Edelpilzkäse. Er ist blau bis grün und hat eine ausgeprägte proteolytische und lipolytische Aktivität, die für das typische Edelpilzkäsearoma verantwortlich ist.
- der *Penicillium glaucum,* der oftmals auch wild auf Ziegenkäse wächst. Auf Weißschimmelkäse ist er ein Fremdschimmel, der bekämpft werden muss.

Einsatz von Blauschimmel:
Die Blauschimmellösung wird wie die Weißschimmellösung hergestellt (siehe oben). Die Blauschimmellösung wird vor dem Einlaben in die Milch gegeben und/oder nach dem Ausziehen unter den trockenen Käsebruch gemischt.

Milchschimmel oder *Geotrichum candidum*:
Taxonomisch gehört *Geotrichum candidum* nicht zu den Schimmelarten, weil er keine Sporen bildet und sich nur durch Zellteilung vermehrt. Er bildet wie der Schimmel einen weißen, leichten, fast durchsichtigen Flaum auf der Käseoberfläche.
Er gehört mit den Hefen zur Hauptflora der Käserinde von Weich- und Schnittkä-

Tab. 5.7 Verwendung von verschiedenen Kulturen

	Mesophile Mischkultur	Gasbildende mesophile Stämme	Kultur mit thermophilen und mesophilen Stämmen	*Streptococcus thermophilus*	Joghurtkultur	Emmentalerkultur	Hefen	Schimmelkultur	Rotschmierkultur
Frischkäse	+	+/−	−	−	+/−	−	−	−	−
Camembert	+	+/−	+	+/−	−	−	+/−	+	−
Münster, Limburger, Romadur	+	+/−	+	+/−	−	−	+/−	−	+
Tilsiter	+	+/−	+	−	−	−	−	−	+
Gouda	+	+/−	+/−	+/−	−	−	−	−	−
Gorgonzola	+/−	+/−	+	+	+	−	+/−	+	−
Bergkäse	+/−	−	+	+	−	+	−	−	+
Emmentaler	+/−	−	+/−	+/−	−	+	−	−	−

+: wird als Kultur verwendet
+/−: kann alternativ als Kultur oder als Zusatzkultur verwendet werden
−: wird nicht als Kultur verwendet

sen während der ersten Tage der Reifung. Durch seinen Stoffwechsel entsäuert er die Rinde und ermöglicht das Wachstum von Rotschmiere oder Schimmel. *Geotrichum candidum* kann als Zusatz zu Schimmel oder Rotschmiere verwendet werden. Er darf aber keine Überhand bekommen. Sehr stark proteinabbauend, kann er den Käse unter der Rinde bis zum flüssigen Zustand bringen, ohne dass der Kern durchgereift ist. *Geotrichum candidum* ist sehr salzempfindlich.

Rotkultur: Es ist eine Kultur von *Brevibacterium linens*, die für die Herstellung von Weichkäse mit Schmierebildung wie Romadur oder Limburger und für Schnittkäse wie Tilsiter eingesetzt wird.

Brevibacterium linens vermehrt sich nur im neutralen Bereich. Er benötigt eine Entsäuerung der Oberfläche, die durch Hefen und Milchschimmel eingeleitet wird, um sich auf dem Käse anzusiedeln. Die Kultur bildet je nach Stamm gelbe bis rote Pigmente, die dem Käse die typische Farbe verleihen.

Sie wird mit Salzwasser verdünnt und durch mehrmaliges Schmieren des Käses aufgetragen. Die Enzyme der Rotschmierebakterien hydrolysieren Protein und Fett. Es kommt zu einer Käsereifung von der Oberfläche bis zum Kern. Der Geschmack, zuerst mild, wird mit zunehmendem Reifegrad würzig bis pikant.

Schwach säuernde Milchsäurebakterien: In den letzten Jahren sind Milchsäurebakterien entwickelt worden, die nicht säuern sondern nur spezifische Aufgaben während der Käsereifung erfüllen sollen. Verschiedene Bakterienarten werden eingesetzt zum Abbau von Bitterpeptiden, zur Aromaverbesserung, zur Beschleunigung der Reifung oder um mageren Käsen eine cremige Struktur zu verleihen. Sie können Laktose kaum verwerten und sterben sehr schnell wieder ab (Autolyse).

5.2.2 Gerinnungsenzyme

Lab

Das Lab (Enzymmischung aus Wiederkäuermägen gewonnen) spaltet das Milchprotein, so dass es zur Dicklegung der Milch führt. Es besteht aus zwei Enzymen, dem Chymosin, (Hauptbestandteil) und dem Pepsin. Laut Käseverordnung § 3 Absatz 1 muss der Chymosinanteil im Lab mindestens 25 % betragen; es kann auch eine geringe Menge Schweinemagenpepsin beinhalten.

Das Kälbermagenlab wird aus tiefgefrorenen Labmägen von jungen Kälbern gewonnen, die nur mit Milch ernährt wurden. Es wird aus den Mägen extrahiert, angesäuert, um das Enzym zu aktivieren, gefiltert, geklärt und schließlich auf eine bestimmte Menge Enzym eingestellt.

Das Chymosin spaltet spezifisch das κ-Casein (siehe Tabelle 5.1), was zur Gerinnung der Milch führt. Sein Wirkungsoptimum liegt bei einem pH-Wert von 5,5 und einer Temperatur von 40–42 °C.

Das Pepsin wirkt nicht selektiv auf das κ-Casein, sondern kann auch andere Caseine spalten. Sein optimaler pH-Wert-Bereich liegt viel tiefer (pH 2).

Lab mit hohem Anteil an Pepsin ist billiger, die Käseausbeute fällt aber deutlich geringer aus.

Labstärke (nach Soxhlet): Die Labstärke nach der Soxhlet-Methode gibt an, wie viele Teile Milch mit einem SH von 7° (pH 6,5) und 35 °C in 40 min von einem Teil Lab dickgelegt werden können.

Lab gibt es in flüssiger Form (Labstärke 1/10.000 oder 1/15.000) und in Pulverform (Labstärke 1/100.000). Das in der Apotheke erhältliche Lab in Tablettenform hat nur eine Labstärke von ca. 1/3.000.

Für italienische Schnitt- und Hartkäse wird manchmal Pastenlab verwendet, das auch Lipase enthält und dem Käse einen besonders pikanten Geschmack verleiht. Das Lab muss kühl und lichtgeschützt gelagert werden. Es verliert mit der Zeit an Aktivität.

Labaustauschstoffe

Die in den letzten dreißig Jahren weltweit steigende Käseproduktion und die rückläufigen Kälberschlachtungen führten zu einem Labmangel. Man suchte nach Labaustauschstoffen. Tierische, pflanzliche und mikrobielle Proteasen boten sich als Alternative zum Kälbermagenlab an und haben annähernd die Eigenschaften des Chymosins.

Pflanzliche Proteasen, die aus Labkraut, Artischocken oder Distel gewonnen werden, kommen fast nicht mehr zum Einsatz. Ihre proteolytische Aktivität ist zu hoch und unspezifisch. In Portugal und Spanien wird noch für manche traditionelle Käse Distelkrautpulver verwendet.

Pepsin aus Rinder-, Schweine- oder Hühnermägen wird in Mischung mit Kälberlab vor allem für Frischkäse verwendet.

Mikrobielle Proteasen haben sich in der Praxis für manche Käse bewährt. Sie sind billiger als Lab und werden von Menschen, die aus religiösen oder philosophischen Gründen tierisches Lab ablehnen, bevorzugt. Sie werden aus der Fermentation von Schimmelpilzen wie *Mucor miehei*, *Mucor pusillus* oder *Endothia parasitica* gewonnen. Diese Proteasen haben andere pH- und Temperaturanforderungen als Chymosin, so dass Einlab-pH und Einlabtemperatur verändert werden müssen.

Seit 1997 ist in Deutschland auch ein gentechnisch hergestelltes Chymosinpräparat auf dem Markt. Die Herstellung erfolgt nach Fermentation gentechnisch veränderter Mikroorganismen, die extrazellulär Chymosin ausscheiden. Dieses Chymosin ist völlig identisch mit dem tierischen Chymosin, es hat also auch das gleiche Verhalten in der Milch bzw. im Käse.

> Bio-Tipp: Der Einsatz von Kälbermagenlab, Mikrobiellem Lab und ggf. pflanzlichen Proteasen ist erlaubt. Verboten ist der Einsatz von gentechnisch hergestelltem Lab.
> www.biohandwerk.de

5.2.3 Andere Zusatzstoffe

Calciumchlorid (CaCl$_2$)
Bei der Labgerinnung bewirkt das Calcium das Zusammenlagern der Caseinmizellen zu einer stabilen Gallerte. Eine leichte Erhöhung des Calciumgehaltes kann die Gerinnungszeit verkürzen und die Gallertefestigkeit verbessern. Der natürliche Calciumgehalt der Milch genügt i. d. R., um eine günstige Dicklegung der Milch zu gewährleisten. Bei der Pasteurisierung der Milch wird aber ein Teil des Calciums unlöslich; es steht nicht mehr zur Verfügung. Um diese Verluste zu beheben, kann vor dem Einlaben 0,05–0,15 g Calciumchlorid/l Milch zugeben werden.

Calciumchlorid gibt es in kristalliner Form oder in fertiger Lösung (meist 40 % CaCl$_2$). Es wird immer verdünnt zugegeben. Die Zugabe erfolgt vor oder nach der Starterkultur, da das saure Calciumchlorid Lab und Starterkultur beeinträchtigt.

> Bio-Tipp: Der Einsatz von Calciumchlorid ist bei vielen Bio-Verbänden verboten.
> www.biohandwerk.de

Zusätze zur Verhinderung einer Spätblähung

Man wirkt einer Spätblähung entgegen, indem man:
- auf Silagefutter verzichtet;
- eine spezielle Entkeimungszentrifuge (Baktofuge) verwendet (nur in Großmolkereien). Es werden damit 90–99 % der Sporen entfernt;
- Bakteriostatika verwendet. Die meist benutzten Hemmstoffe gegen *Clostridium tyrobutyricum* sind Nitrat und Lysozym. Der Einsatz von Nitrat ist aus gesundheitlichen Gründen nicht zu empfehlen.

Lysozym: Das Lysozym ist ein Enzym, das im pflanzlichen und tierischen Bereich vorkommt. Es greift die Zellwand der Clostridien an, die dadurch zerstört werden. Eine Dosis von 10–15 ml Lysozym pro 100 Liter Käsereimilch reicht, um eine Spätblähung zu verhindern, wenn die Sporenmenge nicht zu hoch ist.

Gewürze und Kräuter

Kräuter und Gewürze werden gerne benutzt, um die Produktpalette zu erweitern. So kann man aus einem Rohkäse durch das Zufügen von Kräutern oder Gewürzen in die Käsemasse verschiedene Produkte herstellen.

Bei Kräuterfrischkäse gibt man die Kräutermischung mit dem Salz zu der fertigen Masse und rührt sie zu einer homogenen Masse. Bei anderen Käsesorten gibt man die Kräuter beim Abfüllen zu. Der Kräuterkäse sollte eine frische angenehme Farbe und eine deutliche Kräutergeschmacksnote aufweisen, ohne den eigenen Käsegeschmack vollständig zu überdecken.

Meistens werden trockene Kräuter verwendet. Sie müssen in geschlossenem Gebinde trocken und kühl aufbewahrt werden und von einwandfreier mikrobiologischer Beschaffenheit sein.

In kleinen Hofkäsereien werden häufig auch frische Kräuter verwendet. Der Kräutergeschmack ist intensiver, aber die Haltbarkeit der Käse ist sehr begrenzt. Die Kräuter sollten vor dem Gebrauch gründlich gereinigt und ggf. kurz in kochendes Wasser eingetaucht werden.

Eine interessante Alternative sind tiefgefrorene frische Kräuter, die nur gedämpft wurden. Sie sind sehr aromatisch und haben eine angenehme Konsistenz.

5.3 Dicklegung der Milch

Durch Änderung der Struktur der Caseinmizelle erfolgt eine Umwandlung der Milch aus einem flüssigen in einen gelartigen Zustand. Die Caseinmizellen verlieren ihre Stabilität durch Säuerung der Milch oder durch die Wirkung des Labes. In der Praxis werden die zwei Gerinnungsmöglichkeiten gleichzeitig eingesetzt. Je nach gewünschter Käseart muss man eher die Labgerinnung oder die Säuregerinnung durch entsprechende technologische Maßnahmen unterstützen.

5.3.1 Säuregerinnung

Beim Ansäuern der Milch durch Zugabe von Starterkultur bildet sich Milchsäure aus der Laktose der Milch. Bei einem pH-Wert von 5,2 kommt es zur sichtbaren Gerinnung der Milch, bei pH 4,6 erreicht die Gallerte ihre maximale Festigkeit. Das an das Casein gebundene Calcium wird frei und geht in die Molke.

Eigenschaften eines sauren Gels:
- Es ist sehr zerbrechlich. Die Gallerte besteht nur aus angelagerten Caseinmizellenresten, die keine festen chemischen Bindungen unter sich haben. Zu starke mechanische Behandlung zerstört die Gallerte.
- Ein durch Säuregerinnung entstandener Käse enthält nur sehr wenig Calcium. Dieses bindet sich mit der Milchsäure zu löslichem Calciumlaktat, das in die Molke übergeht.
- Sauermilchgele sind stark molkedurchlässig. Die Caseinmizellen ziehen sich kaum zusammen. Die Molke tritt ohne mechanische Einwirkung aus dem Gel, das Abtropfen dauert aber sehr lange.
- Mit einer Säurefällung werden nur kleine Käse hergestellt. Sie haben einen hohen Wassergehalt und sind sehr zerbrechlich.
- Es sind vor allem Frischkäse, die nach dem Prinzip der Säuregerinnung hergestellt werden.

5.3.2 Labgerinnung

Bei der Labgerinnung benutzt man ein Enzym aus dem Kälbermagen, das Chymosin, um die Milch dickzulegen.

Die Gerinnung vollzieht sich in zwei Phasen:

Enzymatische Phase
In der enzymatischen Phase spaltet das Lab das κ-Casein in zwei Peptide, ein wasserlösliches Peptid, das Glycomacropeptid,

> **Kasten 5.3: So wird eingelabt**
> Nach dem Dosieren der nötigen Labmenge wird das Lab mit einer 5–10-fachen Menge lauwarmen oder kalten Wassers verdünnt. Pasten- und pulverförmiges Lab müssen sich durch Rühren oder Schütteln vollständig auflösen. Das gelöste Lab wird dann unter ständigem Rühren der Milch zugesetzt. Die Milch muss noch ca. 1 min weiter gerührt werden, um das Lab gut zu verteilen. Danach sollte die Milch zum Stillstand gebracht werden. Man lässt deshalb die Kelle oder die Rührwerke 2–3 min in der Milch stehen. Dann werden die Rührwerke entfernt und ggf. durch die Schneidegeräte ersetzt.

> Bio-Tipp: Der Einsatz von Nitrat ist bei allen Bio-Verbänden verboten.
> www.biohandwerk.de

> Der Einsatz von Lysozym ist bei vielen Bio-Verbänden verboten.
> www.biohandwerk.de

Abb. 5.4: Schematische Darstellung der Primär- und Sekundärphase der Labreaktion.

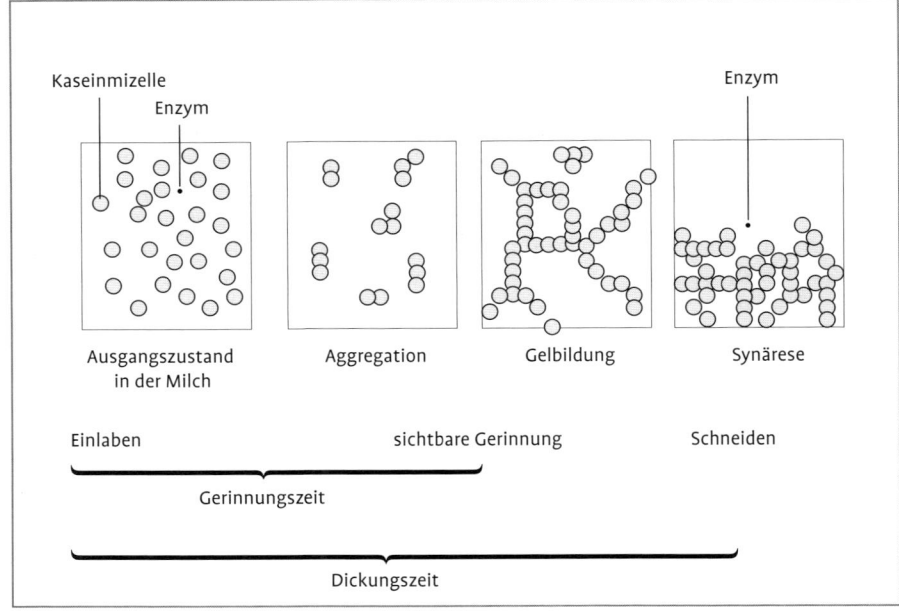

Käse	Labmenge, Stärke 1/15000 (ml)	pH-Wert	Temperatur (°C)	Gerinnungszeit in Minuten (min) oder Stunden (h)	Dickungszeit in Minuten (min) oder Stunden (h)
Frischkäse	1–2	6,1–6,3	20–28	3–6 h	12–24 h
Weichkäse	15–22	6,3–6,5	30–36	10–15 min	50–90 min
Halbfeste Schnittkäse	20–24	6,5–6,65	33–38	10–15 min	40–60 min
Schnitt- und Hartkäse	20–24	6,5–6,65	30–32	15–20 min	30–50 min

Tab. 5.8 Einlabbedingungen von verschiedenen Käsesorten

das in die Molke geht und ein wasserunlösliches Peptid, das Para-κ-Casein, das sich mit den anderen Caseinen neu anordnet. Die enzymatische Spaltung ist temperaturunabhängig. Die Aktivität des Enzyms ist jedoch bei einer Temperatur um 40 °C größer als bei tiefen Temperaturen.

Koagulationsphase
Es kommt zur sichtbaren Gerinnung der Milch. Die instabil gewordenen Caseinmizellen binden sich durch Calciumbrücken zusammen und bilden ein Gerüst, in dem Molke und Fettkugeln eingeschlossen sind. Durch die Zunahme von Calciumbrücken und deren Kontraktion kommt es zum Auspressen der Molke. Das Austreten von Molke wird auch Synärese genannt (siehe Abbildung 5.4).

Die Gerinnung der Milch findet nur bei einer Temperatur von 10–40 °C statt und benötigt Calcium zur Bildung der Calciumbrücken. Das Lab wirkt besser, wenn die Milch leicht angesäuert ist.

Eigenschaften eines Labgels:
- Die Koagulation der Milch mit Lab ergibt ein viel festeres Gel als nur mit Säure.
- Das Netzgebilde ist wenig porös, es lässt nur wenig Molke austreten. Um die Ent-

Dicklegung der Milch

Tab. 5.9 Parameter der Labgerinnung

Parameter	Gerinnungszeit	Gelfestigkeit	Bemerkung
Höherer Caseingehalt	verkürzt	besser	Bei hohem Caseingehalt gibt der Bruch weniger Molke ab.
Höherer Fettgehalt	leicht erhöht	verschlechtert	Ein zu hoher Fettgehalt verschlechtert auch die Molkenabgabe.
Temperatur Erhöhung im Bereich 20–40 °C	verkürzt	besser	Eine Erhöhung der Einlabtemperatur bedeutet auch eine Begünstigung der Säuerung. Der gesamte Käsungsprozess ist beschleunigt.
Vorreifung der gekühlten Milch auch ohne Kulturzugabe	gering verkürzt	besser	
Erhöhung der Labdosis	verkürzt	besser	Nur begrenzt möglich. Der Käse kann bitter werden.
pH-Wert Senkung beim Einlaben	verkürzt	besser	Nicht unter pH 6,1 einlaben (Frischkäse). pH-Wert Senkung begünstigt die Molkeabgabe.
Pasteurisierung	leicht erhöht	verschlechtert	

molkung zu verbessern sind mechanische Einwirkungen (Schneiden, Rühren) notwendig.
- Der Käse enthält mehr Calcium (1–2,5 % im Endprodukt) als ein saures Gel.
- Die Calciumbrücken zwischen den Caseinmizellen geben dem Käse eine bessere Kohäsion, was die Herstellung von Käsen großer Formate ermöglicht.

In der Praxis unterscheidet man die Gerinnungszeit vom Einlaben bis zur sichtbaren Gerinnung und die Dickungszeit vom Einlaben bis zum Schneiden.

5.3.3 Beurteilung der Festigkeit der Gallerte

Die Beurteilung der Gallerte verlangt eine lange Praxis und viel Erfahrung. Der richtige Zeitpunkt für das Schneiden bzw. für das Schöpfen ist der Schlüsselmoment bei der Käseherstellung. Die Qualität eines Käses wird zum großen Teil schon hier entschieden. Der Fachmann wird zuerst die Gallerte visuell begutachten. Ist schon Molke ausgetreten? Schwimmt die Gallerte oder liegt sie unter der Molke? Hat sich die Gallerte von der Kesselwand getrennt? Ist sie homogen oder hat sie Risse? Er kann dann die Konsistenz und die Festigkeit der Gallerte mit dem so genannten Fingertest prüfen (siehe Abbildung 5.5). Dafür wird der desinfizierte Zeigefinger in die Galler-

Abb. 5.5: Prüfen der Gallerte.

te eingetaucht, dann vorsichtig nach oben gebogen. Saure Gele brechen sofort, bilden einen klaren sauberen Riss, aus dem die Molke gleich austritt. Labgele sind elastischer, wölben sich leicht nach oben bevor sie brechen. Der Bruch muss aber auch glatt sein und es dürfen keine Bruchstücke am Finger hängen bleiben. Schließlich wird der Fachmann den Säuregrad oder den pH-Wert der Molke bzw. der Gallerte messen, um sich von der guten Säuerung der Gallerte zu überzeugen.

Gallerte von Frischkäse
Am Ende der Dicklegung tritt klare, grünliche Molke aus der Gallerte aus und sammelt sich an der Oberfläche. Die Gallerte trennt sich von der Kesselwand, es können sich auch einige Risse gebildet haben. Wenn die Säuerung gut verlaufen ist, liegt die Gallerte unter der Molke. Der pH-Wert der Molke, die frisch aus der Gallerte austritt, muss vor dem Schöpfen unter 4,6 (SH°: ≥ 25) liegen.

Gallerte von Labkäse
Die Gallerte muss homogen sein und darf keine Risse haben. Die Gallerte von Weichkäse muss fest sein, der Fingertest muss einen glatten, messerartigen Riss bilden, aus dem die Molke austritt. Die Gallerte kann sich schon von der Kesselwand gelöst haben. Bei Schnitt- und Hartkäse ist die Gallerte weniger fest, aber elastisch. Sie klebt noch leicht an der Kesselwand. Beim Drücken des Randes mit dem Fingerrücken sollte die Gallerte zuerst nachgeben und sich dann glatt von der Wand lösen.

5.4 Bruchbearbeitung

Nach der Dicklegung werden Käsemasse und Molke getrennt. Die Labgallerte wird in mehr oder weniger große Würfel geschnitten. Die Gallerte von Frischkäse kann auch ohne Schneiden in die Formen geschöpft werden.

Trennung der Molke bei Frischkäse
Nach einer Säuregerinnung wird der Bruch kaum oder gar nicht geschnitten und ohne Bruchbearbeitung vorsichtig in die Formen abgefüllt, um möglichst wenige Käsepartikel mit der Molke zu verlieren. Das Abfüllen wird erleichtert, wenn die Gallerte eine halbe Stunde vorher mit einem Messer oder Säbel in 20 cm große Würfel geschnitten wird. Ein großer Teil der Molke geht aus dem Bruch heraus, dieser wird fester und ist schneller abzufüllen. Der Molkeaustritt, von der Säuerung der Milchsäurebakterien unterstützt, benötigt eine Temperatur von mindestens 20 °C. Das Abtropfen dauert i. d. R. 15–24 h. Durch die Säuerung werden die an das Casein gebundenen Calciumsalze frei und gehen in die Molke über.

Trennung der Molke nach einer Labgerinnung
Nach dem Einlaben und spätestens nach dem Schneiden werden die Eigenschaften des Käses festgelegt. Es folgen 4 Beispiele von der Dicklegung der Milch mit anschließender Bruchbehandlung, um zu zeigen, wie sich diese Vorgänge auf die Struktureigenschaften des Käses auswirken.
1. Weichkäse (mesophil): Feste Gallerte aus einer angesäuerten Milch (pH 6,4), Dickungszeit 55–70 min, Temperatur 30–32 °C zur Herstellung von Weichkäse wie z. B. traditionellem Camembert: Hier ist

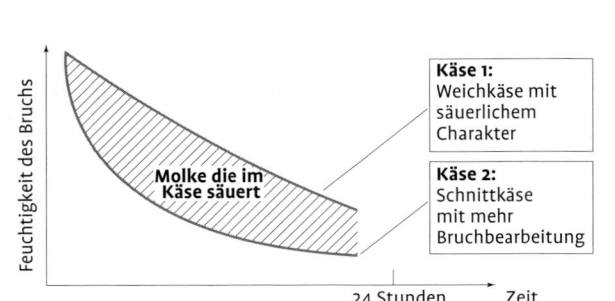

Abb. 5.6: Einfluss der Bruchbearbeitung auf die Molkeabgabe.

Im Weichkäse bleibt die Molke lange im Käse. Der Bruch wird nicht oder nur wenig bearbeitet. Der Käse wird kreidiger und bekommt erst seine weiche Konsistenz durch den Proteinabbauprozess der Oberflächenflora. Er reift von außen nach innen.
Im Schnittkäse geht die Molke durch ständiges Rühren und leichtes nachwärmen schnell aus dem Bruch. Der Käse enthält mehr Calcium, er hat eine elastische Konsistenz und reift gleichmäßig in der ganze Käsemasse.

die Säuerung der wichtigste Parameter des Abtropfens. Die Gallerte wird in Würfel mir einer Kantenlänge von 1–2 cm geschnitten. Der Bruch sollte nur wenig bearbeitet werden (nur 2–3-mal rühren). Mit zunehmender Säuerung bekommt der Bruch eine poröse Konsistenz, was die weitere Molkeabgabe in den Formen erleichtert. Hier bleibt die Molke lange im Bruch und der Käse enthält nur wenig Calcium. Der Käse bekommt eine brüchige Konsistenz.

2. **Weichkäse (thermophil):** Feste Gallerte aus einer nur leicht angesäuerten Milch (pH 6,5), Dickungszeit 50–60 min, Temperatur 34–36 °C zur Herstellung von mildem Camembert oder Rotschmierweichkäse: Schneiden wie unter 1., aber häufiger rühren. So gelangt die Molke schneller aus dem Bruch. Beim Abfüllen enthält der Rohkäse weniger Milchzucker. Beim Ausformen sollte der pH im Käse leicht höher sein als unter 1. Dies begünstigt die Entwicklung der Rotschmiere. Die Konsistenz des Käses ist fester und enthält mehr Calcium als unter 1.

3. **Schnittkäse:** Gallerte aus nur gering angesäuerter Milch (pH 6,55–6,60), Dickungszeit 45–50 min, Temperatur 30–32 °C zur Herstellung von Schnittkäse: Hier wird die Gallerte früher geschnitten als unter 1. und 2. Das Bruchkorn hat eine Kantenlänge von 0,3–0,5 cm. Die süße Molke wird entfernt und somit die Säuerung im Käse gebremst. Der Bruch wird schnell fest, das Entfernen weiterer Molke wird aber schwieriger. Der Bruch muss ständig gerührt, eventuell gewaschen und nachgewärmt werden. Der Käse enthält mehr Calcium als unter 2., die Konsistenz ist fester und elastischer als unter 1. und 2.

4. **Hartkäse:** Dicklegung einer fast nicht angesäuerten Milch (pH 6,6–6,65) in 30–40 min zur Herstellung von Hartkäse. Hier dominiert die Labwirkung bei einer geringen Säuerung, weil der Bruch sehr früh und sehr klein geschnitten wird. Rühren, Brennen und Käsepressen sind notwendig, um die Molke zu entfernen.

Die Eigenschaften eines Käses können durch seinen Calciumgehalt charakterisiert werden. Frischkäse oder traditioneller Camembert enthalten weniger als 0,2 % Calcium in der Käse-Trockenmasse. In diesem Fall überwiegt der Charakter einer Säuregerinnung. Emmentaler oder Greyerzer enthalten ca. 1,6 % Calcium in der Trockenmasse, hier überwiegt der Charakter einer Labfällung. Der Calciumgehalt des Käses hängt also nicht nur von der Dicklegungsart sondern auch von der Bruchbearbeitung ab. Die Säuerung findet viel schneller in einem feuchten Bruch ohne Bruchbearbeitung statt als in einem Bruch, der gerührt und nachgewärmt wird.

5.4.1 Schneiden
(siehe auch Kapitel 3.3.6, Rühr- und Schneidwerk)

Das Schneiden ermöglicht das Austreten der Molke, die in den Hohlräumen und Poren der Gallerte eingelagert ist. Je größer die freie Oberfläche des Bruches und je kürzer die Wegstrecken der Molke aus dem Bruchinneren, um so stärker ist die Schrumpfung (Synärese) des Bruches und der Serumabfluss. Je kleiner geschnitten wird, um so trockener wird der Bruch und der fertige Käse.

Wichtig ist, den genauen Zeitpunkt für den Beginn des Schneidens zu erkennen.

Das Bruchkorn sollte eine regelmäßige Größe haben und nach höchstens 5–7 min seine endgültige Größe erreichen. Wenn man zu schnell schneidet, bildet sich Kä-

Abb. 5.7: Bruchschneiden im Käsefertiger.

sestaub. Ein zu langsames Schneiden begünstigt eine unterschiedliche Trocknung der Bruchkörner, die nicht mehr richtig zusammenwachsen können; es bilden sich Bruchlöcher im Käse. Bei der Schnitt- und Hartkäseherstellung muss die weiche Gallerte besonders vorsichtig bearbeitet werden.

5.4.2 Rühren des Bruch-Molke-Gemisches

Das Ziel des Rührens ist, zu verhindern, dass der Bruch wieder zusammenwächst. Gleichzeitig fördert das Rühren die Synärese.

Ein zu starkes Rühren vor allem in der Anfangsphase bewirkt ein Abreiben der Ecken und zerteilen der Bruchkörner (Käsestaub).

5.4.3 Waschen des Bruches

Das Waschen wird hauptsächlich bei Schnittkäse angewendet. Man zieht einen Teil der Molke ab (10–30 % der Milchmenge) und gibt 30 °C warmes Wasser dazu (10–30 %). Durch die Wasserzugabe sinkt der Säuregrad von SH° 4,5–5,3 auf SH° 3,3–4,3. In Folge eines osmotischen Druckgefälles zwischen Bruch und der verdünnten Molke nimmt der Milchsäure-, Milchzucker- und Salzgehalt im Bruch ab. Die Fermentation der Milchsäurebakterien wird gebremst, sodass man den pH-Wert beim Ausformen der Käse auf 5,2–5,4 einstellen kann.

Durch das Waschen des Bruches wird die Konsistenz des Käses geschmeidiger und sein Geschmack milder. Das Waschwasser kann auch zum Aufwärmen des Bruch-Molke-Gemisches dienen. Dabei wird heißes Wasser (60–70 °C) innerhalb von 15–20 min sehr langsam zugefügt, damit der Bruch keinen Wärmeschock erleidet. Ein zu schnelles Aufwärmen bewirkt ein Austrocknen der Bruchoberfläche, es bildet sich eine Haut um das Bruchkorn, die das Austreten von Molke verhindert. Die Wasserzugabe muss spätestens 15 min nach dem Schneiden erfolgen, um die gewünschte Wirkung zu leisten.

5.4.4 Nachwärmen des Bruches

Das Bruch-Molke-Gemisch wird durch indirektes Beheizen über die Behälterwände und/oder durch langsame Zugabe von Warmwasser bzw. aufgewärmter Molke erwärmt. Das Nachwärmen dient der Verbesserung der Synärese und wird hauptsächlich für Hart- und Schnittkäse verwendet.

Tab. 5.10 Bruchbearbeitung von verschiedenen Käsesorten

Käse	Dickungszeit	Bruchgröße (mm)	Rühren	Bruch waschen	Nachwärmen (°C)
Frischkäse	12–24 h	Ohne Schneiden oder 200 mm	–	–	–
Weichkäse	45–90 min	10–30 mm	3–4-mal, 1–5 min lang	–	–
Halbfeste Schnittkäse	40–60 min	5–15 mm	15–20 min	manchmal	bis ca. 36–37 °C
Schnittkäse	35–50 min	3–5 mm	ständig	Ca. 30% Molke weg, 10–20% Wasser dazu	auf 38–40 °C
Hartkäse	25–40 min	2–3 mm	ständig	–	42–52 °C

Schnittkäse werden auf 37–39 °C aufgewärmt, bei einer höheren Temperatur werden die mesophilen Milchsäurebakterien inaktiviert. Hartkäse werden auf 42–52 °C nachgewärmt. Man spricht auch vom „Brennen" des Bruches. Zusätzlich findet eine Selektion der Mikroorganismen zugunsten der thermophilen Bakterien statt.

5.4.5 Abfüllen des Bruches
(siehe auch Kapitel 3.3.7)

Beim Abfüllen des Bruches in die Formen findet das eigentliche Trennen der Molke vom Bruch statt. Der Käse kühlt rasch auf Raumtemperatur ab, die Säuerung wird gebremst. Je nach Konsistenz und Molkedurchlässigkeit des Bruches tropft mehr oder weniger Molke aus dem Käse ab.

Abfüllen eines sauren Bruches (Frischkäse)

Die Gallerte muss vor dem Abfüllen einen pH-Wert von mindestens 4,6 erreicht haben. Sie kann entweder direkt in die Formen oder zuerst in ein Abtropftuch abgefüllt werden, um den größten Teil der Molke zu entfernen. In diesem Fall schöpft man den Bruch erst 2–4 h später in die Formen.

Das direkte Schöpfen der Gallerte in die Formen ist die schonendste Art abzufüllen. Dieser äußerst empfindliche Vorgang wird auch in Großkäsereien meistens noch von Hand gemacht. Der Bruch wird, möglichst ohne zu brechen, mit einer Kelle auf einen Bruchverteiler gebracht, der über den Formen steht (siehe Abbildung 5.8). Die Formen können auch einzeln mit einem kleineren Schöpflöffel abgefüllt werden. Durch dieses schonende Verfahren bekommt der Frischkäse eine feine cremige Struktur, das Käsegewicht ist aber sehr schwer zu steuern. Um ein gleichmäßigeres Gewicht zu bekommen, ist das Verfahren mit dem Abtropftuch vorzuziehen. Obwohl der Käse nicht so geschmeidig und cremig wird, ist dieses Verfahren interessant, wenn der Käse stückweise angeboten wird.

Abb. 5.8: Abfüllen von Frischkäse.

Abfüllen von Labkäse

Vor dem Abfüllen muss geprüft werden, ob der Bruch die optimale Konsistenz für die jeweilige Käsesorte besitzt:
- Camembert, Limburger: relativ stabile, puddingartige, glänzende Würfel, im Inneren noch nass, die nicht mehr zusammenkleben dürfen, pH der Molke: 6,15–6,35.
- Butterkäse: Haselnussgroße Würfel, matte Oberfläche, elastische Konsistenz, der Bruch bricht, wenn er leicht gepresst wird, pH der Molke: 6,4–6,5.
- Schnitt- und Hartkäse: Bruchkörner in die Hand nehmen und mit den Fingern leicht pressen. Es muss klare Molke austreten und sich ein kompaktes, gut zusammenklebendes Bruchstück bilden. Je trockener der Bruch, desto weniger bleibt der Abdruck der Finger auf dem Bruchstück sichtbar. Das Bruchstück soll beim Zerreiben wieder in die Bruchkörner zerfallen; die Bruchstücke dürfen nicht schmieren; pH der Molke: 6,35–6,50.

Die Abfüllart des Bruch-Molke-Gemischs beeinflusst die Lochung des Käses:
- Starke Bruchlochung (Abfüllen mit Siebrutsche oder Vorentmolkung des Bruches) (Beispiele: Tilsiter, Roquefort)
- Geringe Bruchlochung (Abfüllen direkt in Formen mit Schlauch oder Schöpfkelle) (Beispiele: Weichkäse, halbfeste Schnittkäse)

Abb. 5.9: Einfluss des Abfüllens auf die Käselochung (nach Scholz 1999).

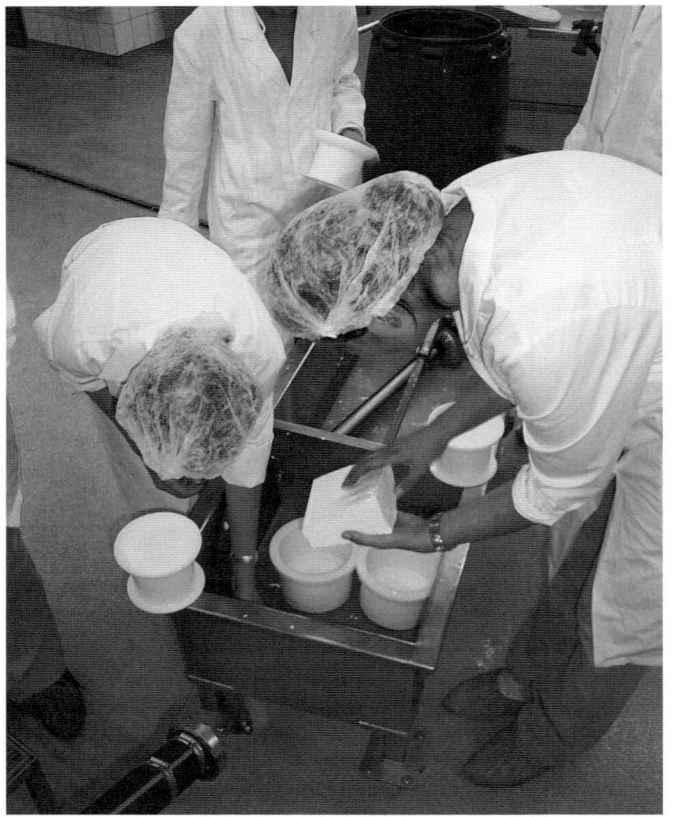

Abb. 5.10 (unten): Abfüllen von vorgepressten Bruchkuchen in die Käseformen.

- Keine Bruchlochung (Abfüllen unter Molke durch Einzelauszug oder Vorpressen) (Beispiele: Gouda, Bergkäse)

Abfüllen mit Siebrutsche oder Vorentmolkung des Bruches: Bevor der Käsebruch in die Form abgefüllt wird, ist die Molke weitgehend zu entfernen.

Käse nach Tilsiter-Art werden z. B. über eine Siebrutsche in die Formen gefüllt. Die Molke kann durch die perforierte Siebrutsche ablaufen.

Für Blauschimmelkäse wird z. B. der Bruch mit einer Kelle in ein Abtropftuch auf dem Abtropftisch geschöpft und anschließend in die Form „gebröselt".

Abfüllen direkt in Formen mit Schlauch oder Schöpfkelle: Nach dem Ablassen oder Abpumpen von ca. 30 % der Molke wird das verbleibende Bruch-Molke-Gemisch direkt in die Formen gebracht.

Der Weichkäsebruch ist noch nass und zerbrechlich. Es muss bis zur 3–4-fachen Höhe des gereiften Käses abgefüllt werden. Ein Aufsatz, der nach dem ersten Wenden entfernt wird, ermöglicht das Verwenden von niedrigeren Formen, die einfacher zu wenden sind.

Bei ungepresstem Schnittkäse wird der Bruch durch Gefälle oder mit Hilfe einer Bruchpumpe mit einem dicken Schlauch in die Formen gebracht. Wenn man viele Bruchlöcher haben will, trennt man die Molke vor dem Abfüllen, indem man die Bruch-Molke-Mischung durch ein Sieb gibt. Beim Abfüllen schließt sich viel Luft im Bruch ein, die in den Bruchlöchern bleibt. Die Käse müssen sofort nach dem Abfüllen gewendet werden.

Abfüllen unter Molke
Durch das direkte Füllen der Formen wird fast zwangsläufig Luft mit eingeschlossen. Es bilden sich Bruchlöcher, die in ge-

presstem Schnittkäse unerwünscht sind. Hier wird entweder der Bruch mit einem Tuch aufgefangen (Einzelauszug), mit den Händen leicht gepresst und mit dem Tuch in die Formen gebracht oder es kann unter der Molke vorgepresst werden (Gesamtauszug/Vorpresswanne). Nach 15–20 min wird die Molke abgepumpt. Der unter der Molke entstandene, schon feste „Bruchkuchen" wird portioniert, in die Formen gebracht und weiter gepresst (siehe Abbildung 5.10).

5.4.6 Abtropfen, Wenden, Pressen (siehe auch Kapitel 3.3.8 und 3.3.9)

Abtropfen

Während des Abtropfens verliert der Käse weiter Molke und säuert bis zum gewünschten pH-Wert. Er kühlt auf Raumtemperatur ab. Das Abtropfen hängt von der Säuerung und der Kohäsion des Käses ab. Ist ein Käse durch eine intensive Bruchbearbeitung fest und trocken geworden, ohne genügend gesäuert zu haben, wird er nur noch wenig Molke abgeben können. Die Säuerung lockert die Caseinstruktur und ermöglicht die Abgabe weiterer Molke. Es ist also sehr wichtig, dass die Säuerung und die Bruchbearbeitung bzw. das Abtropfen gleichzeitig ablaufen.

Die Temperatur des Käses ist von größter Bedeutung. Eine hohe Raumtemperatur (23–25 °C) begünstigt die Säuerung und den Molkeablauf, unter 20 °C werden Säuerung und Abtropfen stark gebremst. Bei Weichkäsen, die noch eine erhebliche Menge Molke während des Abtropfens verlieren und relativ tief säuern (bis pH 4,8), muss die Temperatur des Abtropfraumes bis zum Erreichen des gewünschten pH-Wertes unbedingt über 20 °C liegen. Die Abtropfzeit beträgt zwischen 8 und 20 h. Bei Schnittkäse reicht eine Raumtemperatur von 20–22 °C und eine Abtropfzeit von 8–15 h. Der Butterkäse bildet eine Ausnahme: das Abtropfen findet bei ca. 40 °C statt und dauert nur 3–4 h. Allgemein verkürzt man die Abtropfzeit, wenn die Raumtemperatur höher ist.

Wenn der gewünschte pH-Wert schon vorzeitig erreicht wird, der Käse aber noch nass ist, kühlt man den Raum rechtzeitig unter 20 °C ab oder bringt die Käse in einen kühleren Raum (z. B. Reifungskeller), bevor sie gesalzen werden. Die Säuerung hängt auch von der Regelmäßigkeit und der Stärke des Abkühlungseffektes ab. Kleine Käse kühlen schneller ab als große, Edelstahlformen leiten die Wärme des Käses schneller ab als Kunststoffformen. Das Abspritzen der Formen mit Heißwasser vor dem Abfüllen wird vor allem aus hygienischen Gründen gemacht, aber auch damit die Käse nicht so schnell abkühlen. Wenn die Käse eng gestapelt werden (Weichkäse), muss man darauf achten, dass die Temperatur in der Mitte der Horde gleich ist wie am Rande des Stapels. Hier können erhebliche Unterschiede vorliegen, die im Endprodukt zu unterschiedlichen pH- und Trockenmassewerten der Käse führen.

In der Abtropfphase sind die Käse sehr empfindlich in Bezug auf Fremdinfektion. Sie liegen offen und ungeschützt auf dem Abtropftisch. Wenn möglich, sollte man die Käse abdecken, da der noch hohe pH-Wert keinen Schutz vor der Vermehrung von Schadkeimen bietet. Coliforme-Bakterien, aber auch eventuell vorhandene pathogene Keime, vermehren sich sehr schnell in der Abtropfphase, wenn der Käse nicht rechtzeitig säuert.

Wenden

Nicht gepresste Käse werden während des Abtropfens 4–6-mal gewendet. Bei gepressten Käsen wird, je nach Presseinrichtung und Formen, zwischen 1- und 4-mal gewendet.

Das Wenden beschleunigt die Molkeabgabe, gibt dem Käse eine regelmäßige Form und eine glatte Oberfläche. Die Molke wird gleichmäßig im Käse verteilt.

Nicht gepresste Käse werden gleich nach dem Abfüllen gewendet. Die Abstände zwischen dem Wenden sind am Anfang kurz, wenn der Käse noch viel Molke enthält (0,5–1 h). Sie vergrößern sich, wenn der Käse trockener wird.

Weichkäse bleiben manchmal beim Wenden in den Formen hängen, sie liegen schräg auf einer Kante, werden dünn auf der einen Seite, sehr hoch auf der anderen. Nach dem Wenden sollte man nachschauen, ob alle Käse auch flach liegen. Wenn das Problem öfter vorkommt, sind die Formen zu hoch für die Käsegröße oder die Oberfläche der Formen ist durch Salz- und Kalkablagerungen zu rau. Die Formen sollten mit Säure gereinigt werden.

Um den Molkeablauf zu gewährleisten, haben die Abtropftische eine Schräge von ca. 2 %. Die Käse dürfen nicht in der Molke liegen. Deshalb werden Weichkäse vor dem letzten Wenden in eine größere Schräglage gebracht, um die Unterseite über Nacht trocken zu halten.

Wenn die Abstände zwischen dem Wenden zu groß sind und/oder die Oberfläche der Abtropfplatte zu rau ist, kleben die Käse gern an der Platte. Man kann sie davon lösen, indem man die Platte und eventuell die Käseformen vor dem Wenden kurz mit heißem Wasser abspritzt.

Bio-Tipp: Der Einsatz von Rieselhilfsstoffen bei Salz ist bei vielen Bioverbänden verboten.
www.biohandwerk.de

Pressen

Man presst alle Hartkäse, manche Schnitt- und halbfeste Schnittkäse.

Der Käse wird aus folgenden Gründen gepresst:
- Entfernung weiterer Molke.
- Beschleunigung des Zusammenwachsens der Bruchkörner.
- Optimierung der Käseform.
- Verbesserung der Rindenbildung.

Vorpressen: Für mehrere Käsesorten, vor allem für Hart- und Schnittkäse (z. B. Gouda, Bergkäse), benutzt man das Vorpressen. Dabei presst man den Bruch mit 0,04–0,08 bar (entspricht ca. 40–80 g/cm² spezifischer Pressdruck) 15–20 min lang, damit er zusammenwachsen kann.

Pressen in Einzelformen: Nach dem Vorpressen werden die Käse portioniert und in einzelne Formen gebracht. Der Pressdruck beträgt bei Schnittkäse 0,1–0,2 bar (entspricht ca. 100–200 g/cm² spezifischer Pressdruck) 45 min lang (Edamer) bis 4 h (Gouda) und bei Hartkäse 0,3–0,6 bar für ca. 20 h. Der hier angegebene Druck ist der, der auf die Käseoberfläche wirkt. Der am Manometer der Presse angegebene Druck wird am Presszylinder gemessen. Er liegt für Schnittkäse zwischen 2 und 5 bar, für Hartkäse zwischen 3 und 10 bar. Werden Käse aufeinander gestapelt, so ist das Gewicht der Käse als Pressdruck zu berücksichtigen. Es muss allerdings mehrmals umgestapelt werden, damit der Druck einheitlich auf die Käse wirkt.

Der Pressvorgang ist so zu steuern, dass mit niedrigem Druck begonnen wird, der dann allmählich erhöht wird. Ein anfangs zu hoher Druck entwässert vorwiegend die Randzone, die sich dann verschließt und den weiteren Molkeaustritt verhindert.

Die Temperatur im Käse bzw. im Raum ist sehr wichtig, damit die Säuerung gleichzeitig mit dem Pressen verlaufen kann.

Auch halbfeste Schnittkäse können mit kleinen Gewichten (1–3 kg), die man einzeln auf die Käse legt, leicht gepresst werden.

5.5 Salzen
(siehe auch Kapitel 4.2.2)

5.5.1 Einfluss des Salzens auf den Käse

Das Salzen der Käse bereitet die Käsereifung vor. Salz ist ein notwendiger Hilfsstoff für gereifte Käse, der nicht deklariert werden muss. Im Frischkäse muss das Salz als zusätzliche Zutat deklariert werden, weil es nur als Geschmacksträger zugegeben wird. Der Salzgehalt ist je nach Käsesorte sehr unterschiedlich. Meistens liegt der Salzgehalt in der Käsemasse zwischen 1,8 und 2,5 %, Hartkäse haben i. d. R. eine niedrigere Salzkonzentration (1–2 %), Edelpilzkäse sind deutlich salziger (3–5 %), Fetakäse, die in einer Salzlake aufbewahrt werden, haben zwischen 7 und 10 % Salz.

Das Salz hat folgende Wirkungen auf den Käse:

- Geschmacksgebung: Das Salz verstärkt den Geschmack der während der Reifung gebildeten Substanzen.
- Verstärkung des Molkeaustritts: Die Salzaufnahme fördert den Molkeaustritt. Käse verlieren 2–4 % ihres Gewichtes während des Salzens.
- Rindenbildung und Haltung des Käses: Der Käse wird fester und bekommt eine ausgeprägtere Rinde, wenn trocken gesalzen wird.
- Selektion der Mikroorganismen: Salz kann im Käse eine konservierende Wirkung haben (Feta). Meistens hat es aber nur eine selektierende Wirkung auf die Mikroorganismen im Käse.

Als salzempfindlich gelten:
- Milchschimmel (*Geotrichum candidum*),
- verschiedene Arten von Milchsäurebakterien, die Säuerung wird durch das Salzen gestoppt,
- Propionsäurebakterien.

Als salztolerant gelten:
- Hefen: Sie vermehren sich unter Umständen im Salzbad.
- Rotschmierkultur (*Brevibakterium linens*): Das Schmieren mit Salzwasser begünstigt die Bildung von Rotschmiere.
- Pseudomonaden: Sie können das Salzbad infizieren und verursachen dann Geschmacksfehler (Bitterkeit) im Käse.

Das Salz bindet freies Wasser im Käse. Sowohl das Wachstum der Mikroorganismen im Käse als auch der biochemische Reifungsprozess werden durch die Abnahme von ungebundenem Wasser gebremst.

5.5.2 Verschiedene Möglichkeiten des Salzens

Trockensalzen

Ziegenfrischkäse und Weichkäse mit langer Dicklegung werden meistens trocken gesalzen, entweder von Hand mit einer Art Sieb oder mit einer Salzmaschine. Es werden ca. 1,5–2,5 g feines Speisesalz benötigt, um 100 g Frischkäse zu salzen. Von Hand wird in zwei Schritten gesalzen. Die erste Seite wird vor dem Ausformen gesalzen, manchmal schon während des Abtropfens. Wenn das Salz vollständig gelöst ist, wendet man die Käse. Nach dem Ausformen salzt man die andere Seite. Bei Käsen, die gereift werden, ist es sinnvoll, auch die Kanten zu salzen, da das Wachstum der Mikroorganismen abhängig vom Salzgehalt der Oberfläche ist. Auf den ungesalzenen Kanten entwickelt sich eine andere Mikroflora als auf den oberen und unteren Seiten. Ein gleichmäßiges Salzen von Hand erweist sich in der Praxis oft als schwierig. Abgesehen von der geschmacklichen Veränderung verursacht das ungleichmäßige Salzen Probleme bei der Käsereifung.

Das Salz kann auch der Käsemasse zugegeben werden. Bei der Kräuterfrischkäseherstellung wird das Salz mit den Kräutern zusammen der abgetropften Käsemasse zugemischt und eingeknetet. In diesem Fall hat man keinen Salzverlust durch die Abtropfmolke, da diese wieder in die Masse eingeknetet wird. Die Salzzugabe beträgt nur 0,5–1 g/100 g Käse.

Schnitt- und Hartkäse werden mit einer Mischung aus grobem und feinem Salz ebenfalls in zwei Durchgängen eingerieben. Man verbraucht ca. 60–90 g Salz/kg Käse. Das erste Salzen findet noch in der Form statt, damit der Käse sich nicht verformt. Obwohl der Salzverbrauch beim Trockensalzen viel höher ist und der Salzgehalt sehr unterschiedlich ausfällt, wird es häufig in kleinen Hofkäsereien verwendet, vor allem, wenn nicht regelmäßig gekäst wird. Man braucht keine Geräte dazu, es ist platzsparend und man braucht keine Salzlake herzustellen und zu pflegen.

Salzen in der Lake (Salzbad)

Das Salzbad wird aus folgenden Gründen verwendet:
- Der Salzgehalt ist regelmäßig und einfach zu steuern.
- Verringerter Arbeitsaufwand.
- Geringer Salzverbrauch.
- Der Käse wird nicht verformt.

Weichkäse werden vorzugsweise in Laken mit 16–22 % Salz, Schnittkäse in Laken mit 18–22 % und Hartkäse in gesättigten Laken (20–24 %) behandelt.

Die Salzaufnahme hängt von folgenden Faktoren ab:
- Die Salzungsdauer: Camembert von 125 g werden ca. 1 h in einer Lake mit 17 Grad Baumé (°Bé) gesalzen, 2 kg Gouda brauchen in der gleichen Lake 36 h.
- Die Salzbadkonzentration: Eine hohe Salzkonzentration beschleunigt die Salzaufnahme. Die Molkeabgabe des Käses wird genauso verstärkt. Die Käse werden vor allem im Randbereich trockener.
- Die Temperatur des Salzbades: Salzbäder werden im Temperaturbereich zwischen 10 und 15 °C verwendet, manchmal bis 20 °C. Hartkäse werden bei 8–15 °C gesalzen, Weichkäse eher bei 14–18 °C. Die Salzaufnahme erfolgt schneller bei 18 als bei 10 °C, andererseits ist die mikrobiologische Belastung einer Lake immer höher, wenn sie bei 18–20 °C aufbewahrt wird. Infolgedessen verdirbt die Lake schneller und der pH-Wert verschiebt sich.
- Umwälzung der Lake: Die Salzaufnahme ist schneller, wenn sich die Lake in ständiger Bewegung befindet.
- Calciumgehalt der Lake: In einer neuen Lake mit wenig Calcium nimmt der Käse mehr Salz auf, die Randfläche bleibt weich, wird manchmal schmierig.
- Das Verhältnis zwischen Oberfläche zu Volumen des Käses.

Kasten 5.4: Neuansatz einer Salzlake
Eine Salzlake muss den gleichen pH-Wert haben wie die Käse, die gesalzen werden. Der Calciumgehalt sollte ebenfalls ähnlich sein wie der der Abtropfmolke.
Um 100 l Salzlake herzustellen nimmt man 10–15 l abgekochte, mit einem feinmaschigen Tuch gefilterte Sauermolke und setzt die restliche Menge Trinkwasser dazu. Danach stellt man den pH-Wert durch Zugabe von Milchsäure ein, je nach Käsesorte auf 4,9–5,4.
Je nach gewünschter Salzkonzentration wird Salz zugegeben. Das Salz kann Trennmittel enthalten, die den pH-Wert der Lake verschieben können. Eine Feineinstellung des pH-Wertes ist nochmals erforderlich. Die Salzkonzentration wird über die Dichte gemessen, meist mit einer Spindel mit einer Baumégrad-Skala.

Tab. 5.11 Lakekonzentration in % Kochsalz, Grad Baumé (°Bé) Grad oder Dichte und Wasser- und Salzanteil von 100 l Lake

% Kochsalz	°Bé bei 15 °C	Dichte g/cm³ bei 20 °C	100 l Salzlake kg Salz	kg Wasser
15	14,5	1,11	16,65	94,35
16	15,4	1,118	17,9	93,9
17	16,3	1,126	19,15	93,2
18	17,2	1,133	20,4	93
19	18,1	1,14	21,7	92,34
20	19	1,15	23	92
21	19,8	1,159	24,3	91,56
22	20,7	1,167	25,7	91
23	21,5	1,173	27	90
24	22,5	1,183	28,5	89,5
25	23,3	1,192	29,8	89,4
26	24,2	1,20	31,2	88,8

Quelle: Schulz und Voss 1965.

Tab. 5.12 Richtwerte der Salzdauer und Salzbedingungen einer Lake für verschiedene Käse

Sorte	Käsegewicht	Salzdauer	Salzkonzentration (°Bé)	pH-Wert des Salzbades	Temperatur (°C)
Camembert	125–150 g	70–80 min	16–17°	4,8–5,0	12–14
Romadur	125 g	105 min	16°	4,8–5,0	12
Camembert	250–270 g	70 min	24	4,7–4,8	14
Brie	1.000 g	4–6 h	17–18°	4,7–4,8	12
Schnittkäse nicht gepresst	1.800 g	30 h	16	5,2–5,4	13–16
Gouda	400 g	240 min	16°	5,4	12–14
Gouda	1.000 g	20 h	17°	5,2–5,4	14

- Die Struktur und die Zusammensetzung des Käses: Die Salzdiffusion verläuft schneller bei Käsen mit niedriger Trockenmasse; bei gleicher Trockenmasse werden Käse mit hohem Fettgehalt schneller gesalzen.

5.6 Abtrocknen der Oberfläche

Vor der eigentlichen Reifung wird die Oberfläche abgetrocknet, um ein optimales Wachstum der Oberflächenmikroorganismen zu ermöglichen. Das Abtrocknen der Oberfläche ist vor allem bei Weichkäse wichtig. So verliert ein Camembert 6–8 % seines Gewichts während des Abtrocknens und Reifens, die Hälfte davon in den 2 ersten Tagen. Solange ein Käse noch sichtbar Molke abgibt, kann keine Oberflächenflora am Käse haften. Die Stärke des Abtrocknungseffekts wird sich nach der Molkeabgabe während der Käseherstellung richten. So wird Schnittkäse nach dem Salzen nur für einige Stunden bei Raumtemperatur getrocknet, bevor er in den Reifungskeller gebracht wird. Ein gründliches Abtrocknen von 5–7 Tagen bei 15–16 °C und ca. 85 % relativer Luftfeuchtigkeit ist aber notwendig, wenn der Käse in Folien reifen soll.

Weichkäse werden 1–2 Tage in einem belüfteten Raum mit 12–15 °C und 70–80 % relativer Luftfeuchtigkeit getrocknet.

Kasten 5.5: Kontrolle und Behandlung einer Salzlake

- Die Temperatur: Das Salzen erfolgt bei einer Temperatur von 10–15 °C.
- Der pH-Wert: Er sollte stabil und immer dem des Käses angepasst sein. Wenn eine Lake wenig benutzt wird, bauen Hefen die Milchsäure ab; der pH-Wert der Lake steigt. Wenn die Lake täglich benutzt wird, sinkt der pH leicht, weil während des Salzens immer mehr Molke in die Lake geht.
- Die Salzkonzentration: Die Laken werden durch ständige Salzzugabe immer wieder eingestellt, die Molkeanreicherung der Lake beeinflusst aber auch die Dichte. So wird eine alte Salzlake mit viel Molke eine niedrigere Salzkonzentration haben als eine frische Salzlake, obwohl der Baumé-Grad der gleiche ist.
- Bakteriologische Beschaffenheit: Um eine Verschleppung unerwünschter Mikroorganismen zu vermeiden, sollte die Lake 1–2-mal im Jahr (bei hoher Belastung öfter) auf 75–85 °C erhitzt werden.
- Belastung der Lake mit organischem Material: Die Käse verlieren im Salzbad kleine Proteinpartikel, die an den Boden sinken, es bildet sich mit der Zeit auch ein Oberflächenfilm aus Fett, Mikroorganismen (hauptsächlich Hefen) und kristallisiertem Salz. Die Lake muss daher regelmäßig gefiltert und teilweise oder ganz erneuert werden.

Käse mit hohem Fettgehalt in der Trockenmasse haben eine höhere Feuchtigkeit bezogen auf die fettfreie Masse; sie müssen stärker getrocknet werden.

Eine Luftumwälzung ist notwendig, um die feuchte Luft, die sich um den Käse entwickelt, zu entfernen. Ein Ventilator, der die feuchte Luft absaugt oder trockene Luft auf die Käse bläst, kann sehr hilfreich sein. Man muss darauf achten, dass die Trocknung gleichmäßig auf allen Käsen stattfindet (regelmäßiges Umstapeln der Käse). Normale Kühlräume sind für das Trocknen von Käse nicht geeignet. Die Luftumwälzung ist zu stark, der Käse trocknet an der Oberfläche aus, so dass die Feuchtigkeit im Käseinneren eingeschlossen bleibt.

5.7 Käsereifung

Nach dem Abtropfen der Molke werden die Käse, abgesehen von den Frischkäsen, die einige Tage nach der Herstellung verzehrt werden, einer Reifung unterzogen. Vorbereitet durch das Salzen und das Abtrocknen der Oberfläche, wird der Käse in einen Reifungsraum gebracht, wo er weiter behandelt wird, damit der biochemische Prozess der Reifung ihm entsprechenden Geschmack, Aussehen und Textur verleiht. Die Reifung ist ein enzymatischer Abbauprozess der Käsebestandteile.

Die beteiligten Enzyme stammen aus:
- dem Lab;
- der Milch selbst;
- der Rohmilchflora. Sogar wenn die Milch pasteurisiert wurde, können Enzyme von abgetöteten Bakterien die Käsereifung beeinflussen (positiv wie negativ);
- den zugegebenen Starter- und Reifungskulturen.

5.7.1 Chemische Vorgänge bei der Reifung

Milchzuckerabbau

Während der Dicklegung, der Bruchbearbeitung und des Abtropfens wird der Milchzucker durch die Milchsäurebakterien abgebaut. Es bildet sich Milchsäure, im Falle einer heterofermentativen Gärung auch in geringer Menge Kohlendioxid, Ethanol und Essigsäure. Die Milchsäure bindet sich mit Calcium zum Calciumlaktat, dem Salz der Milchsäure. Der Milchzucker verschwindet vollständig in den ersten Tagen der Reifung von Schnitt und Hartkäse, bei Camembert dauert es 20–30 Tage, bis keine Laktose mehr vorhanden ist.

Das Laktat ist die Hauptnahrungsquelle der Hefen und Schimmel. Durch ihre Vermehrung auf der Oberfläche entsäuert der Käse (Weichkäse). In Großlochkäsen wird das Laktat von den Propionsäurebakterien benutzt. Es entsteht CO_2 (Lochbildung) und Propionsäure.

Unerwünschte Mikroorganismen wie coliforme Keime oder Sporenbildner können ebenfalls Laktat vergären. Die Ersten vermehren sich während des Abtropfens, bilden Gas und verursachen viele kleine Löcher im ungesalzenen Käse, man redet von einer Frühblähung. Die Sporenbildner, unter ihnen *Clostridium tyrobutyricum*, vermehren sich nach ca. 3 Wochen Reifungszeit, erzeugen Unmengen an Gas (CO_2, H_2) und Buttersäure.

Proteinabbau

Der Caseinabbau ist verantwortlich für die Teigbeschaffenheit des Käses, er bestimmt außerdem Aroma und Geschmack des Käses.

Der Abbau besteht aus einer enzymatischen Spaltung der Proteine in kleinere Aminosäureketten, zu den Peptiden bis zur Bildung von freien Aminosäuren, ferner zu Aminen, Ammoniak und CO_2. Abhängig von den Reifungsbedingungen entwickeln sich unterschiedliche aromatische Stoffe, die jedem Käse eine spezielle Nuance in Aroma und Geschmack verleihen. Die meisten Proteasen wirken erst bei einem pH-Wert über 5,0. Es ist also notwendig, vor allem Weichkäse am Anfang der Reifung zu entsäuern, um die Reifung einzuleiten. Das bewirken Hefen und Milchschimmel. Die Proteolyse selbst verschiebt ebenfalls den pH-Wert nach oben.

Fettabbau

Die Triglyceride werden durch Lipasen zu Glyceriden und freien Fettsäuren abgebaut. Obwohl nur ein geringer Teil des Fettes angegriffen wird, spielen die Abbaustoffe der Fettspaltung eine wesentliche Rolle bei der Geschmacksbildung des Käses. Es sind vor allem kurzkettige freie Fettsäuren, die das Aroma prägen. Der typische Geschmack von Ziegenkäse wird bedingt durch die Freisetzung der Capron-, Capryl- und Caprinsäure (C6, C8, C10), die sich in höheren Mengen in Ziegenmilch als in Kuhmilch befinden. Man unterscheidet zwischen Lipasen der Rohmilch, die durch die Erhitzung der Milch inaktiviert werden, und den mikrobiellen Lipasen. Die Milchsäurebakterien haben nur eine schwache lipolytische Aktivität im Gegensatz zu Rotschmierbakterien oder Schimmelpilzen, z. B. *Penicillium candidum* oder *Penicillium roqueforti*. Die Lypolyse ist bei Käsen wie Gouda oder Edamer recht schwach, bei Blauschimmelkäse, Rotschmierkäse oder manchen Weißschimmelkäsen dafür wesentlich stärker.

Tab. 5.13 Herkunft und Wirkung der proteolytischen Enzyme während der Käsereifung

Herkunft der Enzyme	angegriffene Stoffe	pH-Bereich	Bemerkungen
Natürliche Milchenzyme:			
Plasmine	β-Casein	5–9	hitzeresistent
Saure Protease	αS-Casein	4–6	Aktivität gesteigert durch die Pasteurisation
Lab und Labaustauschstoffe	primär das κ-Casein, spaltet auch αS- und β-Casein während der Reifung	3–7	Lab ist hitzelabil, es verbleiben 10–15 % des Labs in einem Gouda
Milchsäurebakterien	greifen sowohl die Caseine (Proteinase) als auch die Peptide (Peptidase) an	unterschiedlich, Optimum eher im neutralen Bereich	große Bedeutung für die Geschmacksentwicklung
Reifungsflora	Peptide		spalten auch Proteine außerhalb der Zelle

Tab. 5.14 Herkunft und Wirkung der lipolytischen Enzyme während der Käsereifung

Herkunft der Enzyme	angegriffene Stoffe	pH-Bereich	Bemerkungen
Natürliche Milchenzyme:	greifen vor allem Triglyceride mit kurzen Fettsäuren an	neutraler Bereich	inaktiviert beim Pasteurisieren
Bakterielle Lipasen	Triglyceride und freie Fettsäuren	neutraler Bereich, bei pH 5 noch aktiv	Milchsäurebakterien wenig aktiv, starke Lipolyse durch psychrotrophe Keime, sehr hitzestabil
Lipase von Schimmelarten Pen. roqueforti und camemberti	Triglyceride und freie Fettsäuren	5,5–9	spielen eine wesentliche Rolle in der Aromaentwicklung

5.7.2 Reifungsbedingungen
(siehe auch Kapitel 4.2.3 bis 4.2.5)

Verschiedene Faktoren beeinflussen die Reifung:
- die Teigbeschaffenheit und Trockenmasse des Rohkäses,
- das Salzen,
- der pH-Wert des Käses,
- die Keimzahl der Rohmilch, die Art und Menge der zugegebenen Kulturen,
- die Bedingungen im Reifungskeller.

Teigbeschaffenheit, Trockenmasse des Rohkäses
Die mikrobielle Akivität ist abhängig von der Menge verfügbaren Wassers im Käse, d. h., je mehr freies Wasser im Käse ist, umso größer ist die Stoffwechseltätigkeit der Mikroorganismen. Sie ist also bedingt durch die Käsetrockenmasse, aber auch durch den Kochsalz- und Proteingehalt des Käses. Salz und Protein binden Wasser, dass für die Mikroorganismen nicht mehr zur Verfügung steht. Ferner bestimmt die Teigbeschaffenheit die Luftdurchlässigkeit des Käses. Manche Mikroorganismen benötigen Sauerstoff, um sich zu vermehren, wie z. B. Hefen oder Schimmel, andere wie die Milchsäurebakterien brauchen nur wenig Sauerstoff. Wieder andere, wie Propionibakterien oder Clostridien, vermehren sich nur in Abwesenheit von Sauerstoff.

Salzen
Der Käse wird vorwiegend gesalzen, um ihm die nötige Würze zu verleihen. Das Salzen bereitet aber auch den Käse auf die Reifung vor, verfestigt die Käsemasse, ist verantwortlich für die Rindenbildung und selektiert die Mikroorganismen.

pH-Wert des Käses
Der pH- Wert hat nicht nur einen Einfluss auf die Vermehrung der Mikroorganismen, sondern auch auf die enzymatische Aktivität. Unter pH 4,5 ist die enzymatische Aktivität sehr gering. Die mikrobiellen Proteasen haben einen optimalen pH-Wert im Bereich 5,0–7,5, die Lipasen zwischen 7,5 und 9,0. So verhindert der niedrige pH-Wert (ca. 4,3–4,4) den weiteren Abbauprozess in Frischkäsen.

Bei Weichkäsen, die ebenfalls einen pH-Wert unter 5,0 am Ende des Abtropfens haben, muss der Teig zuerst entsäuern bevor sich die Reifungsflora entwickelt. Der Schimmel wächst besser bei pH 5,0–6,0, die Rotschmierbakterien ab pH 6,0. Durch die Vermehrung der Oberflächenmikroorganismen steigt der pH-Wert weiter bis zum neutralen Bereich. Schnitt- und Hartkäse haben am Anfang der Reifung einen pH-Wert von 5,0–5,4, der eine enzymatische Aktivität ermöglicht. Man sollte aber auf eine Nachsäuerung des Käses während der Reifung achten. Der pH-Wert sollte während der Reifung auf ungefähr 5,6–5,8 steigen.

Keimzahl der Rohmilch, die Art und Menge der zugegebenen Kulturen
Der Reifungsprozess ist natürlich abhängig von der Art der Mikroorganismen, die im Käse bzw. in der Milch sind oder waren, von der Reifungsflora, die während der Reifung hinzugefügt wird und von der Entwicklung der Mikroorganismen im Verlauf der Käsereifung. Während der Reifung vermehren sich vor allem die Mikroorganismen auf der Käseoberfläche. Das Verhältnis der verschiedenen Keime verschiebt sich unterschiedlich je nach Käseart. Weichkäse reifen i. d. R. durch die Oberflächenflora von außen nach innen, Schnitt- und Hartkäse durch die im Teig vorhandenen Bakterien (vor allem Milchsäurebakterien) gleichmäßig im gesamten Teig.

Bedingungen im Reifungskeller
Nach Zugabe von Reifungskulturen kann die Käsereifung nur durch die Einstellung der Reifungsparameter beeinflusst werden. Fehler, die während der Herstellung gemacht wurden, können nicht mehr behoben werden. Die Reifungstemperatur beträgt bei den meisten Käsesorten 12–16 °C. Eine Erhöhung der Temperatur (bis auf 16–17 °C) wird die Reifung beschleunigen, das Käsearoma entwickelt sich aber besser bei niedrigen Temperaturen (11–13 °C). Im

Reifungskeller sollte eine hohe Luftfeuchtigkeit herrschen, damit der Käse nicht austrocknet. Für Käse mit trockener Oberfläche wie Gouda oder Edamer liegt die relative Luftfeuchtigkeit bei 80–90 %, für Schmierkäse etwas höher, 90–95 %. Eine Luftumwälzung ist erforderlich, um einerseits eine gleichmäßige Temperatur im Keller zu halten, anderseits um Wasserdampf und verschiedene Gase (CO_2, NH_3), die durch den Abbauprozess aus dem Käse austreten, von der Käseoberfläche zu entfernen (siehe Abbildung 5.11). Bei Schnitt- und Hartkäse reicht schon die natürliche Luftumwälzung einer „stillen Kühlung". Der an der Decke fixierte Verdampfer produziert kalte Luft, die sich nach unten absetzt. Die Luft erwärmt sich am Käse, nimmt ihm Feuchtigkeit ab und steigt wieder zum Verdampfer auf. Beim Kontakt mit dem Verdampfer kondensiert der Wasserdampf. Bei Weichkäse mit Schimmeloberfläche empfiehlt sich die Benutzung eines schwachen Ventilators. Die Luftumwälzung sollte 0,1–0,2 m/s betragen. Der Reifungsraum muss auch genügend belüftet sein. Wenn die Luft nicht erneuert wird, bildet sich ein muffiger Geruch im Keller, der sich auf den Käse überträgt. Die Gefahr besteht vor allem in kleinen Räumen, besonders bei Camembert oder Rotschmierkäse.

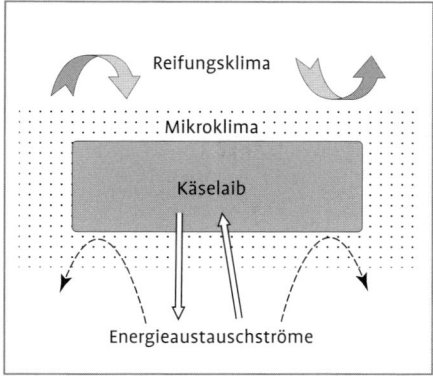

Abb. 5.11: Darstellung des Reifungs- und Mikroklimas sowie der Energieaustauschströme zwischen Käse und Raumluft (nach Kammerlehner 2003).

5.7.3 Führung der Reifung

Weichkäse mit Weißschimmel

Der Weißschimmel, *Penicillium candidum*, soll rasch und vor allem vor eventuellen Fremdschimmelarten den Käse bedecken. Es gilt also, den Schimmel so früh wie möglich auf den Käse zu bringen, eine optimale Betriebshygiene zu schaffen, damit sich keine unerwünschten Mikroorganismen vermehren können und schließlich Reifungsbedingungen zu ermöglichen, die speziell für den Weißschimmel geeignet sind.

Durch den Weißschimmel bekommt der Käse einen milden, champignonartigen Geschmack. Reife Käse werden pikant bis ammoniakalisch.

Einsatz von Weißschimmel: Den Schimmel kauft man in lyophilisierter Form, manchmal auch als flüssige Kultur. Die getrockneten Sporen müssen 24 h vor Gebrauch in abgekochtem Wasser aufquellen. Die Schimmellösung wird der Milch vor dem Einlaben zugegeben, der Salzlake zugesetzt oder nach dem Salzen auf die Käse gesprüht. I. d. R. wird ca. die Hälfte der Lösung der Milch zugegeben, der Rest auf die Käse gesprüht. In kleinen Käsereien benutzt man dazu einen Blumenbestäuber, mit dem man auf 30–50 cm Entfernung einen feinen Nebel der Schimmellösung auf die Käse sprüht. Die Käse müssen 2–3-mal besprüht werden, bis sich ein weißer Flaum gebildet hat. Danach nicht mehr sprühen; es könnten sich auf dem Käse Wassertropfen bilden, unter denen der Schimmel erstickt. Die Schimmelkultur muss vor jeder Produktion neu angesetzt, der Bestäuber vor jeder neuen Benutzung gereinigt und desinfiziert werden. Schimmelsporen können auch direkt ins Salzbad zugegeben oder ins Salz gemischt werden.

Der Schimmel ist nach 3–4 Tagen sichtbar, nach 6–8 Tagen hat sich ein geschlossener Schimmelrasen gebildet, der Käse kann dann eingepackt werden und bei 6–8 °C weitere 2–3 Wochen reifen.

Reifungsflora: Auf der Rinde eines Weißschimmelkäses wachsen mehreren Mikroorganismen-Arten, die alle sehr eng miteinander verknüpft sind. Eine geringe Änderung der Bedingungen kann das Gleichgewicht der verschiedenen Mikroorganismen stören und zu fehlerhafter Reifung führen. Die Hefen und der Milchschimmel (*Geotrichum candidum*), die sich als erste auf der Oberfläche verbreiten, entsäuern die Rinde und erleichtern die Vermehrung des Weißschimmels. 3–4 Tage alte Käse sollten einen angenehmen Apfelgeruch haben. Dies zeugt von einer guten Entwicklung der Hefen. Der Zusatz von gezüchteter Hefe und *Geotrichum candidum* als Reifungskulturen, die ebenfalls nach dem Salzen auf den Käse gesprüht werden, kann einen positiven Einfluss auf das Schimmelwachstum und auf Geschmack und Aroma der Käse haben.

Die Schimmelentwicklung ist auch von der Wahl des Stammes abhängig.

Reifungsbedingungen: Im Reifungsraum sollte eine konstante Temperatur von 12–14 °C herrschen. Natürliche Keller ohne zusätzliche Klimatisierung sind weniger geeignet, weil es doch meistens starke Temperaturschwankungen gibt. Die erforderliche hohe relative Luftfeuchtigkeit von 90 % verhindert das Austrocknen der Käse. Eine gleichmäßige Luftumwälzung sorgt für das Entfernen weiterer Feuchtigkeit aus dem Käse und bringt gleichzeitig genügend Sauerstoff, damit der Schimmel gut wachsen kann. Während der Reifung werden die Käse alle 2 Tage mit der gesamten Horde gewendet. Es ist dabei sinnvoll, jedes Mal die Position der Horde im Stapel von oben nach unten und umgekehrt zu ändern. Die Luft sollte sich innerhalb der Käsehorde genauso gut wie am Rand bewegen können. Der Hordenstapel sollte keinesfalls direkt an der Wand liegen. Schließlich sollte der Keller belüftet sein. In kleine Reifungsräume bringt man genügend frische Luft durch die Tür mit, wenn man jeden Tag in den Keller schaut. Bei größeren Räumen muss ein Belüftungsschacht mit Filter vorgesehen sein. Muffiger Geruch im Keller deutet auf Sauerstoffmangel hin.

Weichkäse mit Rotschmiere

Rotschmierkäse erhalten ihren Namen von der Bildung einer gelb-rötlichen Oberflächenflora. Sie besteht aus einer Vielzahl von Mikroorganismen, in denen die Art *Brevibacterium linens* dominiert. Die Rotschmiere entwickelt sich nur nach der Entsäuerung der Käseoberfläche durch Hefen und *Geotrichum candidum*. Die Käse werden jeden zweiten Tag mit einer „Rotschmierlösung" (Rotschmierkultur in Salzwasser verdünnt) gewaschen, mit einem Lappen geschmiert oder mit einer weichen Bürste behandelt. Je nach Art der Behandlung werden mehr oder weniger Käsepartikel abgerieben, die schnell durch die Rotschmierbakterien abgebaut werden und dem Käse einen starken Geruch verleihen. Der Geschmack ist mild bis pikant. Am Ende des Abbauprozesses entwickelt sich Ammoniak, der sich teilweise auf den frischen Käsen niederschlägt und ebenfalls an der Entsäuerung der Oberfläche beteiligt ist.

Weichkäse mit Rotschmiere müssen nach dem Salzen leicht trocknen. Hefen und Milchschimmel kommen meistens spontan auf den Käse. Die Reifung verläuft in einem Raum mit 12–16 °C und 90–95 % relativer Luftfeuchtigkeit. Rotschmierbakterien brauchen Sauerstoff, um zu wachsen. Die Luftumwälzung kann aber geringer sein als bei den Schimmelkäsen, weil der Käse immer feucht bleiben muss. Die Käse reifen auf Edelstahl oder Kunststoffhorden; sie werden regelmäßig gewendet. Nach 10–14 Tagen Reifung werden die Käse abgepackt und reifen bei 6 °C 2–4 Wochen im Papier.

Reifung geschmierter Halbfester- und Schnittkäse

Auch bei diesen Käsen sind Schimmelrinde und Schmierrinde möglich. Der Weißschimmel verbreitet sich aber äußerst schlecht auf der trockenen und zuckerarmen Oberfläche von Schnittkäsen. Manche Käse werden in den ersten Wochen mit Wasser geschmiert, nach Bildung einer orangenen Rinde und Erscheinen von Milchschimmel wird das Schmieren ausgesetzt. Der Milchschimmel setzt sich durch und verleiht den Käsen eine weiße Oberfläche, die einen orangenen Untergrund durchschimmern lässt (Saint Nectaire, Reblochon). Für diese Käse ist eine sehr hohe (95 % relative Feuchtigkeit) Luftfeuchtigkeit während des Schmierens erforderlich.

Viele Halbfeste- und Schnittkäse werden mit Rotschmierkultur behandelt. Die Reifungsbedingungen sind die gleichen wie für Weichkäse. Um den Käsen eine individuelle Note zu verleihen, können der Schmiere Rotwein, Most oder Kräuter zugesetzt werden. Während der Behandlung mit Salzwasser nimmt der Käse weiter Salz auf. Die Käse müssen dem entsprechend weniger gesalzen werden.

Schnitt- und Hartkäse mit trockener Rinde
Käse der Gouda- oder Edamer-Art werden nach dem Salzen getrocknet, bis sich eine harte trockene Rinde gebildet hat. Die Käse werden zu diesem Zweck auf Kunststoffbretter in einem Raum mit 14–16 °C und 85–88 % relativer Feuchtigkeit gelegt. Die Käse werden 3–5-mal in der Woche gewendet. Nach 1–2 Wochen bildet sich ein leichter Schimmelbelag, der zuerst positiv auf den Käse wirkt, da er zur Entsäuerung und Geschmacksbildung beiträgt. Später erweist er sich aber nach zu starker Entwicklung als störend. Es kann sich ein muffiger Geruch im Keller verbreiten, der leicht auf den Käse übergehen kann. Die Käse können auch mit Schimmelsorten kontaminiert werden, die nur schwer entfernbare Farbpigmente auf der Rinde bilden. Deshalb müssen die Käse regelmäßig mit lauwarmem Wasser abgewaschen werden.

Bei Trockenrindekäsen ist der Einsatz von Käsecoating inzwischen weit verbreitet. Das Käsecoating erleichtert die Pflege und wird nach 2–5 Tagen auf die Käse aufgetragen (siehe Kasten 5.6).

Nach 4–6 Wochen unter optimalen Reifungsbedingungen wird eine hellgelbe glatte Rinde gebildet, die zunehmend pflegeleichter wird. Wenn der Raum zu feucht ist, wird sich immer wieder Schimmel bilden, denn der Trocknungseffekt ist unzureichend. Im Gegensatz hierzu verursacht ein zu trockener Raum Risse in der Rinde, in denen sich ebenfalls Schimmel bildet.

Nach der Reifung können die Käse, um weiteren Wasserverlust und Schimmelbefall zu vermeiden, paraffiniert werden (siehe Kasten 5.7).

Kasten 5.7: Das Paraffinieren
Die 3–4 Wochen gereiften Käse werden abgebürstet und gewaschen, um eine saubere Rinde zu bekommen, anschließend auf beiden Seiten gut getrocknet. Danach wird lebensmittelechtes Paraffin auf 90–100 °C in einem großen Topf zum Schmelzen gebracht, in dem die Käse zur Hälfte für 2–3 s eingetaucht werden. Es bildet sich eine dünne Wachsschicht, die nach wenigen Minuten schon so fest ist, dass man sie ohne beschädigen anfassen kann, um die andere Seite des Käses zu paraffinieren. Beim Paraffinieren sollte man immer eine Schutzbrille tragen (Verbrennungsgefahr! Paraffin spritzt!).

Kasten 5.6: Käsecoating
Käsecoating ist eine Überzugsmasse, die bei Trockenrindekäse wie Gouda oder Edamer eingesetzt wird. Die Emulsion aus Polymeren und Wasser wird auf die Rinde des Käses aufgetragen. Das Wasser verdunstet und die Polymerpartikel bilden dann eine flexible, wasserdampf- und luftdurchlässige Schicht.
Das Coaten der Käse erfolgt 2–5 Tage nach dem Salzen der Käse, damit die Käse vor dem Coaten gut abtrocknen können. Das Auftragen des Käsecoatings erfolgt am besten mit einer kleinen Malerrolle. Die Käse werden zuerst halbseitig gestrichen. Am nächsten Tag wird der Käse gewendet und die andere Seite behandelt. Der Vorgang wird nach 2–3 Wochen wiederholt. Die gecoateten Käse sind regelmäßig zu wenden.

Vorteile des Käsecoatings:
- Vereinfachung der Käsepflege.
- Käse ist besser gegen mechanische Beschädigung geschützt.
- Lange Reifung der Käse möglich mit optimaler Geschmacksentwicklung.

Bio-Tipp: Der Einsatz von Überzugsmassen (Coating und Paraffin) ist bei den Bioverbänden erlaubt.

Einige Bioverbände haben die Verwendung farbiger Überzugsmassen verboten.

Alle Bioverbände haben den Einsatz des Konservierungsmitels „Natamycin" in Überzugsmassen verboten.

www.biohandwerk.de

5.8 Verpacken des Käses

Das Ziel einer Käseverpackung ist es, den Käse vor äußerlichen Einflüssen zu schützen. Der Käse muss gegen mechanische Verformung, Wasser, Öl, Chemikalien, Licht und geruchsintensive Stoffe geschützt werden.

Die Verpackung sollte aber so konzipiert sein, dass der Käse weiter reifen kann. So wird sie einerseits Wasserdampf und Kohlendioxid nach außen, andererseits Sauerstoff nach innen durchlassen müssen.

Die Verpackung selbst sollte geruchs- und geschmacksneutral sein und keine chemische Reaktion mit dem Produkt aufweisen.

Die ökologische Bilanz von der Herstellung bis zum eventuellen Reinigen oder Recyceln bis hin zum Vernichten der Verpackung sollte in Betracht gezogen werden.

Die Verpackung ist Träger der gesetzlichen Kennzeichnung. Nicht zuletzt ist sie durch ihre Aufmachung und ihr Aussehen ein wichtiger Faktor für die Kaufentscheidung des Kunden.

Anforderung an eine Frischkäseverpackung: Der Frischkäse ist besonders gegen Verformung zu schützen. Die Verpackung muss wasserdicht sein sowie vor Fremdgeruch und vor Licht schützen. Frischkäse werden meistens in versiegelte Kunststoffbecher oder in Gläser verpackt. Käse, die unmittelbar verzehrt werden, können auch in Frischhaltefolie, Pergament- oder gewachstes Papier verpackt werden. Hier ist das Vakuumieren in Beuteln zur längeren Haltbarkeit zu empfehlen.

Anforderung an Schimmelkäseverpackung: Schimmelkäse werden in Folien eingepackt, die kohlendioxid- und sauerstoffdurchlässig sind. Dadurch kann der Schimmel weiter wachsen. Sie sollten nicht zu viel Wasserdampf entweichen lassen. Es werden meistens lackierte und perforierte Alufolien, manchmal in Verbindung mit Pergamentpapier, oder lackierte Zellglasfolien in Verbindung mit paraffiniertem Papier oder Pergamentpapier benutzt.

Anforderung an Schmierkäseverpackung: Schmierkäse brauchen mehr Sauerstoff als die Schimmelkäse. Die Schmiere sollte feucht bleiben. Häufig werden kaschierte Folien verwendet, innen Pergament, außen perforiertes Aluminium. Das Pergament nimmt die Feuchtigkeit des Käses auf, in den durch die Kaschierung und die Faltung entstandenen Zwischenräumen findet der Gasaustausch statt. Die Aluminiumfolie verhindert das Austrocknen der Käse. Vor dem Verpacken sollten die Weichkäse für ca. 1 h in den Kühlraum gebracht werden. So trocknet die Käseoberfläche leicht aus, es kann sich kein Kondenswasser unter dem Papier mehr ausbilden.

Anforderung an Verpackung für Käse ohne Rinde: Käse ohne Rinde werden mit Überzügen aus Paraffin oder Kunststoffdispersion beschichtet. Das Paraffin ist völlig wasserdampf- und gasundurchlässig. Paraffinierte Käse sollten deshalb höchstens einen Monat weiter gelagert werden.

Anforderung an Verpackung für Käse mit trockener Rinde: Schnitt- und Hartkäse mit trockener Rinde können auch ohne aufwendige Verpackung verkauft werden. Diese Käse können für eine optisch ansprechende Gestaltung und Produktkennzeichnung einen Käseaufleger aus dünnem Papier erhalten.

6 Die Qualitätssicherung

Eine erfolgversprechende Herstellung von Milchprodukten setzt einen bestimmten Qualitätsstandard voraus.

So müssen die hergestellten Milchprodukte
- den Kundenwünschen entsprechen (siehe Tabelle 6.1),
- gesundheitlich unbedenklich sein, damit der Hersteller seiner Produktverantwortung im Rahmen der Produkthaftung gerecht wird.
- die gesetzlichen Rahmenbedingungen einhalten.

Die Einhaltung dieser Grundsätze ist kein Selbstzweck sondern der Schlüssel für den wirtschaftlichen Erfolg eines Betriebes. Erreicht wird dies durch eine Summe an verschiedenen qualitätssichernden Maßnahmen.

Umsetzung in der Praxis: Eine effektive Qualitätssicherung schließt neben der Endkontrolle der Produkte vorbeugende Maßnahmen mit ein. Durch ein 3-gliedriges System (siehe Abbildung 6.1), sollen vor allem unerwünschte Mikroorganismen, aber auch Chemikalien und Fremdkörper weitgehend aus den Lebensmitteln ferngehalten werden.

Die Erstellung eines QS-Konzeptes gleicht deshalb einem Hürdenlauf. Ziel ist es, möglichst effektive Hürden aufzustellen, die ein Vordringen von unerwünschten Mikroorganismen und Fremdstoffen ins Endprodukt auf ein Mindestmaß verringern (siehe Abbildung 6.2).

Die Erstellung eines kompletten und zunächst vor allem auf theoretischem Fundament stehenden Konzepts ist nicht anwenderbezogen. Es entsteht ein hoher Dokumentationsaufwand, dem der entsprechende Nutzen fehlt. Dabei erfüllt eine zielgerichtete und gut strukturierte Dokumentation nicht nur die Vorstellungen der Veterinärbehörde, sie spart auch Arbeitszeit an anderer Stelle ein.

Einstieg in die Erstellung eines QS-Konzeptes: QS-Konzepte können nur in und mit der Praxis entwickelt werden. Dann besitzen sie die erforderliche Überzeugungskraft und finden Akzeptanz. Die nachfolgende Darstellung wählt daher ganz be-

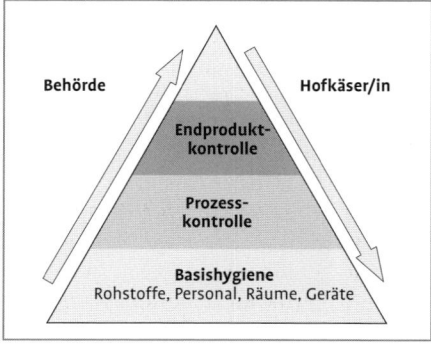

Abb. 6.1: Unterschiedliche Herangehensweise an die Erstellung eines Qualitätssicherungs-Konzeptes.

Tab. 6.1 Der Verbraucher entscheidet sich nach unterschiedlichen Wertmaßstäben für ein Lebensmittel	
1. Eignungswert/Gebrauchswert	Streichfähigkeit, Haltbarkeit, Schneidverhalten, Transportfähigkeit
2. Genusswert	Geschmack, Geruch, Konsistenz, Aussehen
3. Gesundheitswert	ohne gesundheitsschädigende Bestandteile, vollwertig, unbelastet
4. Sozialwert	Arbeitsumfeld, fairer Preis
5. Ökologischer Wert	umweltschonend

> **Kasten 6.1: Gute Gründe für eine Qualitätssicherung**
>
> Das Erfüllen von Kundenwünschen: Ziel einer qualitativ hochwertigen Produktion muss es sein, die Kundenwünsche zu erkennen, Wandlungen im Verhalten frühzeitig zu bemerken und seine Produktion an diese anzupassen. Dabei können sich die eigenen Qualitätsmaßstäbe durchaus von denen der Kunden erheblich unterscheiden. Mit dem Erkennen der Kundenwünsche ist der erste Schritt vollzogen. Das Sicherstellen dieser gewünschten Qualität ist der zweite und ungleich schwerere Schritt. Hier gilt es die Wertmaßstäbe möglichst oft zu erreichen. Gewisse Schwankungen bei der Produktqualität, die sich z. B. aus der Veränderung der Futtergrundlage übers Jahr ergeben, sind tolerabel und von einigen Kunden sogar gewünscht. Seinen Wiedererkennungswert darf das Produkt jedoch nicht verlieren.
>
> Die Produkthaftung: Jeder Betrieb haftet außerdem persönlich für seine Produkte. Dies gilt selbstverständlich auch, wenn durch ein Produkt die Gesundheit eines Kunden aufgrund mikrobiologischer, physikalischer oder chemischer Verunreinigungen geschädigt wurde. Geeignete Maßnahmen zur Qualitätssicherung müssen das Risiko auf ein Minimum beschränken. Auch Vorkommnisse, die nur zu leichten Beeinträchtigungen der Gesundheit führen (Durchfall, Erbrechen), können sich enorm rufschädigend auswirken und sind eine ernstzunehmende wirtschaftliche Bedrohung.
>
> Die gesetzlichen Rahmenbedingungen: In zahlreichen Gesetzen wird auf die Notwendigkeit der Qualitätssicherung hingewiesen. Der Gesetzgeber legt das Hauptaugenmerk auf den Verbraucherschutz. Die einschlägigen Gesetze enthalten diverse mikrobiologische Kriterien, die ein Milchprodukt einzuhalten hat. Die übrigen Wertmerkmale bleiben vom Gesetzgeber weitgehend unberücksichtigt. Wer die gesetzlichen Kriterien nicht einhält, kann seine Produkte nicht vermarkten. Bis zur Wiederherstellung einer einwandfreien Produktion können solche Betriebe gesperrt werden, was zu erheblichen Verlusten führen kann.

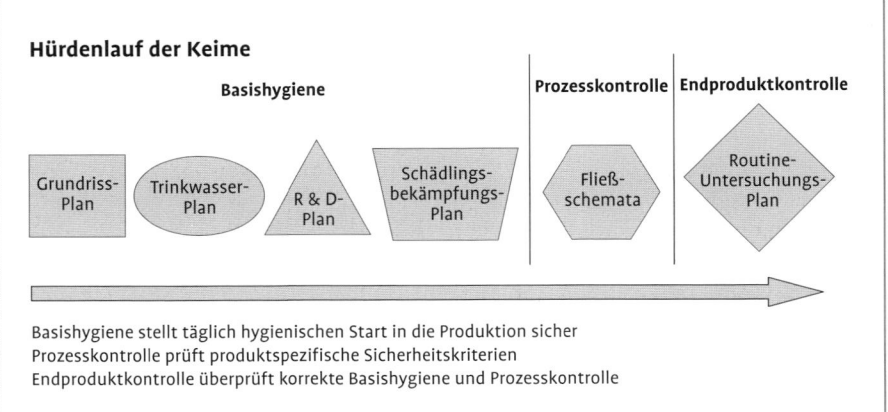

Abb. 6.2: Hygienemaßnahmen erweisen sich als Hürden für Schadkeime.

wusst den Einstieg über die Endproduktkontrolle. Die Sensibilität für die Bedeutung einer effektiven Qualitätssicherung ist an diesem Punkt am größten, da sich Produktfehler direkt auf den Vermarktungserfolg auswirken. Jede Hofkäserei ist bestrebt, Fehler im Endprodukt umgehend zu beheben. Hofkäsereien, die bereits Probleme mit einem Endprodukt gehabt haben, kennen die Prozesse, die dann durchgespielt werden. Der Nachuntersuchung des beanstandeten Produktes folgt die Ursachenforschung im Herstellungsprozess. Wer im Herstellungsprozess keine Anhaltspunkte findet, überprüft die Basishygiene. Rohstoffe werden kontrolliert, die Reinigung und Desinfektion durchleuchtet, mögliche Infektionsquellen gesucht. Jede Hofkäserei vollzieht dabei exakt die Schritte, die bei der Erstellung eines QS-Konzeptes erforderlich sind.

6.1 Endproduktkontrolle

Jedem Produkt liegt ein Rezept zu Grunde. Durch die Festlegung verschiedener Parameter, wie z. B. Bruchgröße, Einlabtemperatur, Nachwärmtemperatur und Reifungsverfahren, bleibt es nicht dem Zufall überlassen, welcher Käse hergestellt wird. Im Rahmen der Endproduktkontrolle werden die gewünschten Eigenschaften mit dem tatsächlichen Ergebnis verglichen.

6.1.1 Sensorische Prüfung

Die Prüfung des Käses mit den uns zur Verfügung stehenden Sinnen (Sehen, Riechen, Schmecken, Fühlen) ist eine sehr effektive, kostengünstige und jederzeit durchführbare Methode.

Im Übrigen unterzieht auch jeder Kunde den Käse einer subjektiven sensorischen Prüfung. Er entscheidet, ob ihm der Käse optisch zusagt, gut schmeckt und riecht. Allerdings setzt das Erkennen unerwünschter sensorischer Abweichungen viel Erfahrung voraus. Diese bekommt man jedoch nur durch regelmäßiges Training. Eine sensorische Prüfung jeder Käsecharge ist daher kein Luxus, sondern ein unbedingt notwendiges Training der eigenen Sinne.

Das frühzeitige Erkennen von Abweichungen ermöglicht ein Gegensteuern in der Produktion, damit grobe Käsefehler erst gar nicht auftreten. Jede Käsecharge sollte bei der sensorischen Prüfung auf die nachfolgenden Kriterien überprüft werden:
1. Geruch.
2. Flavour (Geschmack und Aromen).
3. Textur des Teiges im Mund.
4. Aussehen Äußeres.

Unerwünschte Abweichungen sollten im Käseprotokoll der entsprechenden Charge dokumentiert werden. Anschließend beginnt die Ursachenforschung. Jede Abweichung hat einen oder mehrere Gründe, die im Herstellungsprozess oder bereits bei der Basishygiene zu suchen sind. Abbildung 6.3 listet zahlreiche Käsefehler auf und ordnet sie den verschiedenen Stufen im Herstellungsprozess zu. Mit zunehmender Erfahrung wird jeder Käser für seine Käse eine solche Übersicht erstellen können.

6.1.2 Mikrobiologische Prüfung

Mikrobiologische Kontrollen erfolgen stichprobenartig und sollen den einwandfreien Prozessablauf bestätigen.

Für Rohmilch und Milchprodukte gelten umfassende mikrobiologische Normen.

Dabei unterscheidet der Gesetzgeber drei Gruppen:
- Lebensmittelsicherheitskriterien
  Grenzwertüberschreitungen bei *Listeria monocytogenes*, Salmonellen und Staphylokokken-Enterotoxin können zu einer Gefährdung des Verbrauchers führen.
- Prozesshygienekriterien
  Grenzwertüberschreitungen bei *Enterobacteriaceaen*, *Escherichia coli* und Koagulasepositive Staphylokokken *(Staphy-*

Kasten 6.2: Wesentliche Merkmale des RUP
- Vierteljährliche Kontrolle der Hygienekeime.
- Vierteljährliches Listerienmonitoring bei rotgeschmierten Käsen. 4-mal/Jahr wird das Schmierwasser aller geschmierten Käse untersucht. Mit einer Untersuchung erhält man eine Aussage über den ganzen Lagerbestand.
- Jährliche Kontrolle der pathogenen Keime.
- Untersuchungsbefunde weisen auf Überschreitungen des Grenzwertes „M" hin.
- Ein Aufruf zur Nachuntersuchung (Verfolgsprobe) weiterer Chargen erfolgt bei Grenzwertüberschreitungen automatisch.
- Gemeinsame Untersuchungen reduzieren die Untersuchungskosten, da sie eine Rabattregelung bei den Untersuchungskosten ermöglichen.
- Beratung bei Grenzwertüberschreitungen durch die Untersuchungslabore und den VHM.

Abb. 6.3: Ursachen für Fehler in der Herstellung von Schnittkäse und ihre sensorischen Merkmale im Endprodukt (nach Ryffel 2003).

Abkürzungen:
A = Aussehen
T = Textur
G = Geruch
F = Flavour (Grundgeschmack und Aromen)

6.3 Ursachen für Fehler in der Herstellung von Schnittkäse und ihre sensorischen Merkmale im Endprodukt

Rohmilch

- A – **Blastbildung; gebläht, aufgetriebener Käse:** Kontamination der Milch (ZICKRICK; in WEBER, 1996; S. 327ff)
- A – **Triebig, nißlig, schwammig (Frühblähung):** Laktosevergärende Mikroorganismen (HALTENBERGER 1965)
- A – **Triebig, wabig, rissig (Spätblähung):** Buttersäurebakterien (Clostridien) (KAMMERLEHNER, 1988)
- A – **Vielsatz:** mechanische Belastung der Milch (Lufteinschlüsse) (BEERLI, 2001)
- T – **Harter, zäher, fester Teig:** niedriger Fettgehalt (SCHÄR et al; 1994)
- G – **Sauer, essigsauer:** Kontamination durch Essigsäurebildner (KAMMERLEHNER 1988)
- G + F – **Futtrig:** Absorbtion der Milch von Geruchs- oder Geschmacksstoffen; Pseudomonaden (KAMMERLEHNER 1988)
- G + F – **Fremdgeruch; -aroma:** Absorbtion der Milch von Geruchs- oder Aromastoffen (KAMMERLEHNER 1988)
- F – **Ranzig:** freie Fettsäuren, starke mechanische Belastung (AMREIN, 2003)
- F – **Ranzig:** Stoffwechselprodukte der Pseudomonaden (KAMMERLEHNER, 1988)
- F – **Stinkig, Faulig:** Fremdkeime (z.B. Clostridien, E.coli) (KAMMERLEHNER, 1988)
- F – **Süßlich:** Buttersäurebakterien (HALTENBERGER, 1965) Propionsäurebakterien (KAMMERLEHNER, 1988)

Kulturzugabe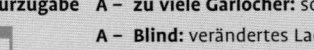

- A – **zu viele Gärlöcher:** schwache, schlechte Kultur (KAMMERLEHNER, 1988)
- A – **Blind:** verändertes Lactobazillen-kokken-Verhältnis (BEERLI)
- T – **Kurzer Teig:** Säuerung zu stark (SCHÄR et al, 1994)
- F – **Stinkig, Faulig:** schlechte und/oder kontaminierte Kultur (KAMMERLEHNER 1988)
- F – **Süßlich:** schlechte und/oder kontaminierte Kultur (KAMMERLEHNER 1988)
- F – **Leer; fade:** geringe Aktivität der Kultur (KAMMERLEHNER, 1988)

Labzugabe

- A – **Marmoriert, weißfleckiger Teig:** ungleichmäßige Verteilung der Koagulantien (KAMMERLEHNER, 1988)
- F – **Bitter:** Überdosierung des Labs (KAMMERLEHNER, 1988)

Bruchschneiden/ Vorkäsen

- A – **Marmoriert, weißfleckiger Teig:** unterschiedliche Teilchengröße (HALTENBERGER; 1965)
- A – **Ungleichmäßige Lochung:** unterschiedliche Teilchengröße (SPREER, 1988)
- F – **Bitter:** zu spätes Schneiden; grober Bruch (LIEBERMANN, 2002)
- F – **Zu sauer; molkensauer:** unzureichendes Bruchschneiden (SPREER, 1988)

Bruchwaschen/ Nachwärmen

- A – **Marmoriert, weißfleckiger Teig:** zu schnelles Erwärmen (KAMMERLEHNER, 1988)
- T – **Kurzer Teig:** unzureichendes Bruchwaschen (KAMMERLEHNER, 1988)
- F – **Bitter:** zu schnelles Nachwärmen, hautiger Bruch (LIEBERMANN, 2002)
- F – **Zu sauer; molkensauer:** unzureichendes Bruchwaschen; niedrige Nachwärmtemperatur (KRISTENSEN, zitiert 2000)
- F – **Leer; fade:** zu starkes Wässern, hohe Nachwärmtemperatur (KAMMERLEHNER, 1988)

6.3 Ursachen für Fehler in der Herstellung von Schnittkäse und ihre sensorischen Merkmale im Endprodukt

Ausrühren
- A – **Marmoriert, weißfleckiger Teig:** Klumpenbildung durch schlechtes Rühren (KAMMERLEHNER, 1988)
- F – **Leer; fade:** intensives Auskäsen (KAMMERLEHNER, 1988)

Verschöpfen/ Abfüllen
- A – **Ungleichmäßige Form:** unsachgemäßes Verschöpfen (HALTENBERGER, 1965)
- A – **Bruchlochung (zu viel oder zu wenig):** unsachgemäßes Verschöpfen (KAMMERLEHNER, 1988)
- A – **Narbig; Rauhe Oberfläche:** zu spätes Verschöpfen (KAMMERLEHNER, 1988)
- A – **Ungleichmäßige Lochung:** Lufteinschlüsse oder Erkalten (KAMMERLEHNER, 1988)

Wenden/ Pressen
- A – **Ungleichmäßige Form:** unsachgemäßes Wenden (HALTENBERGER, 1965)
- A – **Schmierig, klebrige Rinde:** Abkühlen im Randbereich, Restzucker (WYDER et al, 2000)
- A – **Narbig; Rauhe Oberfläche:** Zu spätes Wenden (KAMMERLEHNER, 1988)
- A – **Ungleichmäßige Lochung:** Sparsames Wenden (SPREER, 1988)
- T – **Kurzer Teig:** zu langes, warmes Abtropfen (SCHÄR et al, 1994)
- F – **Bitter:** zu schnelles Pressen, Randbereich verschlossen (LIEBERMANN, 2002)
- F – **Süßlich:** zu warmer Abtropfbereich (KAMMERLEHNER, 1988)

Salzen
- T – **Harter, zäher, fester Teig:** zu hoher Salzgehalt (SCHÄR et al, 1994)
- F – **Zu salzig; salzscharf:** zu früh, zu lang, Salzbad zu konzentriert (SPREER, 1988)
- F – **Bitter:** zu frühes, zu starkes Salzen (LIEBERMANN; 2002; KAMMERLEHNER, 1988)
- F – **Leer; fade:** geringes Salzen (KAMMERLEHNER, 1988)

Reifung
- A – **Krötenhaut; Runzelig; Schrumpfig:** Feuchtigkeitsunterschied zwischen Käserinde und Keller (KAMMERLEHNER, 1988)
- A – **Fremdschimmel; insbesondere Schwarzschimmel:** zu kalt/trocken; zuwenig Pflege (FRITSCHI, 2001)
- A – **Schmierig, klebrige Rinde:** Zu feuchter Keller (WYDER et al, 2000)
- A – **zu kleine oder zu große Gärlöcher:** Keller zu kalt zu warm (HUG, 2000)
- T – **Harter, zäher, fester Teig:** Keller zu trocken (SCHÄR et al, 1994)
- F – **Dumpf, muffig:** feucht-warme Keller, unsaubere Pflege (HALTENBERGER, 1965)
- F – **Fremdgeruch; -aroma:** Absorbtion oder Bildung des Käse von fremden Aromastoffen (KAMMERLEHNER, 1988)
- F – **Zu salzig; salzscharf:** zu häufiges Nachsalzen (KAMMERLEHNER, 1988)
- F – **Süßlich:** zu warmer Reifebereich (KAMMERLEHNER, 1988)

Quelle: Stephan Ryffel, 2003.

Tab. 6.2 Beispielhafte Untersuchungsintervalle des RUP für einen Schnittkäse (Rotschmierer) aus Rohmilch

Proben	Untersuchungsparameter	Untersuchungen pro Jahr	Grenzwert der VO (EG) Nr. 2073/2005	Richtwert des VHM
Käse	Escherichia coli	4	< 100.000/g	
	Staphylococcus aureus	4	< 100.000	
	Listeria monocytogenes	1	nicht nachweisbar in 25 g	
	Salmonellen	1	nicht nachweisbar in 25 g	
Schmierwasser	Listeria monocytogenes	4		nicht nachweisbar in 1 ml
Rohmilch	Escherichia coli	4		< 10/ml
	Staphylococcus aureus	4		< 100/ml

lococcus aureus) weisen auf einen Hygienemangel in der Milcherzeugung oder Produkion hin.
- Kriterien für Rohmilch
Grenzwertüberschreitungen bei Keimzahl und Somatischen Zellen weisen auf einen Hygienemangel in der Milcherzeugung oder mangelhafte Tiergesundheit hin.

Die gesetzlichen Grenzwerte für Milchprodukte sind produktspezifisch festgelegt worden und können Tabelle 6.2 entnommen werden.

Alle Milchprodukte müssen, unabhängig davon, wo sie hergestellt und verkauft werden, regelmäßig auf diese mikrobiologischen Kriterien (*Escherichia coli*, *Staphylococcus aureus*, *Listeria monocytogenes*, Salmonellen) untersucht werden.

Ein für handwerkliche Käsereien praktikables Untersuchungsprogramm hat der VHM in Zusammenarbeit mit vier regionalen Untersuchungslaboren ins Leben gerufen (siehe Kasten 6.2). Vierteljährlich werden die zu untersuchenden Produkte durch das Labor abgerufen und entsprechend den Vorgaben der VO (EG) Nr. 2073/2005 untersucht (siehe Tabelle 6.2). Nach den Untersuchungen erhalten die Betriebe einen Untersuchungsbefund, der ihnen eine mikrobiologische Einschätzung ihrer Produkte ermöglicht.

Sollte es bei einem Produkt zu einer Überschreitung des Grenzwertes kommen, so sind diese Produkte umgehend vom Markt zu nehmen. Danach beginnt die eigentliche Arbeit – die Ursachenforschung.

Dabei sollte möglichst folgende Reihenfolge eingehalten werden, um eine Fehlerquelle nach der anderen ausschließen zu können:

6.1.3 Vorgehensweise bei der Fehlersuche

Nachuntersuchung der betroffenen Charge: Jede mikrobiologische Untersuchung birgt Fehlerquellen. Deshalb ist eine Nachuntersuchung der betroffenen Charge die erste Maßnahme. Bestätigt die Nachuntersuchung den Anfangsverdacht, ist das Ausmaß der mikrobiologischen Belastung zu überprüfen.

Untersuchung weiterer Chargen: Dazu werden Chargen des gleichen Produktes, die davor und danach hergestellt worden sind, untersucht. Werden auch hier Grenzwertüberschreitungen festgestellt, ist der Herstellungsprozess offensichtlich aus dem Ruder gelaufen.

Überprüfung des Herstellungsprozesses: Folgerichtig ist die Prozesskontrolle auf den Prüfstand zu stellen, da sie es offensichtlich nicht vermochte, die Grenzwertüberschreitung zu verhindern.

Überprüfung der Basishygiene (insbesondere Rohstoffkontrolle, Reinigung und Desinfektion): In Abhängigkeit von den Keimgruppen, die zur Grenzwertüberschreitung geführt haben, ist die gesamte Basishygiene zu überprüfen.

Erneute Untersuchung einiger Chargen: Erneute Untersuchungen müssen zeigen, ob Änderungsmaßnahmen bei der Basishygiene und der Prozesskontrolle, die Grenzwertüberschreitungen behoben haben.

Stufenkontrolle des Herstellungsprozesses: Treten nach wie vor Grenzwertüberschreitungen auf, muss der gesamte Herstellungsprozess durchleuchtet werden. Bei einer Stufenkontrolle werden im Laufe des Herstellungsprozesses zahlreiche Proben (Milch, Bruch-Molke-Gemisch, Bruch, Rohkäse) entnommen. Anhand der Untersuchungsergebnisse lassen sich Infektionsquellen eingrenzen und aufspüren.

6.2 Prozesskontrolle

Wer bei einer Endproduktkontrolle Produktmängel feststellt, wird bei der Ursachenforschung schnell beim Herstellungsprozess landen. Jedem Produkt liegt ein Rezept zu Grunde, welches den Herstellungsprozess eines Produktes genau beschreibt (siehe Abbildung 6.4 und Kapitel 8, Käserezepte). Der Käser wird die Milch entsprechend vorbereiten, bei bestimmten Temperaturen einlaben, den Bruch in entsprechender Größe zubereiten und bestimmte Zeiten bis zum Verschöpfen beachten. Nur wenn er diese vom Rezept vorgegebenen Richtwerte einhält, wird er das gewünschte Produkt mit seinen spezifischen Eigenschaften, wie Geschmack, Aussehen, Festigkeit usw. erhalten. Für die Einhaltung der Richtwerte bedient er sich einfacher Kontrollmethoden, wie z. B. Temperatur- und Säuremessung oder Griffprobe. Der korrekte Verlauf der Produktion wird überprüft und das Endprodukt nicht dem Zufall überlassen.

Für Betriebe, die bereits diese Form der Prozesskontrolle erfolgreich praktizieren, ist es ein kleiner Schritt, auch weitere für die Gesundheit des Verbrauchers relevante Maßnahmen bei der Herstellung zu überwachen.

Nicht die Charaktereigenschaften des Käses stehen dann im Vordergrund. Sicherheitsrelevante Maßnahmen sollen die Zahl unerwünschter Mikroorganismen reduzieren bzw. diese an ihrer Vermehrung hindern.

Diese systematische Prozesskontrolle ist besser bekannt unter dem englischen Begriff HACCP. HACCP steht für **H**azard **A**nalysis (Gefahrenanalyse) and **C**ritical **C**ontrol **P**oints (Kritische Kontrollpunkte). Die zwei Begriffe sind die beiden Hauptmerkmale eines weltweit angewandten Verfahrens zur systematischen Prozesskontrolle. Die zentralen Fragestellungen sind:
- Welche Gesundheitsgefährdungen sind bei dem herzustellenden Produkt denkbar?
- Wie können diese Gesundheitsgefährdungen am besten verhindert werden?

6.2.1 Vorgehensweise bei der Erstellung eines HACCP-Konzeptes

Gefahrenermittlung und -bewertung: Bei der Herstellung von Milchprodukten können aus den verschiedensten Gründen unerwünschte Fremdstoffe in das Endprodukt gelangen. Krankheitserreger (z. B. *Listeria monocytogens*) sind genauso unerwünscht, wie gefährliche Fremdkörper (z. B. Glassplitter) oder chemische Verunreinigung (z. B. Reinigungsmittelrückstände). Tabelle 6.3 listet die für Milchprodukte verbreiteten Gesundheitsgefahren auf.

Abb. 6.4: Das Käsereiprotokoll dokumentiert Abweichungen von der Ausgangsrezeptur. Die Legende auf Seite 108 erläutert sicherheitsrelevante Prozessschritte eines HACCP-Konzeptes sowie Prozessschritte, die für die Rückverfolgbarkeit von Produkt und Zutaten von Bedeutung sind.

Käserei-Protokoll

Sorte: Bergkäse   **Herstellungsdatum:** 13. 08. 2005 A

Uhrzeit	Verfahrensschritt	Parameter	Ziel-Wert	Korrektur-Wert	CP
	Milchlagerung	Milchart	Kuhmilch		Ⓑ
		Milchalter	12 h und 0 h		
		Lagertemperatur	6–10 °C		①
	Milchbehandlung	Pasteurisierung	nein		
		Fettgehalt	naturbelassen		
0 min	Kulturzugabe	Kulturart	Sirtenkultur		
		Chargennummer	KUL-130505		Ⓒ
		Datum Erstansatz	12. 06.		
		Alter der Kultur (Herstellungdatum)	vom Vortag		
		Säuregrad/Kultur	25–32° SH		②
		Kulturmenge	0,3 %		
		Vorschütttemperatur	25 °C		
40 min	Dicklegen der Milch	Labart	Kälbermagenlab 95 % Chymosin 5 % Pepsin		
		Chargennummer	LAB-120205		Ⓒ
		Labstärke	1:20.000		
		Labmenge pro 100 l	12 ml		
		Einlabtemperatur	31,5 °C		
		Säuregrad beim Einlaben	keine Messung		
		Gerinnungsdauer	30 min		
75 min	Schneiden	Dickungszeit	5 Min		
		Bruchgröße	5 mm		
		Säuregrad nach dem Schneiden	keine Messung		
1 h 20 min	Rühren	Durchgehend um den Bruch in der Schwebe zu halten			
1 h 45 min	Nachwärmen durch Heizung	Nachwärmtemperatur	40 °C		
2 h 05 min	Nachwärmen durch Wasserzugabe	Nachwärmtemperatur	44 °C		
		Wasserzugabe	+10 %		
		Wassertemperatur	70 °C		③
		Molkenabzug	nein		
2 h 10 min	Nachwärmen durch Heizung	Nachwärmtemperatur	47 °C		
2 h 12 min	Abkühlen Heizungswasser ablassen	Abkühltemperatur	45 °C		
2 h 22 min	Ausrühren	Ausrührtemperatur	45 °C		
2 h 32 min	Abfüllen in Vorpresskasten	Molkenabzug vor dem Abfüllen	50 %		

Sorte: Bergkäse **Herstellungsdatum:** 13. 08. 2005 A

Uhrzeit	Verfahrensschritt	Parameter	Ziel-Wert	Korrektur-Wert	CP
2 h 42 min	Schneiden & Abfüllen in Formen	Formenart	Reifen ohne Boden		
		Formengröße	∅ 27,5 cm		
		Raumtemperatur	22 °C		
2 h 45 min	Pressen	Pressdruck	50 kg / qcm		
3 h 05 min	Wenden	1. Wenden	nach 20 min		
		Pressdruck	90 kg / qcm		
5 h 05 min		Säuregrad im Käse nach 2 h	< 5,9 pH		④
		2. Wenden	nach 8 h		
		Pressdruck	90 kg / qcm		
		Säuregrad im Käse nach 8 h	< 5,2 pH		⑤
		Temperatur im Käse nach 8 h	> 33 °C		⑥
nach 1 Tag	Ausformen	Pressdauer	20 Stunden		
		Säuregrad im Käse vor dem Salzbad	ca. 5,15 pH		
	Salzen	Art des Salzen	Salzbad		
		Chargennummer	SAL-121004		©
		Dauer	24 h		
		Temperatur	12 °C		
		Konzentration	22° Be		
nach 2 Tagen	Reifen	Temperatur	12–13 °C		
		Relative Luftfeuchte	85–90 %		
		Reifedauer	4 Monate		
		mit salziger Rotschmierlösung schmieren	täglich		
		Chargennummer	BL-270305		©
nach 16 Tagen		mit salziger Rotschmierlösung schmieren	alle 2 Tage		
nach 4 Monaten	Verpacken	Ausbeute	9,5 %		
nach 4 Monaten	Sensorische Endproduktkontrolle	Aussehen	betriebsindividuell		
		Textur (Teigbeschaffenheit)	betriebsindividuell		
		Geruch	betriebsindividuell		
		Flavour (Geschmack, Aromen)	betriebsindividuell		

Mit der Unterschrift wird das Erreichen der entsprechenden Zielwerte sowie die Richtigkeit der entsprechenden Korrekturwerte bestätigt.

Unterschrift:

Legende zu Käsereiprotokoll Seite 106 / 107

Rückverfolgbarkeit

Ⓐ Produktname und Herstellungsdatum
alternative Angaben sind:
- Produktname und Mindesthaltbarkeitsdatum
- Chargennummer

Produktname und Herstellungsdatum lassen bei der Herstellung von einer Charge pro Tag eine eindeutige Zuordnung des Käsereiprotokolls zu der entsprechenden Charge zu. Eine Chargennummer ist nicht erforderlich.

Ⓑ Milchalter

Durch die Angabe des Milchalters ist die Milchlieferung aus dem eigenen Stall rückverfolgbar und kann mit Aufzeichnungen aus dem Stallbuch (z.B. Antibiotikaeinsatz) abgeglichen werden.

Ⓒ Chargennummer bei Zutaten
alternative Angaben sind:
- Produktname und Lieferdatum

Lab, Kulturen, Salz und ggf. Kräuter und Gewürze werden von dem Lieferanten meistens mit Chargennummern versehen. Wenn diese Chargennummern in das Käsereiprotokoll eingetragen werden, ist der entsprechende Lieferant über ein Lieferantenverzeichnis schnell ausfindig zu machen.

Prozesskontrolle

CP	Verfahrensschritt	Parameter	Anforderungen	Lenkungsmaßnahme
①	Milchlagerung	Lagertemperatur	Die Lagertemperatur darf 10 °C nicht überschreiten, da sonst das Wachstum von Mikroorganismen begünstigt wird.	Die Milch wird vor der Verarbeitung pasteurisiert. oder Charge markieren und vor dem Verkauf Endproduktkontrolle durchführen.
②	Kulturzugabe	Säuregrad der Kultur	Die Kultur sollte mindestens einen Säuregrad von 25° SH erreichen. Kulturen mit geringerem SH sind möglicherweise nicht ausreichend aktiv und führen zu einer mangelhaften Säuerung.	Kultur durch eine aktivere Kultur ersetzen, ggf. Direktstarter einsetzen. Wird die säureschwache Kultur eingesetzt, ist der Säuerungsverlauf zu beobachten. Bei mangelhafter Säuerung ist die Charge zu markieren und vor dem Verkauf eine Endproduktkontrolle durchzuführen.
③	Nachwärmen	Wassertemperatur	Die Wassertemperatur darf 70 °C nicht übersteigen, da sonst die Gefahr besteht, die Kulturstämme abzutöten.	Wassertemperatur senken und den Säuerungsverlauf beobachten. Bei mangelhafter Säuerung ist die Charge zu markieren und vor dem Verkauf eine Endproduktkontrolle durchzuführen.
④ und ⑤	Wenden	Säuregrad im Käse	Der Säuregrad soll nach 2 Stunden unter 5,9 pH bzw. nach 8 Stunden unter 5,2 pH gesunken sein. Säuerungsverzögerungen können einer Vermehrung unerwünschter Mikroorganismen Vorschub leisten.	Bei mangelhafter Säuerung ist die Charge zu markieren und vor dem Verkauf eine Endproduktkontrolle durchzuführen.
⑥	Wenden	Temperatur im Käse	Die Temperatur soll nach 8 Stunden nicht unter 33°C gesunken sein. Niedrigere Temperaturen können zu Säuerungsverzögerungen und somit zu einer Vermehrung unerwünschter Mikroorganismen führen.	Bei mangelhafter Säuerung (siehe CP 4 und 5) ist die Charge zu markieren und vor dem Verkauf eine Endproduktkontrolle durchzuführen.

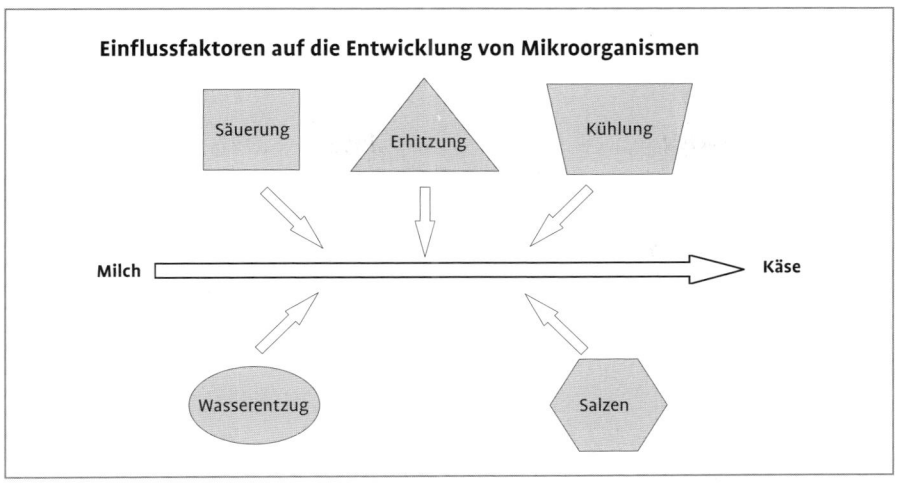

Abb. 6.5: Sicherheitsrelevante Maßnahmen im Rahmen der Käseherstellung.

Tab. 6.3 Potentielle Gesundheitsgefahren bei Milchprodukten

Bezeichnung der Gesundheitsgefahren	Häufigkeit	Auswirkungen
chemisch		
Schwermetalle, Quecksilber	fast nie	schwere Erkrankung
Pestizide, PCB's	fast nie	mittlere Erkrankung
Antibiotika	ziemlich oft	mittlere Erkrankung
Reinigungs- und Entkeimungsmittel	fast nie	leichte Erkrankung
Rückstände von Farbanstrichen	fast nie	leichte Erkrankung
Rückstände von Entwesungsmitteln	fast nie	mittlere Erkrankung
Schmiermittel	selten	leichte Erkrankung
Laborchemikalien	fast nie	leichte Erkrankung
mikrobiologisch		
Listeria monocytogenes	selten	schwere Erkrankung
Salmonellen und andere Enterobacteriaceen	ziemlich oft	mittlere Erkrankung
Mykobakterien, Brucellen	fast nie	schwere Erkrankung
Viren	fast nie	mittlere Erkrankung
Hefen	selten	keine
Staphylococcus aureus	oft	mittlere Erkrankung
Mykotoxine	fast nie	mittlere Erkrankung
Biogene Amine	selten	leichte Erkrankung
Somatische Zellen	oft	keine
biologisch		
Insekten	ziemlich oft	leichte Erkrankung
Nager	fast nie	schwere Erkrankung
Haustiere	fast nie	mittlere Erkrankung
physikalisch		
Erde, Dung	selten	mittlere Erkrankung
Glassplitter	fast nie	schwere Erkrankung

Nicht jede Gefahr trifft auf alle Milchprodukte zu. Glassplitter werden vor allem bei in Glas verpackten Produkten eine Rolle spielen. Ob Krankheitserreger ins Produkt gelangen und sich dort vermehren können, ist wegen der unterschiedlichen Herstellungsprozesse stark produktabhängig.

Eine Gefahrenanalyse hat deshalb die Aufgabe, Gesundheitsgefahren für ein bestimmtes Produkt zu benennen und zu bewerten. Für die Praxis bedeutet dies, dass vor allem Gefahren mit gravierenden Auswirkungen auf die Gesundheit des Konsumenten für die Prozesskontrolle berücksichtigt werden.

Tab. 6.4 Beispiele für Lenkungspunkte (CP) und Kritische Lenkungspunkte (CCP)

Verfahrensschritt	CP/CCP	Zielwert[1]	Prüfverfahren	Gegenmaßnahmen, wenn Zielwert nicht erreicht wird
Milchlagerung	Kühlung	max. 12 h bei 10 °C	Temperaturmessung	Milch vor der Verarbeitung pasteurisieren oder Charge markieren und vor Verkauf mikrobiologische Endproduktkontrolle durchführen
Milchbehandlung	Pasteurisierung	62–65 °C für 30–32 min	Temperaturmessung	Milch ein 2. Mal pasteurisieren
Kulturzugabe	Sensorik	kulturtypisch	sensorische Prüfung	Kultur verwerfen und neue Kultur einsetzen
Abtropfen	Raumtemperatur	> 20 °C	Temperaturmessung	Raumtemperatur anheben und Säuerung des Käses kontrollieren
Abtropfen	Säuerung	nach 2 h pH < 6,0	pH-Messung	Charge markieren und vor Verkauf eine mikrobiologische Endproduktkontrolle durchführen
Abtropfen	Säuerung	nach 7 h pH < 5,0	pH-Messung	Charge markieren und vor dem Verkauf eine mikrobiologische Endproduktkontrolle durchführen
Verpackung	Kühlung	< 8 °C	Temperaturmessung	Charge markieren und vor dem Verkauf eine Endproduktkontrolle durchführen
Endproduktkontrolle	Sensorik	keine atypischen Abweichungen	sensorische Prüfung	Charge markieren und vor dem Verkauf eine mikrobiologische Endproduktkontrolle durchführen

[1] Die Zielwerte sind Beispiele. Die produktspezifischen Zielwerte können den Käserezepturen in Kapitel 8 entnommen werden.

Tab. 6.5 Kriterien für zwei kritische Lenkungspunkte (CCP)

	Beispiel 1	Beispiel 2
1. Die festgestellte Gefahr ist durch einen Prozessschritt steuerbar.	Pasteurisierung tötet die Keime ab.	Säuerung unterbindet die Keimvermehrung.
2. Die Ausschaltung der Gefahr ist überprüfbar.	Messung der Pasteurisierungstemperatur.	Messung des pH-Wertes.
3. Korrekturmaßnahmen zur Wiederherstellung eines sicheren Produktes sind möglich.	Wurde die Pasteurisierungstemperatur nicht erreicht, wird die Milch nochmals pasteurisiert.	Wird der pH-Wert nach einer festgelegten Zeit nicht erreicht, ist die Charge zu kennzeichnen und vor Inverkehrbringen zu untersuchen bzw. die ganze Charge zu verwerfen.

Auch die Häufigkeit der Gesundheitsgefahr ist in diese Überlegung einzubeziehen.

Es ist verständlich, dass vor allem bei den mikrobiologischen Gefahren diese Bewertung nur von wissenschaftlichen Stellen, die über ausreichend Forschungsergebnisse bzw. Erfahrungswerte verfügen, durchgeführt werden können.

Dementsprechend hat der Gesetzgeber bei relevanten Gesundheitsrisiken mikrobiologische Kriterien festgelegt. Außerdem haben verschiedene Verbände Leitlinien zur Guten Herstellungs-Praxis erstellt, denen man die zu beachtenden mikrobiologischen Kriterien entnehmen kann.

Festlegung von Steuerungspunkten (CP) und Maßnahmen zu ihrer Beherrschung: Nachdem im 1. Schritt die zu überwachenden Gesundheitsgefahren benannt wurden, muss die Käserei nun schlüssig darlegen, mit welchen Maßnahmen die verschiedenen Gesundheitsgefahren im Laufe des Herstellungsprozesses vermieden werden können. Dieser 2. Schritt bei der Erstellung einer Prozesskontrolle gliedert sich in mehrere Unterpunkte.

Nicht alle ermittelten Gesundheitsgefahren sind durch prozessbezogene Maßnahmen auszuschalten. Deshalb müssen die Gesundheitsgefahren zunächst in zwei Gruppen eingeteilt werden.

Zu unterscheiden sind:
- Gesundheitsgefahren, die durch prozessbezogene Maßnahmen beeinflusst werden können,
- Gesundheitsgefahren, die präventiv durch allgemeine Hygienemaßnahmen vermieden werden können.

Prozessbezogene Maßnahmen zielen vor allem auf eine Abtötung oder Reduzierung unerwünschter Mikroorganismen ab. So tötet die Pasteurisierung die meisten Keime sicher ab, eine starke Säuerung verhindert eine weitere Entwicklung der Keime. Prozessbezogene Maßnahmen greifen somit steuernd in den Herstellungsprozess ein (siehe Abbildung 6.5).

Allgemeine Hygienemaßnahmen sollen vor allem den Eintrag (Kontamination) von unerwünschten Mikroorganismen sowie chemische und physikalische Verunreinigungen verhindern. Diese Maßnahmen sind dem eigentlichen Herstellungsprozess vorangestellt und sind deshalb nicht Bestandteil der Prozesskontrolle. Allgemeine Hygienemaßnahmen werden im nachfolgenden Kapitel „Basishygiene" dargestellt.

Bestimmung von kritischen Steuerungspunkten: Im Rahmen des Herstellungsprozesses ergreift jeder Käser eine Vielzahl von Steuerungsmaßnahmen, um sein gewünschtes Produkt zu erzielen. Prozessschritte, an denen durch Steuerungsmaßnahmen die Gesundheitsgefahr auf ein minimales Restrisiko reduziert werden kann, bezeichnet man als CP (Control Point). Dabei bedeutet das englische „to control" nicht kontrollieren sondern steuern bzw. lenken. Kann die Steuerungsmaßnahme das Restrisiko nahezu ausschließen, dann spricht man sogar von einem CCP (Critical Control Point). Entsprechende Punkte im Herstellungsverfahren müssen für jede Gesundheitsgefahr benannt werden. Klassische Kontrollpunkte sind die Kühlung, die Wärmebehandlung und die Säuerung. Auch sensorische Endproduktkontrollen, die bei jeder Charge durchgeführt werden, sind ein wichtiger Kontrollpunkt.

Festlegung von Grenzwerten: Für jede Gesundheitsgefahr sind Grenzwerte festzulegen, die an den ermittelten CPs und CCPs eingehalten werden müssen. Tabelle 6.4 zeigt einige Beispiele für die Festlegung von CCPs und die dazugehörigen Richtwerte. Die Richtwerte sind produktbezogen festzulegen.

Für den CCP „Pasteurisierung" hat bereits der Gesetzgeber Richtwerte festgelegt. Nur durch die Einhaltung dieses Zeit-Temperatur-Verhältnisses ist ein sicheres Abtöten der Mikroorganismen gewährleistet (siehe Tabelle 5.6). Analog verfährt man bei weiteren Steuerungsmaßnahmen. So wird für den Säuerungsverlauf ein Zeit-Säuregrad-Verhältnis festgelegt, denn nur bei ausreichend tiefer und schneller Säuerung können die Mikroorganismen gehemmt werden.

Eine erste Kontrolle der Säuerung erfolgt meistens nach wenigen Stunden, um sicherzustellen, dass die Säuerung eingesetzt hat.

Eine zweite Säuerungskontrolle erfolgt dann vor dem Salzen der Käse. Die Richtwerte vor dem Salzen können jedoch nicht beliebig festgelegt werden, sondern richten sich auch nach den Rezeptvorgaben.

Festlegung des Prüfverfahrens an den CCPs und CPs: Genauso wie die Einlabtemperatur oder die Bruchfestigkeit im Rahmen des Käserezeptes bei jeder Produktion kontrolliert werden, so müssen auch die Richtwerte an den CCPs und CPs bei jeder Produktion überprüft werden.

Kühltemperaturen werden am besten durch fest installierte Thermometer im Kühltank bzw. Kühlraum erfasst. Bei der Pasteurisierung erfolgt die Überprüfung des Temperatur-Zeit-Verlaufes über regelmäßige Messungen der Temperatur mit einem Thermometer von Hand oder mit einem automatischen Temperaturschreiber. Der Säuregrad wird nach Ablauf einer festgelegten Zeitspanne mit einem pH-Meter gemessen. Geschmack, Geruch und Aussehen sind wichtige Eigenschaften eines Produktes, die vor dem Inverkehrbringen durch eine sensorische Endproduktkontrolle geprüft werden.

Festlegung von Korrekturmaßnahmen: Wer seine Produktion im Griff hat, wird die festgelegten Richtwerte i. d. R. einhalten. Kein Hersteller ist jedoch gegen Fehler in der Produktion gänzlich gefeit. Für solche Situationen hat der Betrieb eine Art „Notfallplan" zu erstellen, der die entsprechenden Korrekturmaßnahmen festlegt. Die Korrekturmaßnahmen sollten als Anlage jedem Käseprotokoll beigefügt sein.

Nur bei wenigen Prozessfehlern, kann in die Tagesproduktion noch korrigierend eingegriffen werden. Wurde z. B. die Pasteurisierungstemperatur unterschritten, dann ist die Milch ein weiteres Mal zu pasteurisieren. Auch bei der Zugabe von Kräutern und Gewürzen kann eine vorherige sensorische Kontrolle Mängel der Zutaten rechtzeitig aufdecken, so dass diese nicht zum Einsatz kommen. Solche CPs werden als Kritische Kontrollpunkte (CCPs) bezeichnet.

Bei einer mangelhaften Säuerung kann nicht mehr korrigierend in die Produktion eingegriffen werden. Hier spricht man von einem Kontrollpunkt (CP). Bis zur nächsten Produktion kann die Zeit genutzt werden, um die Fehlerursache zu finden und abzustellen. Er liefert wichtige Erkenntnisse für die folgenden Produktionen. Auch aus Sicht des Verbrauchers sind diese Kontrollpunkte von großer Bedeutung. Produktionschargen, die die Richtwerte nicht erfüllen, sind zu markieren und können bevor sie in Verkehr gebracht werden mikrobiologisch untersucht werden. Werden die vom Gesetzgeber vorgeschriebenen mikrobiologischen Kriterien eingehalten, dann können auch diese Produktionschargen verkauft werden.

6.3 Basishygiene

Wer im Rahmen einer Endproduktkontrolle Käsefehler bemerkt, wird zunächst den eigentlichen Herstellungsprozess wie oben beschrieben durchleuchten. Werden im Rahmen der Prozesskontrolle keine Abweichungen bemerkt, sind die Ursachen zumeist in der Basishygiene zu suchen. Schließlich ist die Herstellung qualitativ hochwertiger Milchprodukte nur bei guter Rohstoffqualität, sauberen Geräten und Verarbeitungsräumen sowie sachkundigem und gesundem Personal dauerhaft erfolgversprechend.

Mangelhafte Hygiene kann zu Beginn oder im Laufe des Herstellungsprozesses zu einem Eintrag unerwünschter Mikroorganismen wie Verderbnis- und Krankheitserregern kommen. Mikroorganismen entziehen sich durch ihre Größe unserer Wahrnehmung. Geräte, Kleidung, Hände etc., die makroskopisch sauber erscheinen, sind dies im mikrobiologischen Sinne häufig nicht. Daher sind vorbeugende Maßnahmen, die den Eintrag von Mikroorganismen auf ein Minimum reduzieren, sowie das Erlernen hygienischer Verhaltensweisen von großer Bedeutung für das Funktionieren eines Qualitätssicherungskonzeptes.

6.3.1 Personalhygiene

Personalhygiene ist eine der wichtigsten Vorbeugemaßnahmen zur Vermeidung von fehlerhaften Produkten. Sie betrifft alle Personen, welche die Verarbeitungsräume betreten, selbstverständlich auch Besucher und Behördenvertreter. Sie verlangt nicht selten Überzeugungskraft und Durchhaltevermögen, da die Mikroorganismen nicht optisch wahrnehmbar sind. Eine Gefährdung erscheint deshalb zunächst sehr abstrakt. Erst wenn Untersuchungsergebnisse dazu führen, dass einzelne Käseproduktionen vernichtet werden müssen, wird die Gefährdung sehr konkret. Diese negativen Erfahrungen gilt es durch tägliche sorgfältige Körperpflege und korrektes hygienisches Verhalten zu vermeiden.

Schulung und Qualifikation des Personals: Gelingen kann das nur mit ausreichend qualifiziertem Personal. So benötigt man Grundkenntnisse über die Käseherstellung, um schmackhafte Produkte herzustellen. Genauso wichtig sind Grundkenntnisse über die Lebensmittelmikrobiologie, damit die hergestellten Produkte hygienisch unbedenklich sind.

Mit der Lebensmittelhygieneverordnung und dem Bundesinfektionsschutzgesetz verpflichtet der Gesetzgeber inzwischen alle Mitarbeiter in der Lebensmittelbranche zur Teilnahme an regelmäßigen Schulungen. Ziel ist es, dem Personal Grundkenntnisse in den Bereichen Vorkommen, Vermehrungsbedingungen und Gefährdungspotential von Mikroorganismen zu verdeutlichen und geeignete Schutzmaßnahmen zu vermitteln.

Gesundheitszustand des Personals: Personen, die Umgang mit Lebensmitteln haben, dürfen Krankheiten nicht auf das Produkt übertragen. Aus diesem Grunde dürfen Mitarbeiter, die an den in Tabelle 6.6 aufgeführten Krankheiten erkrankt sind, nicht mit Lebensmitteln in Berührung kommen.

Gemäß Infektionsschutzgesetz müssen Personen, die erstmalig eine Tätigkeit in einer Hofkäserei aufnehmen, mit einer Bescheinigung nachweisen, dass sie über Tätigkeitsverbote und die damit verbundenen Sorgfaltspflichten belehrt wurden. Die entsprechenden Belehrungen werden von den zuständigen Gesundheitsämtern angeboten.

Besteht bei einem Mitarbeiter der Verdacht, er könnte an einer meldepflichtigen Krankheit erkrankt sein, so muss dieser Mitarbeiter umgehend zum Arzt geschickt werden.

Arbeitsbekleidung: Saubere Arbeitskleidung ist bei der Verarbeitung des hochsensiblen Rohstoffes Milch Pflicht. Vor dem Betreten der Verarbeitungsräume ist die Straßen- bzw. Stallkleidung abzulegen und eine saubere Arbeitskleidung anzulegen. Diese Arbeitsbekleidung sollte ausschließlich in der Käserei getragen werden. Dazu gehören Stiefel, eine gut zu reinigende Oberbekleidung sowie eine Kopfbedeckung. Weiße Kleidung und Stiefel sind zu bevorzugen. Kurzärmelige Oberbekleidung ist ratsam. Bei der Materialwahl ist darauf zu achten, dass die Arbeitsbekleidung bei mindestens 60 °C zu reinigen ist. Bunte und temperaturempfindliche Stoffe erfüllen diese Anforderung nicht.

Der Einsatz von Handschuhen ist i. d. R. nicht notwendig. Lediglich bei abzudeckenden Wunden ist der Einsatz von Handschuhen angezeigt. Analog dem regelmäßigen Händewaschen müssen Handschuhe nach jedem Arbeitsgang gewechselt werden, da sie nicht ausreichend zu reinigen sind. Bei sensiblen Prozessschritten (z. B. Kontrolle des Käsebruchs) ist deshalb eine Handdesinfektion meistens die bessere Wahl.

Für den Reifungsraum gelten prinzipiell die gleichen Anforderungen an die Arbeitskleidung. Um eine Übertragung von Keimen aus dem Reifungsraum in die Käserei zu verhindern, ist für den Reiferaum eine separate Arbeitskleidung vorzusehen.

Allgemeine Hygiene: Neben den gesetzlichen Vorgaben hat jeder Mitarbeiter individuell Vorsorge zu treffen, dass durch ihn bzw. seine Kleidung keine Krankheiten und Verderbniserreger auf das Produkt übertragen werden. Immer wieder sind Infektionen des Endproduktes auf das Personal zurückzuführen. Übertragen werden kann prinzipiell das gesamte Spektrum an Verderbniserregern und pathogenen Keimen, sei es durch Erkrankung des Personals oder durch Schmierinfektionen aufgrund mangelhafter Reinigung der Hände oder der Arbeitskleidung.

Um einer Keimübertragung vorzubeugen, sind folgende Maßnahmen einzuführen:
- Kleiderwechsel vor dem Betreten der Verarbeitungsräume.
- Regelmäßige Reinigung der Arbeitskleidung, damit diese immer sauber ist.
- Kopfbedeckung gegen Haareintrag.
- Schmuck, Uhren etc. sollten nicht getragen werden, da sie die Reinigung der Hände erschweren.
- Gründliche Reinigung der Hände, Fingernägel und Unterarme vor Arbeitsbeginn.
- Händewaschen vor jeder Wiederaufnahme einer Tätigkeit.
- Desinfektion der Hände bei mikrobiologisch heiklen Arbeitsschritten (z. B. Prüfen des Käsebruches).

Tab. 6.6 Tätigkeits- und Beschäftigungsverbote bei ansteckenden Krankheiten

	Erkrankung	Krankheitsverdacht	Ausscheidung der Erreger
Typhus abdominalis	●	●	
Paratyphus	●	●	
Cholera (Choleravibrionen)		●	●
Shigellenruhr		●	
Salmonellose (Salmonellen)	●	●	●
Infektiöse Gastroenteritis	●	●	
Virushepatitis A oder E	●	●	
Infizierte Wunden	●		
Übertragbare Hautkrankheiten	●		
Shigellen			●
EHEC			●

- Zur Reinigung ist Seife absolut ausreichend, Desinfektionsmittel sollten auf Alkoholbasis sein.
- Rauchen, Essen, Trinken ist in den Verarbeitungsräumen zu unterlassen.
- Hautwunden sind abzudecken und ggf. Handschuhe zu tragen.
- Stark erkältete und verschnupfte Personen sollten in der Produktion Mundschutz tragen und ggf. bis zur Gesundung in anderen Bereichen arbeiten.

6.3.2 Rohstoffhygiene

Nur bei einwandfreier Beschaffenheit der Zutaten kann die Verarbeitung gelingen. Neben der Milch werden vor allem Säuerungs- und Reifungskulturen, Kräuter und Gewürze, Kälbermagenlab oder mikrobielles Lab und nicht zuletzt Trinkwasser bei der Milchverarbeitung eingesetzt. Während die Milch meistens auf dem Betrieb erzeugt wird, müssen die sonstigen Rohstoffe zugekauft werden. Die einwandfreie Beschaffenheit dieser Rohstoffe muss durch geeignete Lieferantenauswahl, ggf. Rohstoffzertifikate und eine konsequente Wareneingangskontrolle erfolgen. Vor dem Einsatz sind vor allem Mindesthaltbarkeitsdatum und sensorische Eigenschaften wie Geschmack, Geruch und Aussehen zu überprüfen. Auffällige Chargen sind von der Verarbeitung auszuschließen.

Trinkwasser: Trinkwasser wird zwar lediglich beim Bruchwaschen direkt dem Käsungsprozess zugesetzt. Doch auch beim Nachspülen der Gerätschaften hat unsauberes Trinkwasser einen schädlichen Einfluss auf die Qualität der Käse. Aus diesem Grund muss die Trinkwasserqualität überprüft werden. Bis zum hauseigenen Leitungsnetz ist für die Wasserqualität der örtliche Wasserversorger zuständig. Entsprechende Untersuchungsergebnisse sollten beim Wasserversorger für die eigenen Unterlagen angefordert werden.

Wird Wasser aus einem eigenen Brunnen entnommen, so hat der Betrieb die Wasserqualität gemäß den Anforderungen der Trinkwasser-Verordnung selber zu überprüfen.

Ein einwandfrei installiertes Leitungsnetz gewährleistet eine gleichbleibende Trinkwasserqualität. Allerdings ist die Unversehrtheit des Leitungsnetzes durch eigene Untersuchungen zu belegen.

Einmal pro Jahr sind daher Wasserproben aus den verschiedenen Zapfstellen gemäß Trinkwasserverordnung auf verschiedene Mikroorganismen wie z. B. Coliforme oder E. coli zu untersuchen.

Rohstoff Milch: Die Milch wird i. d. R. selbst erzeugt. Dadurch hat die Hofkäserei im Gegensatz zu Molkereien einen weitreichenden Einfluss auf die Milchqualität.

Zur Erzeugung einer hochwertigen Milch gehören selbstverständlich gesunde Tiere, eine hygienische Milchgewinnung, eine ordnungsgemäße Reinigung der Melkanlage und eine ausreichende Kühlung bei möglichst kurzer Lagerdauer.

Wenn es dennoch zu einem Eintrag bzw. einer Vermehrung von unerwünschten Mikroorganismen kommt, so hat dies sehr unterschiedliche Ursachen.

Futtergrundlage beachten: In Hofkäsereien kommt es in den Wintermonaten bei länger lagernden Käsen (Schnitt- und Hartkäsen) immer wieder zu Spätblähungen. Die Ursache für das Blähen der Käse sind Bakterien, die so genannten Buttersäurebakterien, die zur Gattung der Clostridien zählen. Die Sporen der Clostridien reichern sich in der Silage an und gelangen über die Infektionskette Futter-Kot-Milch in den Käse. Sie überstehen ohne Probleme die Pasteurisierung und keimen dann bei geeigneten Bedingungen im Käse wieder aus. Da sie nur unter Luftabschluss überleben können und die Sporen einige Zeit benötigen, bis sie ausgekeimt sind, bleibt ihre Schadwirkung auf Hart- und Schnittkäse beschränkt. Alle anderen Milchprodukte sind nicht betroffen.

Vermeidung einer Aufwärmung von Milch: Bei der Lagerung mehrerer Melkzeiten wird die Milch meistens in einem Lagertank gestapelt. Wird nun die nächste Melkzeit hinzugemolken, dann steigt die Milchtemperatur zunächst wieder an. Diese Temperaturerhöhungen sind für eine weitere Zunahme der Keimzahl verantwortlich. Sinnvoller ist das Kühlen der Milch vor dem Zusammenschütten im Stapeltank.

Verarbeitung frischer Milch: Eine längere Lagerung der Milch verschlechtert die Milchqualität. Längere Lagerzeiten verlangen eine Kühlung der Milch auf 6 °C bzw. 8 °C. Während die gewünschten Milchsäurebakterien gehemmt werden, können sich vor allem kälteliebende (psychrotrophe) Keime wie Listerien und Pseudomonaden vermehren. Dabei stellen diese Keime bei der Verarbeitung von Rohmilch nicht nur ein Gesundheitsrisiko dar, sie können durch ihre Enzyme auch zu einem unerwünschten Eiweiß- und Fettabbau mit Fehlgeschmack beitragen. Hofkäsereien sollten deshalb möglichst frische Rohmilch (maximal 2 Melkzeiten) verarbeiten.

Überprüfung der Milchqualität: Nach der Verordnung (EG) Nr. 853/2004 muss die Milch regelmäßig auf Zellzahl und Keimzahl untersucht werden. Diese Untersuchung wird am sinnvollsten im Rahmen der Milchleistungsprüfung durchgeführt.

Werden Produkte aus Rohmilch hergestellt, sollte die Rohmilch außerdem regelmäßig in einem Untersuchungslabor auf *Staph. aureus* und *E. coli* untersucht werden.

Zwischen den externen Untersuchungen sollte die Milchqualität regelmäßig mit einfachen Schnellmethoden beurteilt werden. Mikrobiologische Beurteilungskriterien können beim Einsatz von einfachen Schnellmethoden nur wenig spezifisch sein. Untersucht werden insbesondere Zellzahl, Coliforme, *Escherichia coli* und Keimzahl.

Zur Auswahl stehen die im Molkereibereich altbekannten Untersuchungsmethoden, wie Gärprobe, Labgärprobe oder Reduktaseprobe sowie Schalmtest, *Escherichia coli*- und Coliformen-Schnelltests.

6.3.3 Raumhygiene

Der Schmutzeintrag in die Verarbeitungsräume ist ein bedeutendes Infektionsrisiko für Milchprodukte. Eine hygienische Baugestaltung sowie die fachgerechte räumliche Anordnung der Verarbeitungsräume sind daher Grundvoraussetzungen für das Erreichen einer guten Raumhygiene.

Außerdem sind Baumängel willkommene Rückzugsnischen für eingeschleppte Mikroorganismen. Schmierinfektionen nehmen von dort ihren Ausgang, auch wenn diese selten den direkten Weg aufs Produkt wählen. Erst nach zahlreichen Zwischenstationen gelangen die unerwünschten Mikroorganismen auf das Endprodukt und die Infektion wird nicht mehr auf eine ungenügende Trennung zwischen Schmutz- und Reinzone zurückgeführt.

Hygienische Baugestaltung: Baumaterialien müssen hygienisch unbedenklich, widerstandsfähig gegen die klimatischen Bedingungen in der Käserei und gut zu reinigen und zu desinfizieren sein. Außerdem dürfen Baumaterialien keine gesundheit-

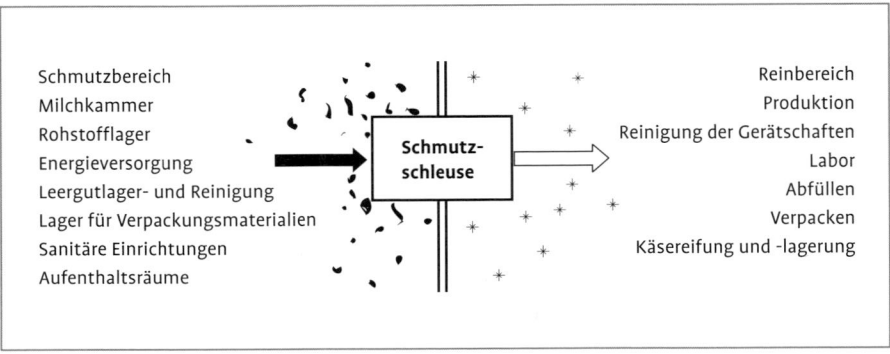

Abb. 6.6: Trennung zwischen Schmutz- und Reinzonen.

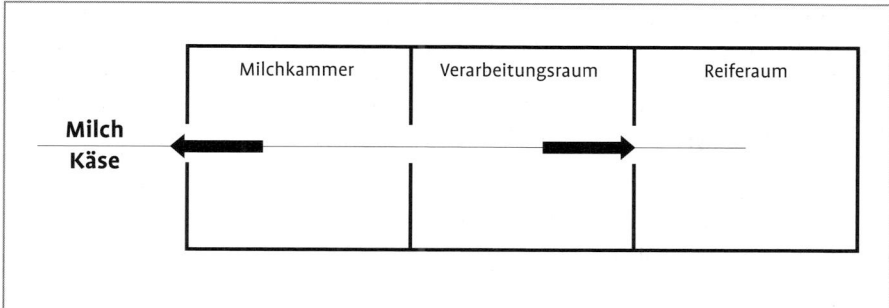

Abb. 6.7: Unzureichende Trennung von Schmutz- und Reinraum.

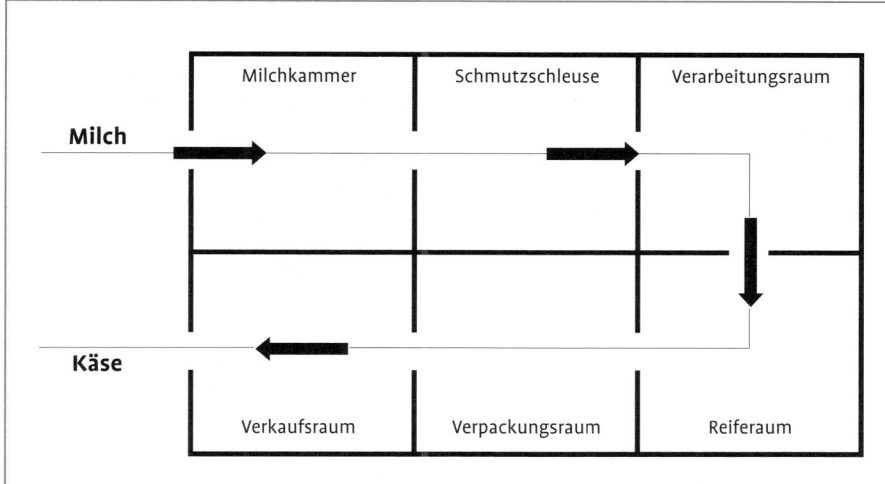

Abb. 6.8: Vorbildliche Trennung von Schmutz- und Reinraum im „Einbahnstraßen"-System.

lich bedenklichen Stoffe enthalten oder freisetzen.

Baumängel, die immer wieder angetroffen werden, sind verschimmelte Wände und Decken sowie schadhafte Bodenbeläge. Solche Baumängel sind umgehend zu beseitigen, da sie ein ernsthaftes Hygienerisiko darstellen. Verschimmelte Decken und Wände erhöhen die Sporenbelastung der Raumluft und tragen zur Schimmelbildung auf den Produkten bei. Schadhafte Stellen am Boden führen zur Wasserlachenbildung, in denen sich Mikroorganismen stark vermehren können.

Trennung in Schmutz- und Reinzonen: Entsprechend ihrem Nutzungszweck können die verschiedenen Arbeitsbereiche in Rein- und Schmutzzonen unterschieden werden (siehe Abbildung 6.6). Für Reinzonen gelten erhöhte Hygieneanforderungen, da die Milch bzw. das Produkt der Umgebung direkt ausgesetzt ist. Dadurch besteht hier ein erhöhtes Infektionsrisiko. Als Reinzonen gelten neben dem Verarbeitungsraum auch Reifungsräume und Verpackungsräume.

Ziel ist es, den Eintrag von Mikroorganismen in den Reinbereich weitgehend zu unterbinden. Alle Arbeitsbereiche, die nicht zwingend zum Verarbeitungsprozess gehören, sollten daher in separaten Räumlichkeiten untergebracht werden.

Dennoch gibt es Schnittpunkte zwischen Rein- und Schmutzbereich. Das Personal muss zur Verarbeitung genauso in die Käserei gelangen, wie die verschiedenen Rohstoffe, einschließlich der Milch. Auch Verpackungsmaterial wird im Reinbereich benötigt. Hier müssen bei der Raumplanung Schmutzschleusen zwischen Schmutz- und Reinraum eingeplant werden.

Für das Personal ist der unmittelbare Zugang zu den Verarbeitungsräumen deshalb zu unterbinden. Eine Schmutzschleuse für das Personal vor dem Verarbeitungsraum stellt sicher, dass das Personal die Kleidung wechselt und sich die Hände waschen kann.

Rohstoffe und insbesondere deren Verpackung sind in einem Lager- oder Anlieferungsraum auf Sauberkeit zu überprüfen und ggf. vorher zu reinigen. Das gleiche gilt für die Verpackungsmaterialien. So ist Mehrwegverpackung vor der Benutzung im Reinraum in einem separaten Raum zu reinigen. Erst danach dürfen die Rohstoffe und Verpackungsmaterialien in die Käserei gelangen.

Diese Vorsichtsmaßnahmen gelten selbstverständlich auch für den Reifungsraum. Käsebretter sollten an einem separaten Ort gereinigt werden und dort gut abtrocknen können. Nur so verhindert man eine ständige Neuinfektion der Käseoberfläche mit möglicherweise vorhandenen Schadkeimen.

Trennung der Arbeitsbereiche: Das Produkt, zunächst die Milch, später der Käse, passiert im Verlauf der Herstellung zahlreiche Arbeitsbereiche. Bei jedem Arbeitsschritt kommt das Produkt mit Geräten und/oder dem Personal in Berührung und kann dabei unbeabsichtigt mit Schadkeimen infiziert werden. Das Risiko, dass ein Produkt infiziert wurde, steigt also mit jedem Herstellungsschritt an. Deshalb sollte das Produkt nach dem Verlassen des jeweiligen Arbeitsbereiches nicht mehr an diesen zurückgebracht werden (siehe Abbildung 6.7). Abbildung 6.8 zeigt schematisch, wie die Milch zunächst in die Milchkammer und von dort in den Verarbeitungsraum gelangt und als Käse ihren Weg in den Verpackungsraum bzw. Reifungsraum bis in den Verkaufsraum fortsetzt. Die Milch kommt auf der einen Seite herein und der Käse verlässt die Käserei auf der anderen Seite. Dieses „Einbahnstraßen"-Schema sollte bei der Raumanordnung befolgt werden. Dabei erhöhen sich bei der Berücksichtigung dieser Vorsichtsmaßnahmen die Kosten für den Käsereibau meistens nicht.

6.3.4 Gerätehygiene

Die Oberflächen der meisten Käsereigeräte kommen direkt mit der Milch und im weiteren Herstellungsverlauf auch mit dem Produkt in Berührung. Eine Reinigung und Desinfektion der Käsereigeräte ist daher im Bereich mikrobiologisch sensibler Lebensmittel zur Erzielung und Erhaltung einer hohen Produktqualität unumgänglich.

Hygienische Geräteausführung: Die Geräte sollten deshalb konstruktionsbedingt leicht zu reinigen sein. In Hofkäsereien wird meist mit offenen Systemen gearbeitet. Verrohrungen, geschlossene Käsefertiger etc. sind eher selten. Für die Reinigung dieser Geräte hat das entscheidende Vorteile, da Problembereiche, die schlecht zu reinigen sind, eher selten anzutreffen sind.

Möglichst vermieden werden sollten konstruktionsbedingte Schwachstellen, wie z. B. raue Oberflächen, Schraub- und Klemmverbindungen, scharfe Übergänge an Böden und Flanschverbindungen sowie verwinkelte Stellen, die schlecht zu reinigen sind. Außerdem soll der Werkstoff lebensmitteltauglich und gut benetzbar sein.

Reinigung und Desinfektionsmaßnahmen: Eine sinnvolle Reinigung soll den Mikroorganismen zunächst die Lebensgrundlage entziehen. Dies bedeutet:

- Vollständiges Entfernen von Lebensmittel- und Produktresten.
- Unterwanderung und Ablösung anhaftender Fett- und Eiweißbestandteile.
- Entfernen poröser Beläge wie z. B. Milchstein.
- Wasserentzug durch Trocknen der Geräte.
- Bei sensiblen Geräten auch ausreichende Abtötung lebensmittelrelevanter Keime.

Tabelle 6.7 zeigt, dass ein Großteil der Verunreinigungen nicht mit Wasser entfernt

Kasten 6.3: Inhaltsstoffe von Reinigungs- und Desinfektionsmitteln

Alkalische Bestandteile: Natronlauge oder Ätznatron (NaOH), Kalilauge und Soda bauen wasserunlösliche Eiweiße ab und verseifen Fette. Sie können durch anorganische Säuren neutralisiert werden. Umweltrelevant ist dann allenfalls die Düngewirkung der Mineralsalze.

Saure Bestandteile: I. d. R. anorganische Säuren, wie Phosphorsäure, Salpetersäure, Schwefelsäure oder Natriumhydrogensulfat, die teilweise durch organische Säuren (Zitronensäure, Ameisensäure) ersetzt werden können.

Komplexbildner (Enthärter): Sie können die Härtebildner des Wassers (Calcium- und Magnesium-Ionen) chemisch zu Komplexen binden und so für den Spülvorgang unschädlich machen. Ohne Zusatz von Komplexbildnern würde es über 60 °C zu Kalkablagerungen kommen.
Das früher verwendete Phosphat wird inzwischen durch zwei Stoffgruppen ersetzt:
- EDTA – Ethylendiaminotetraacetat/NTA – Nitrilotriacetat. Diese schwer abbaubaren Verbindungen sind u. a. wegen ihrer Eigenschaft, Schwermetall aus Flusssedimenten zu lösen, kritisch zu bewerten.
- Silikate. Gelten als gesundheitlich unbedenklich (z. B. auch Enthärter in Baukasten-Waschmitteln).

Waschaktive Substanzen (Tenside): Tenside sind oberflächenaktive (netzwirksame) Bestandteile, die die Oberflächenspannung des Wassers vermindern und dadurch das Schmutzlösevermögen des Wassers erheblich erhöhen. Sie ermöglichen ein Unterkriechen von Anhaftungen, emulgieren Schmutzbestandteile und können schaumbremsend wirken. Nichtionische und kationische Tenside haben zusätzlich noch bakterizide Eigenschaften.
Tenside werden aufgrund ihrer Ladungseigenschaften als amphoter (positive und negative Ladung), anionisch, kationisch und nicht ionisch bezeichnet. Die Angaben über die biologische Abbaubarkeit sind allerdings etwas irreführend, da keineswegs der biologische Abbau bis zu unschädlichen Abbauprodukten überprüft wird, sondern nur ein erster Abbauschritt, der zum Verlust der oberflächenaktiven Eigenschaften der Tenside führt. Über die Metaboliten und ihre Wechselwirkungen ist meist wenig bekannt.
Kationische Tenside, wie Quaternäre Ammoniumverbindungen (QAV) und Amphotenside (Ampholyte), gelten hier als besonders problematisch, da sie meist schlecht abbaubar sind. Der spätere Abbau in Gewässern erfolgt dann unter hohem Sauerstoffverbrauch. Wegen ihrer Materialschonung und Hautverträglichkeit werden sie dennoch häufig eingesetzt.
Anionische Tenside, die den natürlichen Seifen noch sehr ähnlich sind, gelten wegen ihrer recht guten Abbaubarkeit als relativ unproblematisch.

Desinfektionskomponenten
(Aktiv)-Chlor: Stark oxidierende Wirkung, bei hohem pH auch reinigungsaktiv. In der Kritik wegen hoher Umweltbelastung bei der Herstellung sowie der Bildung von atmosphärenschädigenden Halogenkohlenwasserstoffen (AOX). Gefahr von Chlorgasvergiftungen bei Vermischung mit Säure. Bei Standdesinfektion können Edelstahl angreifende Chloride entstehen.

Jod: Analog Chlor, geringere Temperaturbeständigkeit.

Wasserstoffperoxid: Oxidative Wirkung durch Zerfall in Wasser und O-Radikal. Umweltfreundliches Desinfektionsmittel für Oberflächendesinfektion.

QAV (s. o.) weisen ebenfalls eine desinfizierende Wirkung auf.

Peressigsäure: Oxidative Wirkung durch Zerfall in Essigsäure und O-Radikal. Wurde in den klassischen Reinigern aufgrund von Formulierungsproblemen lange nicht eingesetzt. Als Desinfektionsmittel hat es wegen seiner unbedenklichen Abbauprodukte große Verbreitung gefunden.

Tab. 6.7 Unterschiede bei der Reinigbarkeit verschiedener Milchinhaltsstoffe

	Löslichkeit	Reinigbarkeit ohne vorherige Hitzeeinwirkung	Veränderungen bei Hitzeeinwirkung
Laktose	– gut löslich in Wasser	– leicht	Karamelisation: Reinigung stark erschwert
Fett	– kaum löslich in Wasser – kaum löslich in alkalischer Lösung – kaum löslich in saurer Lösung	– leicht in Gegenwart von Tensiden	Polymerisation: Reinigung stark erschwert
Eiweiße	– kaum löslich in Wasser – etwas löslich in saurer Lösung – gut löslich in alkalischer Lösung	– schwierig mit Wasser – leicht mit alkalischer Lösung	Denaturierung: Reinigung erschwert
Mineralstoffe	– unterschiedliche Löslichkeit in Wasser – gute Löslichkeit in saurer Lösung	– ziemlich leicht	Precipitation: Reinigung erschwert

Kasten 6.4: Einflussfaktoren auf den Reinigungserfolg

Einwirkzeit: Je länger die Einwirkzeit, um so besser die Reinigungswirkung.

Temperatur der Reinigungslösung: Je höher die Temperatur, um so besser die Reinigungswirkung.

Mechanik: Die Reinigung erfolgt mit Bürsten oder „hydrodynamisch" mit Niederdruck-Schaumreinigern.

Art des Reinigungsmittels: Das Reinigungsmittel muss selbstverständlich entsprechend seinem Einsatzzweck ausgesucht werden.

Konzentration des Reinigungsmittels: Dosierung ist gemäß der Herstellerangaben zu wählen. Überdosierung ist zu vermeiden.

werden kann. Aus diesem Grunde werden dem Wasser Reinigungsmittel zugesetzt. Dabei erfüllen die in Kasten 6.3 aufgeführten Reinigungsmittel sehr unterschiedliche Aufgaben. Der Reinigungserfolg ist vor allem vom guten Zusammenspiel der in Kasten 6.4 aufgeführten Faktoren abhängig.

Um eine zufriedenstellende Reinigung zu erreichen, ist das Reinigungsverfahren an das jeweilige Gerät anzupassen. Durch die Erstellung eines Reinigungs- und Desinfektionsplanes (siehe nachfolgendes Kapitel „Dokumentation") wird für jedes Gerät ein Reinigungsverfahren festgelegt, welches im Anschluss auf seine Wirksamkeit zu überprüfen ist. Da sich Mikroorganismen der optischen Kontrolle entziehen, sollte die Gesamtkeimzahl der Geräteoberfläche mit einem Abklatschtest ermittelt werden.

Sollten Probleme mit dem Endprodukt auftreten, wird man unweigerlich die Reinigungsverfahren in die Fehlersuche einbeziehen und erneut überprüfen.

6.4 Dokumentation

Eine Dokumentation verfolgt vielfältige Ziele:

Beleg der Sorgfaltspflicht: Zunächst ist sie ein Beleg, dass ein Hersteller von sensiblen Lebensmittel seiner Sorgfaltspflicht nachkommt. Das Durchspielen von Unfall-Szenarien sensibilisiert für Gefahren und ermöglicht Ansätze zu deren Vermeidung. Auch bei auftretenden Unfällen kann der Betrieb gegenüber der Veterinärbehörde dokumentieren, dass er in der Lage ist, bei auftretenden Fehler sachkundig und schnell zu reagieren.

Hilfestellung bei der Fehlersuche: Ferner dient eine gute Dokumentation der Erinnerung, indem sie relevante Schritte im Herstellungsprozess aufzeichnet und bewertet. Sie ist ein selbsterstelltes Nachschlagewerk, welches den Erfahrungsschatz vieler Jahre möglichst übersichtlich zusammenfasst. Allerdings müssen beanstandete Produktchargen eindeutig den Aufzeichnungen zugeordnet werden können.

Arbeitsentlastung: Da das Sammeln von Erfahrungen durchaus zeitaufwendig ist, kann eine gut strukturierte Dokumentation zu einer großen Arbeitsentlastung führen. Die Käserei kann dann auf entsprechende Erfahrungswerte zurückgreifen und muss z. B. bei auftretenden Käsefehlern die aufwendige Fehlersuche nicht von Neuem starten.

Dazu ist keine möglichst umfangreiche Dokumentation zu führen, sondern für eine übersichtliche Struktur zu sorgen. Ermittelte Daten müssen jederzeit schnell und gut auffindbar sein. Daher bietet sich im Rahmen der Endprodukt- und Prozesskontrolle eine chargenbezogene Dokumentation an. Für Maßnahmen der Basishygiene, die i. d. R. nicht direkt dem Herstellungsprozess zugeordnet werden können, ist eine personen-, rohstoff-, geräte- oder raumbezogene Dokumentation vorzuziehen.

6.4.1 Dokumentation der Endproduktkontrolle

Zentrales Dokument ist das Käseprotokoll (siehe Abbildung 6.4). Alle Daten, die während der Herstellung ermittelt werden, können in dieses Protokoll eingetragen werden.

Damit später erhobene Daten, wie z. B. Untersuchungsbefunde, sensorische Kontrollen etc., einer entsprechenden Charge klar zugeordnet werden können, müssen diese sicher identifizierbar sein. Betriebe, die mehrere Chargen des gleichen Produktes pro Tag herstellen, sollten daher Chargennummern vergeben. Wer jeden Tag nur eine Charge des entsprechenden Produktes herstellt, kann sein Produkt anhand von Produktname und Herstellungsdatum eindeutig identifizieren.

Eine Kennzeichnung der Käsecharge kann durch Farbstempel, Kaseinmarken oder Warenbegleitscheine erfolgen.

Durch das Eintragen der angestrebten Herstellungsdaten in die Spalte „Ziel-Werte" kann der Dokumentationsaufwand erheblich reduziert werden, da in die Spalte „Korrektur-Wert" nur die Abweichungen vom Zielwert einzutragen sind.

Neben den Herstellungsdaten werden weitere Daten wie z. B. Untersuchungsbefunde von mikrobiologischen Endproduktkontrollen ermittelt. Diese legt man besser chronologisch in einem separaten Ordner ab. Über die Chargennummer oder das Herstellungsdatum und den Produktnamen ist eine eindeutige Zuordnung zum entsprechenden Käseprotokoll gewährleistet.

Treten Käsefehler auf, ist für die Behörden von großem Interesse, wie der Betrieb gehandelt hat. Daher ist bei festgestellten Mängeln eine Dokumentation der Vorgehensweise sinnvoll.

Schritt für Schritt werden die Ergebnisse der Fehlersuche notiert bzw. die Untersuchungsergebnisse abgeheftet. Wie bereits im Abschnitt Endproduktkontrolle beschrieben, sollte die Fehlersuche einem einheitlichen Muster folgen. Eine tabellarische Form ist übersichtlich und erleichtert die Aufzeichnung (siehe Tabelle 6.8).

Das Protokoll wird dem entsprechenden Käseprotokoll beigefügt, so dass es bei einer Betriebsprüfung sofort verfügbar ist.

Beim erneuten Auftreten des Fehlers liefert solch ein Fehlerprotokoll wertvolle Hinweise auf Ursache und Beseitigung des Fehlers. Daher sollte es bei Bedarf schnell gefunden werden. Es empfiehlt sich daher, die Fehlerprotokolle entweder zu kopieren und nach Fehlern sortiert in einem separaten Ordner abzulegen oder sich ein Fehlerregister anzulegen, in welchem Chargennummer

Tab. 6.8 Tabellarische Dokumentation einer Fehlersuche

Schritte	Ergebnisse	Maßnahmen
1. Nachuntersuchung der betroffenen Charge		
2. Untersuchung weiterer Chargen		
3. Überprüfung des Herstellungsprozesses		
4. Überprüfung der Basishygiene (Rohstoffkontrolle, Reinigung und Desinfektion) etc.		
5. Erneute Untersuchung einiger Chargen		
6. Stufenkontrolle des Herstellungsprozesses		

Tab. 6.9 Beispiel für einen Reinigungs- und Desinfektionsplan für Käseformen

Maßnahme	Beschreibung	Mittel	Produktname	Hersteller	Dosierung	Temperatur	Einwirkzeit
Vorspülen	Käsereste unter fließendem Wasser wegspülen	Wasser				40 °C	
Reinigen	Mit Reinigungslösung und Bürste schrubben	Laugenlösung	Alkalifix CA 27	Sauermann GmbH	1 %-ig	50 °C	Als Standbad > 2 h
Nachspülen	Unter fließendem Wasser nachspülen	Wasser				40 °C	
Desinfizieren	In Desinfektionsbad legen	Desinfektionsmittel	Antisept AS 121	Sauermann GmbH	0,2 %-ig	20 °C	> 5 min
Nachspülen	Unter fließendem Wasser nachspülen	Wasser				40 °C	
Trocknen	Trocknen lassen						

oder Produktname und Herstellungsdatum notiert werden. Nur so wird man das gesuchte Käseprotokoll schnell finden.

6.4.2 Dokumentation der Prozesskontrolle

Sinnvollerweise greift man auch für Festlegung und Dokumentation der CPs und CCPs auf das Käseprotokoll zurück. Für jedes Produkt werden die nachfolgenden Schritte durchgefüht.

Gefahrenanalyse

Die Gefahrenanalyse bestimmt die Gefahren für die Produktqualität und beschreibt Maßnahmen für die Vermeidung der Gefahren. Die Gefahrenanalyse ist in einer Übersicht zu dokumentieren (siehe Tab. 6.10).

Gesundheitsrisiken, die bereits durch allgemeine Hygienemaßnahmen auszuschalten sind, werden entsprechend markiert. Für diese Gesundheitsrisiken sind keine Zielwerte für den Herstellungsprozess festzulegen. Die vorbeugende Hygienemaßnahme wird in die Spalte eingetragen.

Für Gesundheitsrisiken, die durch Maßnahmen während des Herstellungsprozesses „gesteuert" werden können, sind die Maßnahmen zu benennen und Zielwerte festzulegen.

Käseprotokoll
Die Kontrollpunkte werden in das Käseprotokoll übernommen (siehe Tab. 6.11). Eine Legende listet die Korrekturmaßnahmen für die verschiedenen CCPs und CPs auf (siehe Tab. 6.12). Käseprotokoll und Legende sind die Dokumentation für die Umsetzung der Gefahrenanalyse.

Für die tägliche Dokumentation sind die im Käseprotokoll aufgeführten Hygienemaßnahmen zu kontrollieren. Wird der angestrebte Zielwert nicht eingehalten, so ist in der Spalte „Korrekturwert" der tatsächliche ermittelte Wert einzutragen und die in der Legende vorgesehene Gegenmaßnahme zu ergreifen.

6.4.3 Dokumentation der Personalhygiene

Der Arbeitgeber ist verpflichtet, die Belehrungsbescheinigung seiner Arbeitnehmer aufzubewahren, an der Betriebsstätte verfügbar zu halten und der zuständigen Behörde auf Verlangen vorzulegen.

Tab. 6.10: Beispiel für die Dokumentation einer Gefahrenanalyse

HACCP-Gefahrenanalyse bei der Herstellung von Bergkäse					
Verfahrensschritt	Gefahr im Endprodukt	Risiko	Ursache	Maßnahmen zur Abhilfe	Zielwert
				Basishygiene Prozesskontrolle Endproduktkontrolle	in Käsereiprotokoll übernehmen
Rohmilch	Staph. aureus-Enterotoxin	hoch	euterkranke Kühe	monatliche Veterinärkontrolle	
Milchbehandlung	Staph. aureus-Enterotoxin	hoch	zu hohe Temperatur	Kühltemperatur überwachen	10 °C
Verkauf	Staph. aureus-Enterotoxin	mittel	fehlerhafte Basishygiene, Prozesskontrolle	Stichprobenartige Untersuchung	

Tab. 6.11: Umsetzung der Gefahrenanalyse in ein Käseprotokoll, durch die Übernahme der Lagertemperatur als Prozessparameter

Sorte: Bergkäse		Herstellungsdatum: 13. 08. 2005		
Verfahrensschritt	Parameter	Ziel-Wert	Korrektur-Wert	CCP
Milchlagerung	Milchart	Kuhmilch		
	Milchalter	max. 12 h		
	Lagertemperatur	10 °C		①
Milchbehandlung	Erhitzungstemperatur	Rohmilch (< 40 °C)		
	Fettgehalt	naturbelassen		

Tab. 6.12: Legende zum Käseprotokoll mit der Festlegung der Gegenmaßnahme, wenn der Zielwert nicht erreicht wird

CCP	Verfahrensschritt	Parameter	Anforderungen	Lenkungsmaßnahmen
1	Milchlagerung	Lagertemperatur	Die Lagertemperatur darf 10 °C nicht überschreiten, da sonst das Wachstum von Mikroorganismen begünstigt wird.	Die Milch wird vor der Verarbeitung pasteurisiert. oder Charge markieren und vor dem Verkauf Endproduktkontrolle durchführen.

Außerdem sollten Arztbesuche aller Mitarbeiter, sofern sie im Zusammenhang mit einer über Lebensmittel übertragbaren Erkrankung stehen sowie die Untersuchungsbefunde der jährlichen Stuhluntersuchungen dokumentiert werden. Auch die Teilnahme an Lebensmittelhygiene-Schulungen und weiteren Fortbildungsmaßnahmen sollte durch Zertifikate bestätigt und vom Arbeitgeber gesammelt werden. Die Dokumentation erfolgt am besten personenbezogen.

6.4.4 Dokumentation der Rohstoffhygiene

Die Dokumentation der einwandfreien Beschaffenheit aller Rohstoffe ist aus Sicht der Produkthaftung von entscheidender Bedeutung.

Wenn sich herausstellt, dass ein Produkt aufgrund fehlerhafter Zutaten zu beanstanden ist, sind auch die Lieferanten in der Haftung. Voraussetzung ist, dass der Betrieb die Zutaten zum Lieferanten eindeutig zurückverfolgen kann.

Die eigene Sorgfaltspflicht lässt sich am besten durch Niederschrift der Ergebnisse der Wareneingangskontrolle (sensorische Untersuchung, Prüfung des Mindesthaltbarkeitsdatum, Unversehrtheit der Verpackung) dokumentieren.

Ein rasches Auffinden der Untersuchungsergebnisse ist am besten durch eine rohstoffbezogene Ablage zu gewährleisten.

Für eine gute Rückverfolgbarkeit der Warenströme sollten alle Wareneingänge in Listenform mit entsprechendem Lieferantenverzeichnis festgehalten werden.

6.4.5 Dokumentation der Raum- und Gerätehygiene

Von Zeit zu Zeit sollten Geräte und Räume auf schadhafte Stellen untersucht werde. Es empfiehlt sich, eine Checkliste zu erstellen, anhand derer die verschiedenen Mängel erfasst werden können.

Außerdem gilt es Reinigungs- und Desinfektionsverfahren für alle Geräte sowie die Räumlichkeiten festzulegen. Der Reihe nach überlegt man sich das passende Reinigungsverfahren. Wo eine Desinfektion angebracht erscheint, wird auch ein entsprechendes Desinfektionsverfahren festgelegt.

Werden diese Überlegungen dokumentiert, hat man bereits für jedes Gerät einen vorläufigen Reinigungs- und Desinfektionsplan erstellt (siehe Tabelle 6.9).

Dieser muss nun auf seine Alltagstauglichkeit überprüft werden. Dazu bieten sich in den ersten Wochen Abklatschproben oder Schnelltestkits an, mit denen man die bakteriologische Beschaffenheit der Oberflächen kontrollieren kann. Die Untersuchungsergebnisse werden mit dem jeweiligen Reinigungsplan abgeheftet.

7 Die Wirtschaftlichkeit

Milchverarbeitung erfolgte in Deutschland bereits Anfang des 20. Jahrhunderts weitgehend in Molkereien. Hof- und Dorfkäsereien galten als unwirtschaftlich und nicht überlebensfähig. Seit ungefähr 30 Jahren erleben Hofkäsereien einen ungeahnten Aufschwung. Interessanterweise hat das Aufgreifen der bäuerlichen Käseherstellung vor allem handfeste wirtschaftliche Hintergründe.

Im Gegensatz zum Milcherzeugerpreis sind die Preise bei qualitativ hochwertigen Käsen und Milchprodukten in den letzten Jahren stabil geblieben. Ein Umstand, der

Tab. 7.1 Vom Deckungsbeitrag zum Unternehmergewinn

	Erlös	Die Erlöse ergeben sich durch den Verkauf der Produkte. Die Höhe der Erlöse ist stark abhängig von Produkt und Vermarktungsweg.
−	**Variable Kosten**	Variable Kosten sind Kosten, die im Gegensatz zu den Festkosten nur entstehen, wenn tatsächlich produziert wird. Darunter fallen alle Betriebshilfsmittel und Rohstoffe wie Milch, Lab, Kulturen, Wasser, Energie etc.
=	**Deckungsbeitrag**	Für jedes Produkt ist ein eigener Deckungsbeitrag zu ermitteln, indem vom Erlös die variablen Kosten für das entsprechende Produkt abgezogen werden. Investitionskosten für bauliche Anlagen und Maschinen sowie Personalkosten sind in einem Deckungsbeitrag nicht enthalten. Die Deckungsbeiträge für die verschiedenen Produkte müssen zu einem Gesamtdeckungsbeitrag zusammengefasst werden. Die Bezugsgröße für den Gesamtdeckungsbeitrag ist ein Jahr.
−	**Festkosten**	Festkosten sind Kosten, die unabhängig von der Produktion anfallen. Dies sind vor allem Investitionskosten für Baumaßnahmen und die technische Einrichtung. Für die Planung werden diese Kosten mehreren Jahren zugeteilt, sprich abgeschrieben, so dass nur ein Teil der Gesamtinvestition jedes Jahr in die Kalkulation als Kosten einfließt. Kalkulatorische Kosten (z. B. Verzinsung des Eigenkapitals) sollten aus praktischen Gründen ebenfalls hier erfasst werden.
		Auch weitere Kosten, die produktionsunabhängig entstehen, wie Verbandsbeiträge oder allgemeine Betriebskosten (z. B. Betriebsbuchführung) gelten als Festkosten.
−	**Personalkosten**	Personalkosten entstehen sowohl durch Familien- und Fremd-Arbeitskräfte. Die im landwirtschaftlichen Rechnungswesen übliche Trennung zwischen Fremd- und Familien-Arbeitskraft erscheint angesichts der hohen Anzahl von Fremd-Arbeitskräften in Hofkäsereien wenig sinnvoll. Praxisnäher ist eine Planung, die sich an realistischen Lohnansätzen für Fremd-Arbeitskräfte orientiert.
=	**Unternehmergewinn**	Der Unternehmergewinn wird ermittelt, indem vom Gesamtdeckungsbeitrag die Festkosten und Personalkosten abgezogen werden.

Tab. 7.2 Beispiel einer Deckungsbeitragsrechnung für Schnittkäse

1	**Produkt:**		Gouda		
2	**Vermarktungsweg:**		Hofladen		
3	**Verfahren:** (Chargengröße)	kg	500		
4	**Einheit:** (100 kg Milch)	kg	100		
5	**Ausbeute:** (Milchmenge/kg Käse)	kg	10,5		
6	**vermarktbare Produktmenge:**	kg	9,52		
7	**erzielbarer Produktpreis:** (Euro/kg Käse)	Euro	12,70		

			Menge	Preis Euro	Euro/ 100 kg
8	Marktleistung	kg	9,52	12,70	120,90
9	abzüglich Verluste	%	3		−3,63
10	Nebenleistung (Molke)	kg	90,48	0,01	0,90
11	**GESAMTLEISTUNG**				**118,18**
Rohstoff					
12	Milch	kg	100	0,38	38,00
Hilfsmittel					
13	Kultur	l	1,5	0,50	0,75
14	Lab	ml	25	0,02	0,50
15	Salz	kg	0,5	0,40	0,20
16	Gewürze	kg		0,80	0,00
17	Reinigungsmittel	l	0,25	2,10	0,53
18					0,00
19					0,00
Energie					
20	Strom	kwh	15	0,12	1,80
Wasser					
21	Wasser	cbm	0,2	2,60	0,52
Sonstiges					
22	Telefon				0,00
23	Verpackung	kg	9,52	0,10	0,95
24	**VARIABLE KOSTENVERARBEITUNG**				**43,25**
25	Telefon		1	1,00	1,00
26	PKW, Transport		1	0,50	0,50
27	Verpackung		9,52	0,50	4,76
28	Marktstand, Laden anteilig		1	1,00	1,00
29	**VARIABLE KOSTENVERMARKTUNG**				**7,26**
30	**SUMME VARIABLE KOSTEN**				**50,51**
31	**DECKUNGSBEITRAG JE 100 kg MILCH** (Einheit)				**67,67**
32	**DECKUNGSBEITRAG JE CHARGE** (Verfahren)				**338,37**

Tab. 7.2 Beispiel einer Deckungsbeitragsrechnung für Schnittkäse

Arbeitszeit			Charge	Akh
33	Verarbeitung (je Charge)	Akh	500	3,40
34	Pflege (je Charge)	Akh	500	6,60
35	Vermarktung (je Charge)	Akh	500	8,40
36	SUMME ARBEITSZEIT JE CHARGE	Akh		18,40
37	SUMME ARBEITSZEIT JE 100 kg MILCH	Akh		3,68
38	DB je Akh	Euro		18,39

Kasten 7.1: Kalkulationsprogramm hofeigene Milchverarbeitung

Der Verband für handwerkliche Milchverarbeitung im ökologischen Landbau hat ein Kalkulationsprogramm für Hofkäsereien entwickelt, mit dem Landwirte ihre Vorraussetzungen für die Aufnahme eines Betriebszweiges „Hofkäserei" prüfen können. Hofkäserinnen und Hofkäsern bietet das Programm die Möglichkeit, den bestehenden Betrieb anhand der Buchführungsdaten zu bewerten.
Das Programm basiert auf dem Tabellenkalkulationsprogramm „Excel". Alle Formulare sind in einer Legende erklärt, so dass das einfache Ausfüllen gewährleistet ist. Jeder einzelne Schritt von den Deckungsbeiträgen je Käsesorte über die Ermittlung der Festkosten bis hin zur Berechnung des Unternehmergewinns wird beschrieben. In der Legende werden außerdem – sofern verfügbar – Kennzahlen aus der Praxis empfohlen, so dass auch Anfänger, die noch auf keine Datengrundlagen zurückgreifen können, mit dem Programm arbeiten können. Für die Nutzung des Programms ist ein handelsüblicher PC ausreichend. Ferner benötigt man das Tabellenkalkulationsprogramm „Excel".
Wer nicht über die technischen Voraussetzungen eines PCs verfügt, kann anhand der Legende und der Formblätter die Berechnung auch händisch durchführen.

---

zahlreiche Landwirte bewogen hat, die Wertschöpfung der Verarbeitung selbst in die Hand zu nehmen.

Allerdings ist Vorsicht geboten. Längst nicht für alle Milchviehhalter ist die hofeigene Milchverarbeitung der Ausweg aus einer wirtschaftlich schwierigen Lage. Nicht selten werden die Erlöse durch die eigene Verarbeitung über- und die benötigten Arbeitszeitreserven und Investitionskosten unterschätzt.

Landwirte, die sich mit dem Gedanken tragen, in die hofeigene Milchverarbeitung einzusteigen, sollten unbedingt eine gründliche Planungsrechnung durchführen. Aber auch bestehende Käsereien sollten die Wirtschaftlichkeit ihres Betriebes anhand der Buchführungsergebnisse regelmäßig überprüfen.

Jede Planungsrechnung muss die zu erwartenden Einnahmen den dafür erforderlichen Kosten gegenüberstellen. Errechnet wird der Gewinn bzw. der Verlust des Unternehmens.

Die Wirtschaftlichkeit wird dabei vor allem durch folgende Faktoren beeinflusst:
- Verkaufserlöse in Abhängigkeit von der Sortimentsgestaltung und den Vermarktungswegen (Marktleistung).
- Kosten der Rohmilch.
- Investitionsvolumen bzw. Fixkostenbelastung.
- Verarbeitungsmenge, Chargengröße und Arbeitsaufwand.

Da es sich bei der hofeigenen Milchverarbeitung um einen landwirtschaftlichen Betriebszweig handelt, bietet es sich an, hierfür die aus dem landwirtschaftlichen Rechnungswesen bekannte Deckungsbeitragsrechnung als Grundlage zu wählen (siehe Tabelle 7.1 & 7.2).

Die Schwierigkeit einer jeden Planungsrechnung besteht darin, dass bei Planungsbeginn keine Kenndaten aus der eigenen Buchführung vorhanden sind. Während es für die Landwirtschaft umfangreiche Datensammlungen gibt, mit denen man sich der eigenen Planungssituation annähern kann, liegen für die hofeigene Milchverarbeitung nur relativ wenige Erhebungen zur Erlös- und Kostensituation in Hofkäsereien vor.

Der Verband für handwerkliche Milchverarbeitung im ökologischen Landbau e.V. hat in seinem Kalkulationsprogramm „Hofeigene Milchverarbeitung" Kenndaten aus verschiedenen Erhebungen zusammengetragen (siehe Kasten 7.1). Die erhobenen Daten stammen von sehr unterschiedlichen Betrieben und weisen eine entsprechend große Schwankungsbreite auf. Deshalb sollten für eine Planungsrechnung zusätzlich Praxisbetriebe mit einer ähnlichen Betriebsstruktur besucht und befragt werden.

7.1 Deckungsbeitrag

Für jedes Produkt ist ein eigener Deckungsbeitrag zu ermitteln, indem vom Erlös die variablen Kosten für das entsprechende Produkt abgezogen werden.

Die Erlöse ergeben sich durch den Verkauf der Produkte. Variable Kosten sind Kosten, die im Gegensatz zu den Festkosten nur entstehen, wenn tatsächlich produziert wird. Darunter fallen alle Betriebshilfsmittel und Rohstoffe, wie Milch, Lab, Kulturen, Wasser, Energie etc.

Investitionskosten für bauliche Anlagen und Maschinen sowie Personalkosten sind in einem Deckungsbeitrag nicht enthalten. Die Deckungsbeiträge für die verschiedenen Produkte müssen zu einem Gesamtdeckungsbeitrag zusammengefasst werden. Die Bezugsgröße für den Gesamtdeckungsbeitrag ist ein Jahr.

7.1.1 Marktleistung

Die Marktleistung fasst alle Einnahmen zusammen, die sich aus dem Betriebszweig ergeben. Neben dem Verkauf des Käses kann das bei einer weiteren Verwertung auch der Erlös für die Molke sein. Gerade beim Aufbau einer eigenen Milchverarbeitung bleiben Fehlchargen nicht aus. In der Deckungsbeitragsrechnung sollte aus diesem Grund ein Abzug von 1–3 % für nicht vermarktbare Ware eingeplant werden.

Erlöse sind stark produktabhängig: Für die Herstellung der verschiedenen Käse werden sehr unterschiedliche Milchmengen benötigt. Produkte wie Frischprodukte und Weichkäse, bei denen im Vergleich zu härteren Käsesorten weniger Milch für die Erzeugung von 1 kg Käse benötigt wird, erzielen dadurch wesentlich höhere Erlöse pro Liter Milch (siehe auch Kapitel 2.3).

Tab. 7.3 Die Schwankungsbreite bei Produktpreisen ist beachtlich

Produkt	Vermarktungsweg	Preisuntergrenze in Euro	Preisobergrenze in Euro	Durchschnittlicher Verkaufspreis in Euro
Speisequark	ab Hof	3,75	4,64	4,25
	Wiederverkäufer	3,06	5,05	3,67
Weichkäse	ab Hof	11,90	15,24	13,85
	Wiederverkäufer	9,77	11,25	10,55
Schnittkäse	ab Hof	10,51	14,32	12,74
	Wiederverkäufer	8,91	10,51	9,82
Hartkäse	ab Hof	10,51	16,20	12,63
	Wiederverkäufer	9,71	12,02	10,94

Quelle: Dempewolf, M. (2002)

Auch die Produktpreise verschiedener Käsesorten können beträchtlich variieren. Standardprodukte wie Camembert oder Gouda erzielen nur bei regionaler und direkter Vermarktung zufriedenstellende Produktpreise. Qualitativ hochwertige und innovative Produkte (siehe Abbildung 7.1) finden hingegen zu hohen Preisen ihre Marktnische. Tabelle 7.3 zeigt, wie groß die Spannbreite innerhalb einer Produktgruppe sein kann.

Viele Vermarktungswege führen zum Kunden: Auch der Vermarktungsweg hat erheblichen Einfluss auf die Erlössituation. Nach wie vor bevorzugen Hofkäsereien meistens die Direktvermarktung (Ab-Hof, Marktstand, etc.). Dass in der Direktvermarktung höhere Erlöse erzielt werden als beim Absatz über den mehrstufigen Markt, ist selbstverständlich. Diesen Mehrerlösen stehen ein erhöhter Arbeitsbedarf sowie höhere Vermarktungskosten entgegen.

Abbildung 7.2 zeigt die unterschiedlichen Verkaufspreise für Schnittkäse in Abhängigkeit vom Vermarktungsweg. Die Preise sind dabei der Gesamtmilchmenge zugeordnet, die in der jeweiligen Käserei verarbeitet wird. Interessanterweise ergeben sich zwischen größeren und kleineren Hofkäsereien keine signifikanten Unterschiede im Preisniveau.

Beim Handel konkurriert man stärker mit Ware aus Molkereien und billigerer Ware aus dem Ausland. Deshalb ist bei der Vermarktung über den Handel noch mehr Wert auf die Produktwahl zu legen. Wenig austauschbare Produkte können preislich kaum verglichen werden.

Für größere und marktferne Betriebe ist die Direktvermarktung häufig nicht durchführbar. Diese Betriebe müssen mit dem Groß- und Einzelhandel kooperieren. Gelingt es, Groß- und Einzelhandel von der Qualität und Wertigkeit der handwerklich erzeugten Produkte zu überzeugen, so sind die Erlöse auch bei diesem Vermarktungsweg akzeptabel. Grundvoraussetzung ist, dass die Hofkäserei die gewünschten Produkte kontinuierlich und in gleichbleibender Qualität liefern kann.

Abb. 7.1 (links): Innovative Produkte wie der optisch auffällige Meeder Lockje sichern gute Produktpreise.

Gemeinsame Vermarktungsstrategien entwickeln: Die wohl wichtigste und derzeit stark zunehmende Vermarktungsform ist die Kooperation von Hofkäsereien. Marktnahe Hofkäsereien haben häufig nicht ausreichend Milch, um die Nachfrage zu decken. Sie nehmen zur Sortimentsergänzung gerne Produkte anderer Hofkäsereien hinzu. Diese Strategie hat zwei ganz entscheidende Vorteile:
- Hofkäsereien sehen sich am Markt weniger als Konkurrenten denn als Partner, die mit einer gegenseitig abgestimmten Produktpalette die Kundenwünsche besser erfüllen können.
- Qualität und Wertigkeit der Produkte sind anderen Hofkäsereien bewusst, so dass sie dies dem Verbraucher vermitteln können. Durch den Austausch von Produkten ist den Hofkäsereien eine gewisse Spezialisierung auf ausgewählte Produkte möglich.

Beide Aspekte können sich sehr positiv auf die Erlös- bzw. Kostenstruktur einer Hofkäserei auswirken und sollten daher unbedingt in eine Planung einfließen.

Preise selbst ausloten statt kritiklos übernehmen: Für die betriebswirtschaftliche Planung ist es durchaus sinnvoll, sich am derzeitigen Preisniveau zu orientieren, um unliebsame Absatzschwierigkeiten zu vermeiden. Wer sich aber mit neuen Produkten am Markt versucht, sollte durchaus den Mut besitzen, das Preisgefüge nach

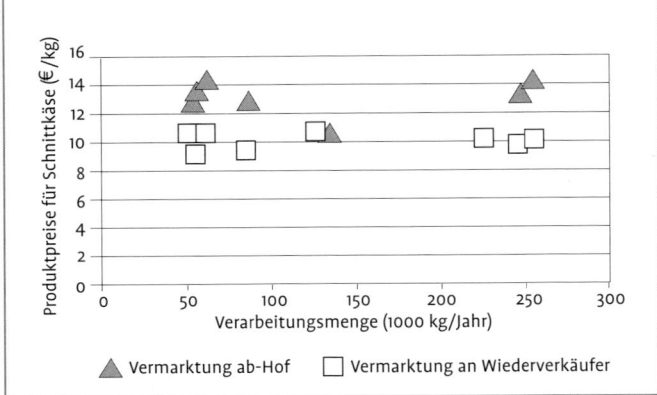

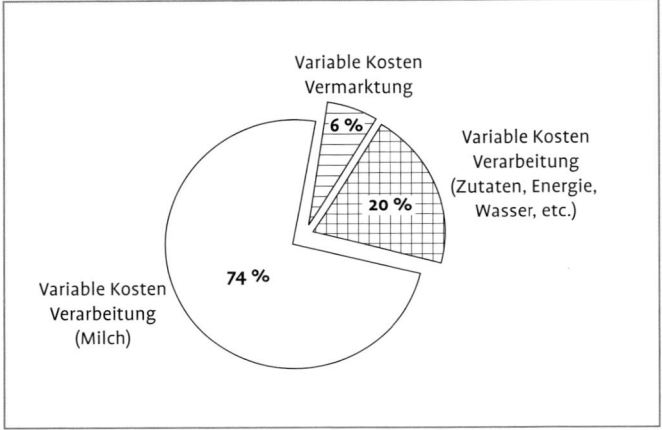

Abb. 7.2 (oben): Verkaufspreise von Schnittkäse bei Ab-Hof-Vermarktung und Vermarktung an Wiederverkäufer (nach Dempewolf 2002).

Abb. 7.3 (unten): Durchschnittliche Variable Kosten in der Verarbeitung und Vermarktung (nach Dempewolf 2002).

oben auszuloten. Abwärts gehen die Preise ohnehin von alleine. Viel zu oft wird das Preisniveau von Kollegen kritiklos übernommen oder gar unterboten. Dadurch werden Produkte zu billig eingeführt und können erfahrungsgemäß später kaum noch im Preis angehoben werden.

7.1.2 Variable Kosten

Die Variablen Kosten werden zum größten Teil von den Kosten für den Rohstoff Milch bestimmt. Weitere Kosten fallen für Betriebsmittel wie Lab, Kulturen, Gewürze und Kräuter sowie Wasser und Energie an (siehe Abbildung 7.3).

Bei den innerbetrieblich veranschlagten Rohmilchkosten kann man immer wieder erhebliche Unterschiede feststellen (siehe Abbildung 7.4). Dies hat vor allem zwei

Gründe:
1. Verschiedene Erhebungen belegen, dass die Milcherzeugungskosten von Betrieb zu Betrieb sehr unterschiedlich sein können. So hat das ehemalige Hessische Landesamt für Regionalentwicklung und Landwirtschaft bei hessischen Betrieben Milcherzeugungskosten von 0,36–0,60 Euro pro Liter ermittelt.
2. Es gibt unterschiedliche Bewertungen, ob bei einer Planungsrechnung die realen Milcherzeugungskosten oder der bisher in der Molkerei erzielbare Milchpreis zu veranschlagen sind.

In der Praxis setzen nach wie vor zahlreiche Betriebe statt der Herstellungskosten der Rohmilch den Milchpreis an, den sie bei einer Ablieferung an die Molkerei erhalten würden. Hieraus ergibt sich, dass bei sinkendem Milchpreis die hofeigene Milchverarbeitung immer lukrativer wird. Dies täuscht jedoch darüber hinweg, dass
- die besonders hohen Anforderungen an die Milchqualität bei der Rohmilchverarbeitung höhere Kosten der Milcherzeugung in den Bereichen Fütterung, Melken etc. verursachen,
- die derzeitigen Milchpreise bei ökologischer Wirtschaftsweise nicht kostendeckend sind.

Wer nicht nur die zwei Vermarktungswege Molkerei bzw. Eigenverarbeitung vergleichen möchte, der sollte bei den Rohmilchkosten die tatsächlichen Milcherzeugungskosten für die Wirtschaftlichkeitsberechnung zu Grunde legen.

7.2 Personalkosten

Die Personalkosten werden beim landwirtschaftlichen Rechnungswesen häufig den Festkosten zugeschlagen (Fremdarbeitskräfte) bzw. aus dem verbleibenden Unternehmergewinn als Entnahme vorgesehen (Familienarbeitskräfte). Für eine Planungsrechnung ist es einfacher, den Gesamtarbeitszeitbedarf zu ermitteln und entsprechend zu vergüten. Dies kommt nicht zuletzt der Realität vieler Hofkäsereien näher, da Familienarbeitskräfte nur selten in ausreichendem Maße zur Verfügung stehen. Vor allem nach der Aufbauphase sind Hofkäsereien in hohem Maße auf Fremdarbeitskräfte angewiesen. Der Arbeitsmarkt hält bedauerlicherweise keine große Zahl an Fachkräften bereit. Aus diesem Grunde steigt der Anteil an Käsereien, die Mitarbeiter gezielt aus- und fortbilden.

Arbeitszeitbedarf nicht unterschätzen: Der Arbeitszeitbedarf für die hofeigene Milchverarbeitung ist beträchtlich und wird gerne unterschätzt. Neben dem eigentlichen Herstellungsprozess müssen insbesondere die Arbeitsbereiche Reinigung der Geräte und Räumlichkeiten, Käsepflege und Vermarktung berücksichtigt werden. So kann man bei einer Verarbeitungsmenge von 100.000 kg Milch durchaus von einer Vollarbeitskraft für die Herstellung ausgehen.

Bei ausschließlicher Direktvermarktung wird für diesen Bereich eine weitere Vollarbeitskraft benötigt. Die Erhebungen von Arbeitszeitansätzen in Hofkäsereien für verschiedene Produkte sind durch die enorme Vielfalt in Bezug auf Produktsortiment, Vermarktungsweg sowie Bau und Einrichtung der Käsereien sehr schwierig. Die in Abbildung 7.5 dargestellten Arbeitszeitansätze von Bokermann sind daher für jeden Einzelfall kritisch zu hinterfragen.

Kosten im Griff durch hohe Auslastung: Aus Abbildung 7.5 wird deutlich, dass bei der Verarbeitung größerer Chargen die relative Arbeitszeit bezogen auf die Verarbeitung von 100 kg Milch deutlich sinkt. So liegt die Arbeitszeit bei Gouda für 100 kg bei 5,16 Arbeitskraftstunden (Akh). Verarbeitet man hingegen 250 kg Milch bzw. 500 kg Milch, dann ergeben sich Gesamtarbeitszeiten von 7,3 Akh bzw. 9,95 Akh. Um unterschiedliche Verarbeitungsmengen vergleichen zu können, werden diese absoluten Arbeitszeitansätze für 250 kg- und 500 kg-Chargen in Abbildung 7.5 durch 2,5 bzw. 5 geteilt. Alle Angaben beziehen sich dann auf 100 kg Milch.

Die beachtlichen Arbeitzeitunterschiede je Chargengröße liegen vor allem daran, dass der Herstellungsprozess für die verschiedenen Chargengrößen nahezu gleich lange dauert. Diesen Effekt kann man ausnutzen, wenn man sich bis zu einem gewissen Grad auf bestimmte Produkte spezialisiert.

7.3 Festkosten

Die Festkosten ergeben sich aus den Investitionen für Gerätschaften und bauliche Anlagen. Die Spannbreite der Investitionen ist sehr groß und abhängig von der Betriebsgröße, der angestrebten Produktpa-

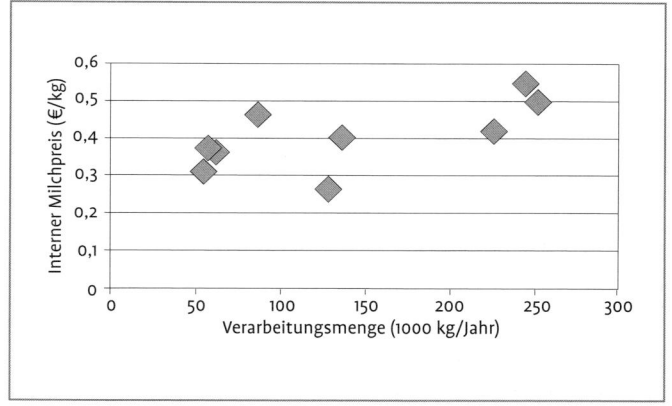

Abb. 7.4 (oben): Die Kostenansätze für Verarbeitungsmilch zeigen eine große Streubreite (nach Dempewolf 2002).

Abb. 7.5 (unten): Der Arbeitszeitbedarf je 100 kg Rohmilch sinkt deutlich bei steigender Chargengröße (nach Dempewolf 2002).

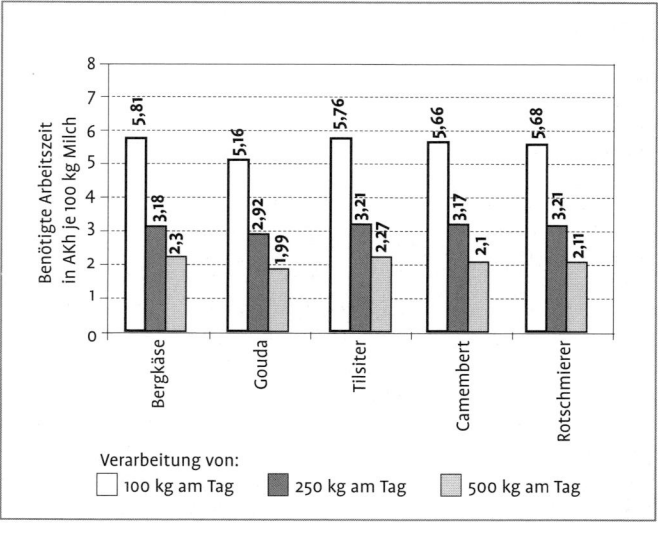

Abb. 7.6 (rechts): Kupferkessel mit Gasbefeuerung.

Abb. 7.7: Wasserbeheizter Holländer-Kessel.

Abb. 7.8 (unten): Hochgestellte Käsekessel.

lette, der Qualität der Ausstattung, vom Anteil der Eigenleistung beim Bau einer Käserei und ob geeignete Gebrauchtgeräte erhältlich sind (siehe Abbildung 7.6–7.8). Die Höhe der Investitionen hat über die Abschreibung, die zu zahlenden Zinsen sowie die entstehenden Reparaturen Einfluss auf die Wirtschaftlichkeit der Milchverarbeitung.

Investitionssummen zeigen große Spannbreite: In der Praxis werden sehr unterschiedliche Summen investiert. Lagen 1993 die Investitionen bei einer Erhebung von Beyrle zwischen 5.000 und 1.000.000 Euro, so kommt Dempewolf 2001 bei neun ausgewählten Hofkäsereien auf Gesamtinvestitionen von 55.000–750.000 Euro. Abbildung 7.9 verdeutlicht, dass große und kleine Hofkäsereien bezogen auf die Verarbeitungsmenge ähnlich viel investieren. Bezogen auf die jährliche Verarbeitungsmenge kann man bei der Planung daher von einer Investitionssumme von 0,5–2 Euro pro zu verarbeitendem Kilogramm Milch ausgehen.

Dies bedeutet, dass bei einer jährlichen Milchmenge von 100.000 kg für den Bau und die Einrichtung einer Hofkäserei mit einem Investitionsbedarf von 50.000–

Tab. 7.4 Die Bedeutung der Festkosten an den Gesamtkosten ohne Personalkosten

	Durchschnittlicher Festkostenanteil		Hofkäserei mit dem höchsten Festkostenanteil		Hofkäserei mit dem geringsten Festkostenanteil	
	in Euro	in %	in Euro	in %	in Euro	in %
Variable Kosten	0,57	85	0,64	70	0,54	96
Festkosten	0,10	15	0,28	30	0,02	4
Gesamtkosten ohne Personalkosten	0,67	100	0,92	100	0,56	100

Quelle: Dempewolf, M. (2002).

200.000 Euro zu rechnen ist. Wenn einzelne Käsereien von dieser Faustzahl erheblich abweichen, dann liegt dies meistens an betriebsindividuellen Begebenheiten wie z. B. Sonderförderungen, Einrichtungen mit therapeutischer Betreuung u. ä. Interessant ist, dass die Festkosten pro Kilogramm verarbeiteter Milchmenge bei steigender Verarbeitungsmenge nicht generell abnehmen. Es gelingt kleineren Hofkäsereien durchaus, mit geringer Investitionssumme erfolgreich zu wirtschaften.

Nutzungsdauer realistisch festlegen: Aus der Investitionssumme werden über eine bestimmte Nutzungsdauer die jährlich anfallenden Festkosten ermittelt. Hier besteht in der Praxis des Öfteren die Gefahr, dass die Betriebe eine zu lange Nutzungsdauer für Gerätschaften und bauliche Anlagen veranschlagen. Die Erfahrungen der letzten 15 Jahre zeigen, dass eine Abschreibung der Geräte über 8 Jahre und der baulichen Anlagen über 10–15 Jahre in der Praxis üblich ist.

Die Festkosten, also die Investitionen, gelten allgemein als größte Hemmschwelle bei der Aufnahme der hofeigenen Milchverarbeitung. Vergleicht man die Festkosten und variablen Kosten so kommt man zu einem überraschenden Ergebnis. Im Durchschnitt beträgt der Anteil der Festkosten an den Gesamtkosten ohne Personalkosten lediglich 15 % (siehe Tabelle 7.4).

Dies sollte man vor allem unter dem Gesichtspunkt einer arbeitswirtschaftlichen Käsereiplanung berücksichtigen, denn zu geringe Investitionen in Technik und Gebäude führen in der Praxis schnell zu beengten und sehr umständlichen Arbeitsprozessen.

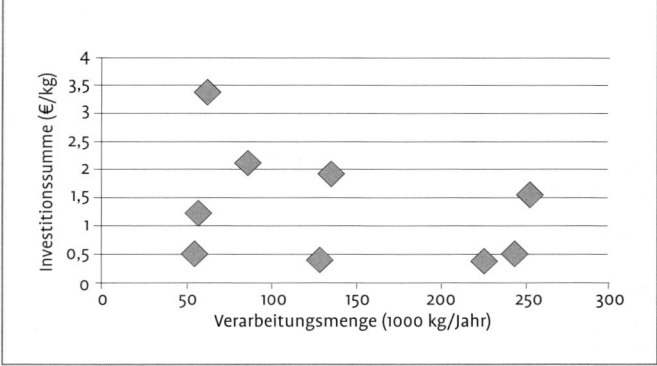

Abb. 7.9: Die Investitionssummen verschiedener Hofkäsereien bezogen auf die jährliche Verarbeitungsmenge (nach Dempewolf 2002).

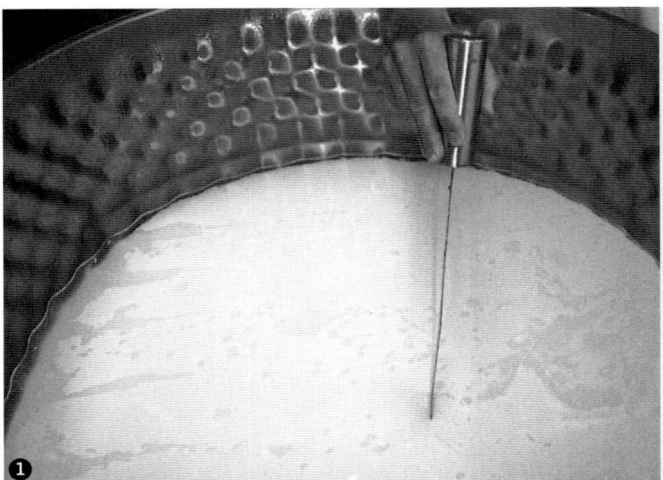

Herstellung von Frischkäse

1 – Schneiden der Gallerte mit einem Säbel
2 – Vorsichtiges Schöpfen der Gallerte
3 – Abfüllen in Schichtkäseformen
4 – Entfernen des Verteilerrahmens

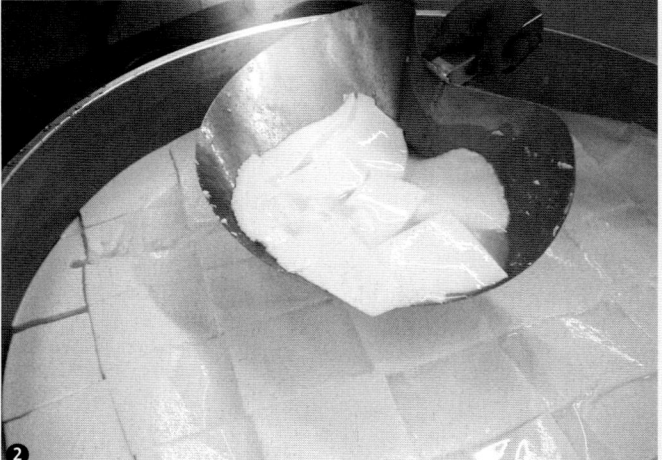

Herstellung Frischkäse | 135

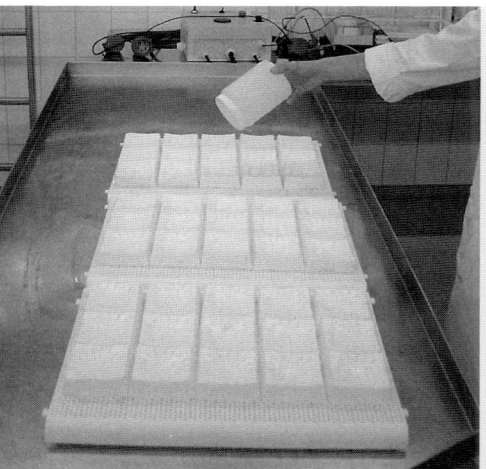

5 – Käse salzen
6 – Abtropfen des Käses im Kühlraum
7 – Käse verpacken

Herstellung von Schnittkäse

1 – Aufwärmen der Milch, Kulturzugabe
2 – ph-Wert Messung
3 – Einlaben
4 – Prüfung der Gallertekonsistenz
5 – Schneiden der Gallerte
6 – Kontrolle der Bruchkorngröße
7 – Abfüllen des Bruchs mit einer Siebrutsche
8 – Käse wenden

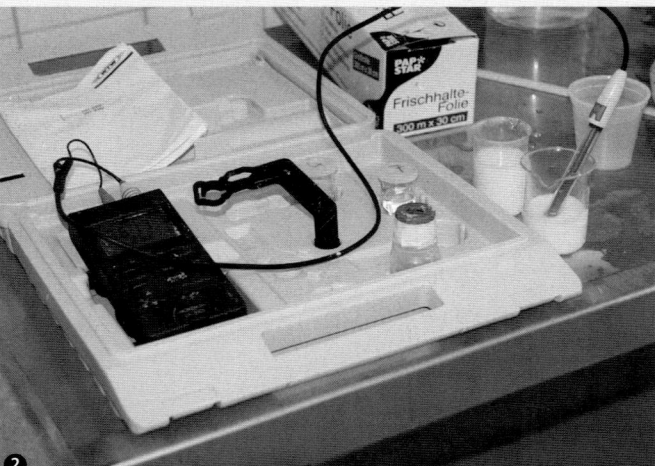

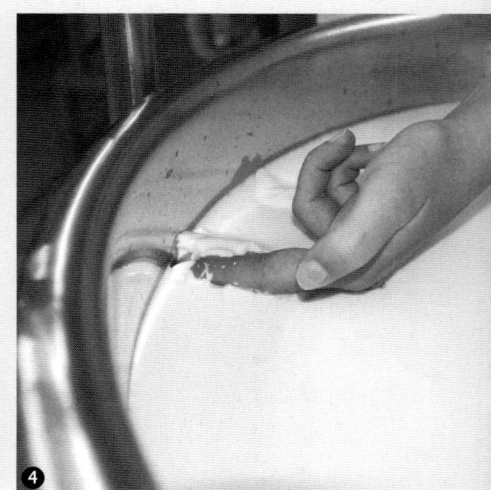

Herstellung Schnittkäse

8 Die Käserezepturen

Wer bereits Käse hergestellt hat, weiß um die Schwankungsbreite, die sich bei gleichem Rezept ergeben kann. Dies zeigt, wie wichtig die Kenntnisse der Käseherstellung sind, um entsprechende Käse herstellen zu können. Nur wer über die Zusammenhänge der Käseherstellung praktisch und theoretisch Bescheid weiß, kann letztlich den Käseprozess zu einem schmackhaften Ende führen.

Viele Käsebücher beginnen mit dem Hinweis, dass man Käsen nicht durch schablonenhaftes Kopieren eines Käserezeptes erlernen kann. Dies schreckt schnell ab und verkennt, dass doch gerade für Anfänger Käserezepte eine wichtige Stütze sind, mit deren Hilfe erste Schritte in der Käseherstellung möglich werden. Außerdem sind Käserezepte eine wichtige Quelle für die Entwicklung eigener Käsekreationen. Die Herstellung von Käse ist immer wieder ein Abenteuer, welches aber mit zunehmender Erfahrung kalkulierbar wird.

Die nachfolgenden Käserezepte, die freundlicherweise von Hofkäsereien bereitgestellt wurden, sollen einen kleinen Einblick in die Vielfalt der deutschen Hofkäsereiwelt geben und vor allem zu ersten Schritten in die Herstellung von Käse ermutigen.

Abkürzungen

l	Liter
ml	Milliliter
g	Gramm
kg	Kilogramm
cm	Zentimeter
nm	Nanometer
cm^2	Quadratzentimeter
°C	Grad Celcius
°Bé	Grad Baumé
RLF	relative Luftfeuchte
s	Sekunde
min	Minute
h	Stunde
d	Tag
Pen.	Penicillium
G.	Geotrichum
Lc.	Lactococcus
Lb.	Lactobacillus
St.	Streptococcus
subsp.	Subspecies
biov.	Biovariation
F.i.Tr.	Fett in der Trockenmasse
mes. Kultur	mesophile Kultur
therm. Kultur	thermophile Kultur
SW	Säurewecker
GZ	Gerinnungszeit
DZ	Dickungszeit
SH°	Säuregrad nach Soxhlet-Henkel
$CaCl_2$	Calciumchlorid
O_2	Sauerstoff
CO_2	Kohlendioxid
H_2	Wasserstoff
⌀	Durchmesser
DIP	direkt im Produkt
CCP	kritischer Kontrollpunkt
CP	Kontrollpunkt
NaCl	Natriumchlorid
pH-Wert	Maß für die Stärke der sauren bzw. basischen Wirkung einer Lösung

8.1 Butendieker Frischkäse

Sorte: Frischkäse aus Kuhmilch
Datum:

Zeitablauf	Verfahrensschritt	Parameter	Zielwert	Korrekturwert	CP/CCP
Tag – 1	Milchlagerung	Milchart	Kuhmilch		
		Milchalter	Max. 12 h		✔
		Lagertemperatur	< 8 °C		✔
Tag 0	Milchbehandlung	Erhitzungstemperatur	Pastmilch (30 min bei 63 °C)		✔
		Fettgehalt	naturbelassen		
0 min	Kulturzugabe	Kulturart	Säurewecker (mesophile Kultur)		
		Kulturmenge	1 %		
		Sensorische Prüfung	kulturtypisch		✔
		Vorschütttemperatur	27 °C		
		Vorschüttdauer	0 min		
	Dicklegen der Milch	Labart	Kälbermagenlab		
		Labstärke	1:15.000		
		Labmenge pro 100 l	3 ml		
		Einlabtemperatur	27 °C		
		Raumtemperatur	> 20 °C		✔
		Dickungszeit	12 h		
12 h	Schneiden mit Käseharfe	Bruchgröße	5 cm		
		Säuregrad vor dem Schneiden	< 4,60 pH		✔
12 h 10 min	Pressen mit Schulenburgfertiger	Pressdruck	0,5–5 bar (langsam steigern)		
		Pressdauer	6 h		
		Raumtemperatur	15–20 °C		✔
		Säuregrad nach dem Pressen	4,50 pH		
18 h	Abfüllen in Verkaufsverpackung unter Zusatz verschiedener Öl-/Kräutermischungen	Verpackungsmaterial	öldichte Becher		
	Kühlung	Raumtemperatur	< 5 °C		✔

8.2 Gereifter Frischkäse

Sorte: Weichkäse aus Kuhmilch
Datum:

Zeitablauf	Verfahrensschritt	Parameter	Zielwert	Korrekturwert	CP / CCP
Tag – 1	Milchlagerung	Milchart	Kuhmilch		
		Milchalter	Max. 12 h		✔
		Lagertemperatur	8–10 °C		✔
	Milchbehandlung	Erhitzungstemperatur	Rohmilch (< 40 °C)		
		Fettgehalt	naturbelassen		
	Kalte Vorreifung der Abendmilch	Kulturart	Säurewecker (mesophile Kultur)		
		Kulturmenge	0,1–0,3 % bei Rohmilch		
		Sensorische Prüfung	kulturtypisch		✔
		Vorschütttemperatur	8–10 °C		
		Vorschüttdauer	12 h		
Tag 0	Warme Vorreifung der gesamten Milch	Kulturart	Säurewecker (mesophile Kultur)		
		Kulturmenge	2 %		
		Sensorische Prüfung	kulturtypisch		✔
		Vorschütttemperatur	32 °C		
		Vorschüttdauer	bis zum Erreichen des gewünschten pH-Wertes		
		Säuregrad am Ende der Vorreifung	6,10–6,20 pH		
	Zugabe der Schimmelkultur	Kulturart	Penicillium candidum		
	Schimmelkultur in abgekochtem, lauwarmem Wasser auflösen	Kulturmenge	nach Herstellerangaben (1/3 in die Milch geben, 2/3 zum Besprühen der Käse aufbewahren)		
0 min	Dicklegen der Milch	Labart	Kälbermagenlab		
		Labstärke	1:15.000		
		Labmenge pro 100 l	18 ml		
		Einlabtemperatur	32 °C		
		Raumtemperatur	> 20 °C		
		Gerinnungszeit	6–8 min		
		Dickungszeit	8–9 h		
9 h	Abfüllen Mit einer Kelle, ohne den Bruch vorher zu schneiden	Säuregrad beim Abfüllen	4,6–4,7 pH		
		Formenart	Frischkäseform		
		Käsegröße	Durchmesser 8–9 cm, 4–5 cm		
		Käsegewicht	140 g		
	Abtropfen	1. Wenden	nach dem Schöpfen		
		Raumtemperatur	18–22 °C		✔
		Abtropfdauer	12–15 h		
		2. Wenden	12 h nach dem Schöpfen		

8.2 Gereifter Frischkäse

Tag + 1	**Ausformen**	Säuregrad beim Ausformen	4,4–4,6 pH	✔
	Trockensalzen Nach dem Salzen kann der Käse eingepackt und als Frischkäse verkauft werden	Raumtemperatur Salzdauer Salzgehalt im Käse	15–17 °C 24 h 1–2 % NaCl	
Tag + 2	**Trocknen**	Raumtemperatur Raumfeuchte Trockendauer	14–15 °C 80–85 % RLF 1 Tag	
Tag + 3	**Reifen** Käseoberfläche zu Beginn der Reifung mit Schimmelkultur besprühen	Kulturart Kulturmenge Raumtemperatur Raumfeuchte Reifedauer	Penicillium candidum 2/3 der angesetzten Schimmelkultur 12–13 °C 90 % RLF 8–10 Tage	
Tag + 11	**Trocknen** Nach Bildung des Schimmelrasens Käse im Kühlraum trocknen	Raumtemperatur Raumfeuchte Trockendauer	6 °C 60–70 % RLF 2–4 h	
	Verpacken (nach dem Trocknen)	Verpackungsmaterial	atmungsaktives Papier	
	Kühlung	Raumtemperatur Lagerdauer	4–6 °C max. 3 Wochen	✔

8.3 Ricotta

Sorte: Frischkäse aus Kuh-, Ziege- oder Schafmolke

Datum:

Zeitablauf	Verfahrensschritt	Parameter	Zielwert	Korrekturwert	CP/CCP
Tag – 1	Milchlagerung	Milchart	Kuh- Ziegen- oder Schafmilch		
		Milchalter	Max. 12 h		
		Milchlagertemperatur	< 8 °C		✔
	Milchbehandlung	Erhitzungstemperatur	Rohmilch (< 40 °C)		
		Fettgehalt	naturbelassen		
Tag 0	Molkebehandlung	Molkeart	Süssmolke aus Kuh- Ziegen- oder Schafkäseherstellung		
		Molkealter	frisch (Molke unmittelbar nach dem Käsen verarbeiten)		
		Säuregrad der Molke	> 6,45 pH		
0 min	Molke aufwärmen am besten direkt mit Dampf im Produkt aufwärmen, dabei nicht oder nur wenig rühren	Temperatur	75 °C		✔
	Zugabe von Milch und Kochsalz	Milchmenge	max. 10 %		
		Kochsalzmenge	0,75–1 %		
	Entnahme von Molke	Molkemenge	1,5–3 %		
	Vorbereitung der sauren Lösung	Molketemperatur	70–75 °C		
	Entnommene Molke mit Zitronen- oder Milchsäure (z.B. saure Molke mit pH 3–4) ansäuern	Säuremenge	abhängig vom pH-Wert der Säure (angestrebter pH-Wert muss erreicht werden)		
		Säuregrad der sauren Lösung	2,8–3,0 pH		
15 min	Molke-/Milchgemisch auf Ausfälltemperatur erhitzen	Erhitzungstemperatur	90 °C		
		Erhitzungsdauer	3–5 min bei 90 °C		
20 min	Zugabe der warmen sauren Lösung Lösung in der bewegungslosen Molke langsam verteilen. Die Säure kann durch eine kurze Dampfinjektion besser verteilt werden. Sobald Eiweiß-Flocken erscheinen, Molke zum vollständigen Stillstand bringen	Säuregrad der Molke vor der Säurezugabe	6,2–6,3 pH		
	Molke-/Milchgemisch warmhalten	Temperatur der Molke nach der Säurezugabe	> 85 °C		
	Die Eiweißagglomerate kommen an die Oberfläche und bilden eine Art Gallerte	Warmhaltedauer	15–20 min		
		Säuregrad der Molke nach der Säurezugabe	5,6 pH		

8.3 Ricotta

40 min	**Abfüllen**	Formenart	Ricotta-Formen	
	Gallerte vorsichtig mit einer gelochten Kelle verschöpfen	Käsegröße	Durchmesser 10 cm, Höhe 5 cm	
		Käsegewicht	400–500 g	
50 min	**Abtropfen**	Raumtemperatur	> 20 °C	
		Abtropfdauer	2–4 h	
		Säuregrad nach dem Abtropfen	5,6–5,8 pH	
4 h	**Verpacken**	Verpackungsmaterial	Käseform vakuum verpackt	
	Ricotta ist sehr zerbrechlich, am besten mit Form verpacken			
	Kühlung	Raumtemperatur	4–6 °C	✔
Variante	Ricotta salata ist ein mehrere Monate gereifter Molkekäse, der gerieben werden kann. Nach der Herstellung wird der Käse kräftig gesalzen und getrocknet.			

8.4 Mozzarella

Sorte: Pasta Filata-Käse aus Kuhmilch

Datum:

Zeitablauf	Verfahrensschritt	Parameter	Zielwert	Korrekturwert	CP/CCP
Tag – 1	Milchlagerung	Milchart	Kuhmilch		
		Milchalter	Max. 12 h		
		Lagertemperatur	< 8 °C		
Tag 0	Milchbehandlung	Erhitzungstemperatur	Pastmilch (30 min bei 63 °C)		✓
		Fettgehalt	3,0 %		
	Vorreifung	Kulturart	Joghurt oder Pasta Filata Kultur		
		Kulturmenge	1,00 %		
		Sensorische Prüfung	kulturtypisch		✓
		Vorschütttemperatur	35–40 °C		
		Vorschüttdauer	30 min–1 h		
		Säuregrad am Ende der Vorreifung	6,50–6,55 pH 6,8–7,0 °SH		
0 min	Dicklegen der Milch	Labart	Kälbermagenlab		
		Labstärke	1:15.000		
		Labmenge pro 100 l	10–14 ml		
		Einlabtemperatur	35–40 °C		
		Gerinnungszeit	10–15 min		
		Dickungszeit	30–60 min		
45 min	Schneiden	Bruchgröße	1,5–3 cm		
		Dauer der Bruchbereitung	5 min		
50 min	Leichtes Rühren	Rührdauer	10–15 min		
	Zusammenwachsen und Säuerung der Bruchmasse	Säuregrad vor dem Absitzen lassen	6,40–6,45 pH		
1h 5 min	Absitzenlassen des Bruches	Dauer	4–5 min		
1 h 10 min	Abziehen der überstehenden Molke				
	Erwärmung eines Teiles der abgezogenen Molke				
	erneute Zugabe der Molke wärmt den Bruch wieder an	Temperatur nach der Molkezugabe	37–42 °C		
1 h 20 min	Zusammenwachsen und Säuerung der Bruchmasse	Dauer	3–8 h		
		Säuregrad vor dem Prüfen des Reifegrades	5,1–5,4 pH		
7 h 20 min	**Prüfung des Reifegrades zum Filatisieren** Eine handvoll Bruchmasse entnehmen, kurz abtropfen lassen, zerkleinern, mit heißem Wasser überbrühen und kneten.	Kontrolle der eigbeschaffenheit	Ziel ist es, die plastische Masse zu einem dünnen fast durchsichtigem Film auseinander zu ziehen, der nicht reißt.		
		Wassertemperatur	90 °C		
		Knetdauer	2–4 min		

8.4 Mozzarella

7 h 24 min	**Kneten der Bruchmasse**	Säuregrad beim Stoppen der Säuerung	5,1–5,4 pH
	Sobald gewünschter Reifegrad erreicht ist, Bruchmasse aus dem Behälter entnehmen, auf einem Abtropftisch abtropfen lassen um die Säuerung zu stoppen.		
	Bruchmasse zu Schnitzeln zerkleinern, in ein isoliertes Gefäß geben und die Bruchmasse mit heißem Wasser bedecken und kneten bis sich eine plastische Masse bildet.	Schnitzelgröße Wassertemperatur Knetdauer	1–2 cm 85–90 °C 5–10 min
8 h	**Portionieren / Formen** Unterschiedlichen Formen sind möglich: rund mit verschiedene Durchmesser, birnenformig mit einem Hals damit man sie zum Reifen aufhängen kann, dünne Strängen die weiter zu einem Zopf geflochten werden.	Kontrolle der Teigbeschaffenheit	Von der warmen plastischen Masse eine Kugel mit zwei Händen zwischen Daumen und Zeigefinger auspressen und abtrennen. Die Kugel soll glatt und geschlossen sein. Die Narbe die sich beim Abtrennen bildet soll möglich klein und ebenfalls geschlossen sein.
	Abkühlen und Verfestigen der Käse in kaltem Wasser	Wassertemperatur Dauer	6 °C 10 min
	Salzen in Salzlake	Verweilzeit in der Salzlake	je nach gewünschtem Salzgehalt und Gewicht des Käses
		Temperatur der Salzlake	10–12 °C
		Dichte der Salzlake Säuregrad der Salzlake Salzgehalt im Käse	14–15 % 5,2–5,4 pH 0,5–1 % NaCl
Tag + 1	**Verpacken**	Verpackungsmaterial Dichte der Salzlake Säuregrad der Salzlake	Eimer oder Beutel 1–2 % 5,2–5,4 pH
	Kühlung	Kühltemperatur	6 °C ✓
Variation	**Trocknen** für die Herstellung gereifter Variationen (Provoletta, Provolone)	Temperatur Trockendauer	22–25 °C 2–6 h
	Reifen	Raumtemperatur Raumfeuchte Reifedauer	12–14 °C 80 % RLF 2–4 Wochen

8.5 Typ „Feta"

Sorte: Weichkäse in Salzlake aus Kuhmilch

Datum:

Zeitablauf	Verfahrensschritt	Parameter	Zielwert	Korrekturwert	CP/CCP
Tag – 1	Milchlagerung	Milchart	Kuhmilch		
		Milchalter	Max. 12 h		✔
		Lagertemperatur	< 8 °C		✔
Tag 0	Milchbehandlung	Erhitzungstemperatur	Pastmilch (30 min bei 63 °C)		✔
		Fettgehalt	3,2–3,3 %		
	Vorreifung	Kulturart	Feta-Direktstarter		
		Kulturmenge pro 100 l	1–2 units		
		Vorschütttemperatur	34 °C		
		Vorschüttdauer	bis zum Erreichen des gewünschten pH-Wertes		
		Säuregrad am Ende der Vorreifung	6,55–6,60 pH		
	Zugabe von Calciumchlorid	Menge pro 100 l	10 g		
0 min	Dicklegen der Milch	Labart	Kälbermagenlab		
		Labstärke	1:15.000		
		Labmenge pro 100 l	20 ml		
		Einlabtemperatur	34 °C		
		Gerinnungszeit	15–18 min		
		Dickungszeit	55–60 min		
60 min	Schneiden	Bruchgröße	1,5 cm		
		Säuregrad vor dem Schneiden	6,50–6,45 pH		
		Dauer der Bruchbereitung	2 min		
1h 2 min	Aufrühren des Käsebruches	Zeitpunkt des Aufrührens	nach 15, 30 und 45 min		
2 h	Molke ablassen	Menge	30 %		
2 h 5 min	Abfüllen	Säuregrad beim Abfüllen	6,25–6,35 pH		
		Formenart	gelochter Kunststoffrahmen (45 x 55 cm) oder Weichkäseformen		
2 h 15 min	Abtropfen/Pressen	Pressdauer	ca. 1 Tag		
		Pressdruck	leichtes Pressen (1–2 kg pro Kunststoffrahmen)		
		Raumtemperatur	23–24 °C (die ersten 5 Stunden)		✔
			> 20 °C (nach 5 Stunden)		✔
		1. Wenden	nach 1 h den ganzen Rahmen		
		Weiteres Wenden	nach 2 h, 3 h, 5 h, 8 h		

8.5 Typ „Feta"

Tag + 1	**Ausformen**	Säuregrad beim Ausformen	4,8–4,9 pH	✔
	Portionieren mit einem Messer	Käsegröße	geschnittene Blöcke oder Scheiben	
		Käsegewicht	je nach Block- oder Scheibengröße	
	Trockensalzen Käse mit Salz kräftig einreiben, abends wiederholen	Raumtemperatur	15–17 °C	
		Salzdauer	1–2 Tage	
		Salzgehalt des Käses	4–5 % NaCl	
Tag + 2	**Trocknen**	Raumtemperatur	13–15 °C	
		Raumfeuchte	80 % RLF	
		Trockendauer	2–3 Tage	
Tag + 4	**Verpacken**	Verpackungsmaterial	Plastikdosen	
	Herstellen der Salzlake Molke, Wasser und Salz mischen und erhitzen	Zusammensetzung der Salzlake	2 l Sauermolke, 7 l Wasser, 1 kg Salz	
		Säuregrad der Sauermolke	4,4 pH	
		Erhitzungstemperatur des Lakegemisches	85 °C	✔
		Dichte der Salzlake	10 °Bé	
		Säuregrad der Salzlake	4,6–4,7 pH	
	Lagern in Salzlake Käse in Plastikdose bringen, mit der Lake randvoll auffüllen und hermetisch zuschließen. Im Behälter darf keine Luft mehr vorhanden sein, da sonst eine Verhefung stattfinden kann.	Lagertemperatur	6 °C	✔
		Lagerdauer	mehrere Monate	

8.6 Traditioneller Camembert aus Rohmilch

Sorte: Weichkäse aus Kuhmilch
Datum:

Zeitablauf	Verfahrensschritt	Parameter	Zielwert	Korrekturwert	CP/CCP
Tag – 1	**Milchlagerung**	Milchart	Kuhmilch		
		Milchalter	Max. 12 h		✓
		Lagertemperatur	< 8 °C		✓
	Milchbehandlung Rahm der Abendmilch morgens abschöpfen oder Morgenmilch zentrifugieren	Erhitzungstemperatur	Rohmilch (< 40 °C)		
		Fettgehalt	3,0 %		
	Kalte Vorreifung der Abendmilch	Kulturart	Säurewecker (mesophile Kultur)		
		Kulturmenge	0,2–1 %		
		Sensorische Prüfung	kulturtypisch		✓
		Vorschütttemperatur	11–14 °C		
		Vorschüttdauer	12 h		
Tag 0	**Warme Vorreifung** der gesamten Milch	Kulturart	Säurewecker (mesophile Kultur)		
		Kulturmenge	0,5–1 %		
		Sensorische Prüfung	kulturtypisch		✓
		Vorschütttemperatur	33–34 °C		
		Vorschüttdauer	bis zum Erreichen des gewünschten pH-Wertes		
		Säuregrad am Ende der Vorreifung	6,00–6,20 pH		
	Zugabe der Schimmelkultur Schimmelkultur in abgekochtem, lauwarmem Wasser auflösen	Kulturart	Penicillium candidum		
		Kulturmenge	nach Herstellerangaben (1/3 in die Milch geben, 2/3 zum Besprühen der Käse aufbewahren)		
0 min	**Dicklegen der Milch**	Labart	Kälbermagenlab		
		Labstärke	1:15.000		
		Labmenge pro 100 l	10–15 ml		
		Einlabtemperatur	33–34 °C		
		Gerinnungszeit	7–9 min		
		Dickungszeit	35–45 min (4–5 mal die GZ)		
45 min	**Schneiden** (optional) Molketropfen müssen sich über die Gallerte gebildet haben, die Gallerte von der Wandung gelöst haben. Fettige Oberfläche der Gallerte entfernen. Eventuell mit Säbel schneiden	Bruchgröße	10 cm		
		Säuregrad vor dem Schneiden	5,9–6,0 pH		

8.6 Traditioneller Camembert aus Rohmilch

55 min	**Abfüllen** mit 400 cm³ Schöpflöffel in die Formen füllen	Formenart	Weichkäseformen	
		Käsegröße	Durchmesser 10 cm, Höhe 3 cm	
		Käsegewicht	250 g	
	Der Bruch stammt aus unterschiedlichen Wannen die in Abständen eingelabt wurden.	Abfülldauer	1 h 30min – 3 h	
3 h	**Abtropfen**	Raumtemperatur (bis 3 h nach dem Abfüllen)	26–28 °C	✔
	An den Formen klebenden Bruchstücken 1h und 2h nach dem Schöpfen im Käse drücken	Raumtemperatur (3 h nach dem Abfüllen bis zum 2. Wenden)	24–26 °C	✔
		Raumtemperatur nach dem 2. Wenden	18–20 °C	✔
		1. Wenden	4–5 h nach dem Schöpfen	
		2. Wenden	8–10 h nach dem Schöpfen	
		Säuregrad 1 h nach dem Schöpfen	5,60 pH	
		Säuregrad 4 h nach dem Schöpfen	5,00 pH	
		Säuregrad 9 h nach dem Schöpfen	4,70 pH	
Tag + 1	**Ausformen**	Säuregrad beim Ausformen	4,6–4,7 pH	✔
		Trockenmasse des Käses	40–41 %	
	Trockensalzen	Raumtemperatur	15–17 °C	
		Salzdauer	24 h	
		Salzgehalt im Käse	1,7–1,8 % NaCl	
Tag + 2	**Trocknen** auf Horden Käseoberfläche mit Schimmelkultur besprühen	Raumtemperatur	15–16 °C	
		Raumfeuchte	80–85 % RLF	
		Trockendauer	1–2 Tage	
		Kulturart	Penicillium candidum	
		Kulturmenge	2/3 der angesetzten Schimmelkultur	
Tag + 4	**Reifen** auf Horden	Raumtemperatur	12–13 °C	
		Raumfeuchte	90–95 % RLF	
		Reifedauer	6–8 Tage	
		Wenden	alle 2 Tage	
Tag + 10	**Lagern** auf Horden	Lagertemperatur	8–9 °C	
		Lagerdauer	2 Tage	
Tag + 12	**Verpacken**	Verpackungsmaterial	atmungsaktives Papier und Spanschachtel	
		Lagertemperatur	8–9 °C	✔
		Lagerdauer nach dem Verpacken	ca. 9 Tage	

8.7 Camembert

Sorte: Weichkäse aus Kuhmilch

Datum:

Zeitablauf	Verfahrensschritt	Parameter	Zielwert	Korrekturwert	CP/CCP
Tag – 2	Milchlagerung	Milchart	Kuhmilch		
		Milchalter	Max. 12 h		✔
		Lagertemperatur	< 8 °C		✔
Tag – 1	Milchbehandlung	Erhitzungstemperatur	Pastmilch (30 min bei 63 °C)		✔
		Fettgehalt	3,4 %		
	Kalte Vorreifung der gesamten Milch (pasteurisiert)	Kulturart	Säurewecker (mesophile Kultur)		
		Kulturmenge	0,2 %		
		Sensorische Prüfung	kulturtypisch		✔
		Vorschütttemperatur	11–13 °C		
		Vorschüttdauer	16 h		
Tag 0	**Warme Vorreifung** der gesamten Milch (pasteurisiert)	Kulturart	Streptococcus thermophilus		
		Kulturmenge	1 %		
		Sensorische Prüfung	kulturtypisch		✔
		Vorschütttemperatur	34 °C		
		Vorschüttdauer	30 min (1 h mit Direktstarter)		
		Säuregrad am Ende der Vorreifung (mit Betriebskultur)	6,40–6,45 pH 7,0–7,2 °SH		
		Säuregrad am Ende der Vorreifung (mit Direktstarter)	6,50–6,57 pH		
	Zugabe der Schimmelkultur	Kulturart	Penicillium candidum und Geotrichum candidum im Verhältnis 10/1		
	Schimmelkultur in abgekochtem, lauwarmem Wasser auflösen	Kulturmenge	nach Herstellerangaben (1/3 in die Milch geben, 2/3 zum Besprühen der Käse aufbewahren)		
0 min	Dicklegen der Milch	Labart	Kälbermagenlab		
		Labstärke	1:15.000		
		Labmenge pro 100 l	20 ml		
		Einlabtemperatur	31–34 °C		
		Gerinnungszeit (Betriebskultur)	10–12 min		
		Gerinnungszeit (Direktstarter)	16–18 min		
		Dickungszeit	50–60 min		
1 h	Schneiden	Bruchgröße	1–1,5 cm		
		Säuregrad vor dem Schneiden (Betriebskultur)	6,30–6,40 pH		
		Säuregrad vor dem Schneiden (Direktstarter)	6,50–6,55 pH		
		Dauer der Bruchbereitung	2 min		
1 h 15 min	**Aufrühren** des Käsebruches	Zeitpunkt des Aufrührens	nach 15, 30 und 45 min		

8.7 Camembert

2 h	**Molke ablassen**	Menge	30 %	
2 h 5 min	**Abfüllen**	Säuregrad vor dem Abfüllen (Betriebskultur)	6,15–6,25 pH	
		Säuregrad vor dem Abfüllen (Direktstarter)	6,45–6,50 pH	
	Bruch kurz aufrühren und mit einer Kelle gleichmäßig in die Formen verteilen	Formenart	Weichkäseformen	
		Käsegröße	Durchmesser 8 cm, Höhe 3 cm	
		Käsegewicht	150 g	
2 h 15 min	**Abtropfen**	Raumtemperatur (bis 6 h nach dem Abfüllen) (Betriebskultur)	20–22 °C	✓
		Raumtemperatur (bis 6 h nach dem Abfüllen) (Direktstarter)	24–26 °C	✓
		1 Wenden	direkt nach dem Abfüllen	
		Weiteres Wenden	nach 1 h, 2 h, 3 h, 5 h, 8 h	
ca. 10 h	**Abkühlen**	Raumtemperatur beim Erreichen des pH-Wertes absenken	15 °C	
		Säuregrad beim Abkühlen	5,2 pH	
Tag + 1	**Ausformen**	Säuregrad beim Ausformen (Betriebskultur)	4,8–4,9 pH	✓
		Säuregrad beim Ausformen (Direktstarter)	5,0–5,1 pH	✓
	Salzen in Salzlake	Verweilzeit in der Salzlake	75 min	
		Temperatur der Salzlake	12 °C	
		Dichte der Salzlake	17 °Bé	
		Säuregrad der Salzlake	4,8–5,0 pH	
		Salzgehalt im Käse	1,5–2,5 % NaCl	
Tag + 2	**Trocknen** auf Horden	Raumtemperatur	15–16 °C	
		Raumfeuchte	75 % RLF	
		Trockendauer	1 Tag	
	Käseoberfläche mit Schimmelkultur besprühen	Kulturart	Penicillium candidum und Geotrichum candidum im Verhältnis 10/1	
		Kulturmenge	2/3 der angesetzten Schimmelkultur	
Tag + 3	**Reifen** auf Horden	Raumtemperatur	12–14 °C	
		Raumfeuchte	85–90 % RLF	
		Reifedauer	6–8 Tage	
		Wenden	alle 2 Tage	
Tag + 9	**Lagern** auf Horden	Lagertemperatur	8–9 °C	
		Lagerdauer	2 Tage	
Tag + 11	**Verpacken**	Verpackungsmaterial	Camembertpapier	
		Lagertemperatur	8–9 °C	✓
		Lagerdauer nach dem Verpacken	1–2 Wochen	

8.8 Typ „Munster"

Sorte: Weichkäse aus Kuhmilch

Datum:

Zeitablauf	Verfahrensschritt	Parameter	Zielwert	Korrekturwert	CP/CCP
Tag – 1	Milchlagerung	Milchart	Kuhmilch		
		Milchalter	Max. 12 h		✔
		Lagertemperatur	< 8 °C		✔
	Milchbehandlung	Erhitzungstemperatur	Rohmilch (< 40 °C)		
		Fettgehalt	3,7–4,0 %		
	Kalte Vorreifung der Abendmilch	Kulturart	Säurewecker (mesophile Kultur)		
		Kulturmenge	0,2–0,4 %		
		Sensorische Prüfung	kulturtypisch		✔
		Vorschütttemperatur	10–12 °C		
		Vorschüttdauer	12 h		
Tag 0	Warme Vorreifung der gesamten Milch	Kulturart	Säurewecker (mesophile Kultur)		
		Kulturmenge	1,50 %		
		Sensorische Prüfung	kulturtypisch		✔
		Vorschütttemperatur	33 °C		
		Vorschüttdauer	bis zum Erreichen des gewünschten pH-Wertes		
		Säuregrad am Ende der Vorreifung	6,50–6,55 pH		
	Zugabe der Rotschmierkultur	Kulturart	Geotrichum candidum und Brevibacterium linens		
		Kulturmenge	nach Herstellerangaben		
		Sensorische Prüfung	kulturtypisch		✔
0 min	Dicklegen der Milch	Labart	Kälbermagenlab		
		Labstärke	1:10.000		
		Labmenge pro 100 l	18–22 ml		
		Einlabtemperatur	32–33 °C		
		Gerinnungszeit	12–15 min		
		Dickungszeit	60 min		
60 min	Schneiden	Bruchgröße	1,5–2 cm		
		Dauer der Bruchbereitung	2–5 min		
1 h 5 min	Aufrühren mit der Kelle, 1 min lang rühren	Zeitpunkt des Aufrührens	2–3 mal in 40–50 min		
1 h 55 min	Abfüllen	Säuregrad vor dem Abfüllen	6,2–6,3 pH		
		Formenart	Weichkäseformen		
		Käsegröße	Durchmesser 12–15 cm, Höhe 3,5–5 cm		
		Käsegewicht	500–700 g		

8.8 Typ „Munster"

2 h	Abtropfen	Raumtemperatur (bis 3 h nach dem Abfüllen)	26 °C	✔
		Raumtemperatur (nach 3 h Raum abkühlen)	19–20 °C	✔
		1. Wenden	nach 30 min	
		Weiteres Wenden	nach 3 h, 6 h, 9 h	
Tag + 1	Ausformen	Säuregrad beim Ausformen	4,9–5,1 pH	✔
		Trockenmasse	44–46 %	
	Trockensalzen	Raumtemperatur	16–18 °C	
		Salzdauer	1 Tag	
		Salzgehalt im Käse	1,8–2,5 % NaCl	
Tag + 2	Trocknen	Raumtemperatur	12–13 °C	
		Raumfeuchte	90 % RLF	
		Trockendauer	1–2 Tage	
Tag + 4	Reifen	Raumtemperatur	14–16 °C	
		Raumfeuchte	95 % RLF	
		Reifedauer	3 Wochen	
	Oberflächenbehandlung mit Schmierlösung schmieren	Rotschmierlösung	Geotrichum candidum und Brevibacterium linens	
		Schmierbeginn	am 1. Reifungstag	
		Schmieren und Wenden	alle 2 Tage	

8.9 Romadur

Sorte: Weichkäse aus Kuhmilch
Datum:

Zeitablauf	Verfahrensschritt	Parameter	Zielwert	Korrekturwert	CP/CCP
Tag – 1	Milchlagerung	Milchart	Kuhmilch		
		Milchalter	Max. 12 h		✓
		Lagertemperatur	< 8 °C		✓
Tag 0	Milchbehandlung	Erhitzungstemperatur	Pastmilch (30 min bei 63 °C)		✓
		Fettgehalt	3,2–3,3 %		
	Vorreifung	Kulturart	Säurewecker (mesophile Kultur)		
		Kulturmenge	1,0 %		
		Sensorische Prüfung	kulturtypisch		✓
		Vorschütttemperatur	30–32 °C		
		Vorschüttdauer	bis zum Erreichen des gewünschten pH-Wertes		
		Säuregrad am Ende der Vorreifung	6,40–6,50 pH 7,0–7,2 °SH		
	Zugabe von Calciumchlorid	Menge pro 100 l	10 g		
0 min	Dicklegen der Milch	Labart	Kälbermagenlab		
		Labstärke	1:15.000		
		Labmenge pro 100 l	20 ml		
		Einlabtemperatur	30–32 °C		
		Gerinnungszeit	12–18 min		
		Dickungszeit	55–65 min		
60 min	Schneiden	Bruchgröße	1,5 cm		
	Senkrecht zu 2 x 2 cm breiten Säulen schneiden, 5 min später Bruch verziehen, weiter Schneiden bis zum Erreichen der Bruchgröße	Säuregrad vor dem Schneiden	6,40–6,45 pH		
		Dauer der Bruchbereitung	2–5 min		
1 h 5 min	Aufrühren mit der Kelle, 1 min lang rühren	Zeitpunkt des Aufrührens	3–4 mal in 1 h		
2 h 5min	Molke ablassen	Menge	30 %		
2 h 10 min	Abfüllen	Säuregrad vor dem Abfüllen	6,25–6,35 pH		
		Formenart	gelochter Kunststoffrahmen (45 x 55 cm)		

8.9 Romadur

2 h 15 min	Abtropfen	Raumtemperatur	23–24 °C	✔
		1. Wenden	sofort nach dem Abfüllen	
		Weiteres Wenden	4–5 mal	
		Säuregrad (1 h nach dem Abfüllen)	6,15 pH	
		Säuregrad (3 h nach dem Abfüllen)	5,7 pH	
		Säuregrad (8 h nach dem Abfüllen)	5,2 pH	✔
		Raumtemperatur (bei pH-Wert 5,2 absenken)	17–18 °C	
Tag + 1	Ausformen	Säuregrad beim Ausformen	4,8–4,9 pH	✔
	Käse mit Messer porionieren	Käsegröße	5 x 10 cm	
		Käsegewicht	125 g	
	Salzen in Salzlake Trockensalzen ebenfalls möglich	Verweilzeit in der Salzlake	90–100 min	
		Temperatur der Salzlake	12 °C	
		Dichte der Salzlake	16 °Bé	
		Säuregrad der Salzlake	4,8 pH	
		Salzgehalt im Käse	1,8–2,5 % NaCl	
Tag + 2	Reifen	Raumtemperatur	13–15 °C	
		Raumfeuchte	92–95 % RLF	
		Reifedauer	2 Wochen	
	Oberflächenbehandlung mit Schmierlösung schmieren	Rotschmierlösung	10% Salz und Brevibacterium linens	
		Schmierbeginn	am 1. Reifungstag	
		Schmieren und Wenden	alle 2 Tage	

8.10 Der Edle von Dannwisch

Sorte: Weichkäse mit Blauschimmel aus Kuhmilch
Datum:

Zeitablauf	Verfahrensschritt	Parameter	Zielwert	Korrekturwert	CP/CCP
Tag – 1	Milchlagerung	Milchart	Kuhmilch		
		Milchalter	Max. 12 h		✔
		Lagertemperatur	10–12 °C		✔
	Milchbehandlung	Erhitzungstemperatur	Rohmilch (< 40 °C)		
		Fettgehalt (Milch + 5 % Rahm)	4 % (Milchfettgehalt)		
			20 % (Rahmfettgehalt)		
Tag 0	Vorreifung	Kulturart	50 % mesophile Kultur + 50 % thermophile Kultur		
		Kulturmenge	1 %		
		Sensorische Prüfung	kulturtypisch		✔
		Vorschütttemperatur	34 °C		
		Vorschüttdauer	30 min		
		Säuregrad am Ende der Vorreifung	6,50–6,55 pH		
	Zugabe der Schimmelkultur	Kulturart	Penicillium roqueforti		
		Menge pro 100 l	nach Herstellerangaben		
0 min	Dicklegen der Milch	Labart	Kälbermagenlab		
		Labstärke	1:15.000		
		Labmenge pro 100 l	23 ml		
		Einlabtemperatur	34 °C		
		Gerinnungszeit	20–22 min		
		Dickungszeit	60 min		
60 min	Schneiden	Bruchgröße	1,5–2,0 cm		
	längs dann quer, dann waagerecht, 5 min warten und Bruch absetzen assen, danach ca. 5 min mit der Kelle verziehen	Säuregrad vor dem Schneiden	6,45–6,50 pH		
		Dauer der Bruchbereitung	ca. 10 min		
1 h 10 min	Verziehen	Zeitpunkt des Verziehens	3 mal in 50 min		
	vor und nach dem Verziehen Bruch absetzen lassen	1. Verziehen	8–10 min nach der Bruchbereitung		
2 h	Bruch absetzen lassen	Dauer	5 min		
	Molke ablassen	Menge	50 %		

8.10 Der Edle von Dannwisch

Zeit	Schritt	Parameter	Wert	
2 h 5 min	**Abfüllen** Bruch mit einer großen Kelle auf ein Quarknetz auf dem Abtropftisch schöpfen, 2–5 Minuten sacken lassen, damit viel Molke weggeht anschließend in die Formen bröseln	Säuregrad vor dem Abfüllen Formenart Käsegröße Käsegewicht	6,35–6,45 pH Kadovaformen ohne Netze Durchmesser 27 cm 2 kg	
2 h 15 min	**Abtropfen**	Raumtemperatur 1. Wenden Weiteres Wenden	22–24 °C sofort nach dem Abfüllen nach 30 min, 2 h, 4,5 h, 8 h	✔
Tag + 1	**Ausformen** **Salzen** in Salzlake	Säuregrad beim Ausformen Verweilzeit in der Salzlake Temperatur der Salzlake Dichte der Salzlake Säuregrad der Salzlake Salzgehalt im Käse	4,85–4,90 pH 8 h 14 °C 17 °Bé 4,9–5,1 pH 2–3 % NaCl	✔
Tag + 2	**Reifen**	Raumtemperatur Raumfeuchte Reifedauer Wenden	14 °C 95 % RLF 2 Wochen täglich	
Tag + 8	**Pikieren** Für die Entwicklung des Blauschimmels wird der Käse pikiert	Zeitpunkt Dicke des Pikierstabes Lochabstand beim Pikieren	1 mal (6 Tage nach Reifungsbeginn) 4 mm 15 mm	
Tag + 12	**Oberflächenbehandlung** Auftragen mit einer Bürste	Schmierlösung Zeitpunkt Wenden	Geotrichum candidum 1 mal (10 Tage nach Reifungsbeginn) alle 2 Tage	
Tag + 14	**Verpacken/ Kaltreifung**	Verpackungsmaterial Lagertemperatur Wenden Reifedauer nach dem Verpacken	nicht perforierte Alufolie 8 °C alle 2 Tage 4–6 Wochen	✔

8.11 Gorgonzola

Sorte: halbfester Schnittkäse mit Blauschimmel aus Kuhmilch

Datum:

Zeitablauf	Verfahrensschritt	Parameter	Zielwert	Korrekturwert	CP/CCP
Tag – 1	Milchlagerung	Milchart	Kuhmilch		
		Milchalter	Max. 12 h		✓
		Lagertemperatur	< 8 °C		✓
Tag 0	Milchbehandlung	Erhitzungstemperatur	Pastmilch (30 min bei 63 °C)		✓
		Fettgehalt	3,3–3,6 %		
	Vorreifung	Kulturart	Streptococcus thermophilus, Lactobacillus bulgaricus (thermophile Kultur)		
		Kulturmenge	1–2 %		
		Sensorische Prüfung	kulturtypisch		✓
		Vorschütttemperatur	30 °C		
		Vorschüttdauer	30 min		
		Säuregrad am Ende der Vorreifung	6,50–6,55 pH		
	Zugabe der Schimmelkultur	Kulturart	Penicillium roqueforti		
		Menge pro 100 l	nach Herstellerangaben		
0 min	Dicklegen der Milch	Labart	Kälbermagenlab		
		Labstärke	1:10.000		
		Labmenge pro 100 l	20–22 ml		
		Einlabtemperatur	30 °C		
		Dickungszeit	45 min		
45 min	1. Schneiden mit Säbel	Bruchgröße	10 cm		
		Säuregrad vor dem 1. Schneiden	6,4 pH		
	Bruch absetzen lassen	Dauer der Bruchbereitung	bis 4–5 cm Molke die Gallerte bedeckt		
1 h 10 min	2. Schneiden mit Harfe	Bruchgröße	1,5 cm		
		Dauer der Bruchbereitung	ca. 10 min		
1 h 20 min	Bruch absetzen lassen	Dauer	15–20 min		
1 h 40 min	Molke ablassen	Menge	soviel wie möglich		
1 h 45 min	Abfüllen	Abtropfdauer	45 min		
	Gesamten Bruch in einer flachen Abtropfwanne schöpfen, **zudecken** und abtropfen lassen				
2 h 30 min	Portionieren	Formenart	Schnittkäseform		
	Bruch portionieren und in Formen abfüllen	Käsegröße	Durchmesser 25–30 cm, Höhe 16–20 cm		
		Käsegewicht	6–13 kg		

8.11 Gorgonzola

2 h 40 min	Abtropfen	Raumtemperatur	20–22 °C	✔
		1. Wenden	nach 1 h	
		Weiteres Wenden	nach 3 h, 8 h, 16 h	
Tag + 1	Ausformen	Säuregrad beim Ausformen	4,9–5,0 pH	✔
	Trocknen	Raumtemperatur	10–15 °C	
		Raumfeuchte	80–85 % RLF	
		Trockendauer	1–2 Tage	
Tag + 3	Trockensalzen	Raumtemperatur	10–15 °C	
		Dauer des Trockensalzen	2–3 Tage	
		Salzgehalt im Käse	3 % NaCl	
Tag + 6	Reifen (in einer Kühlzelle)	Raumtemperatur (die ersten 2–3 Tage)	8–10 °C	
		Raumtemperatur (nach 3 Tagen)	2–4 °C	
		Raumfeuchte	90–95 % RLF	
	Lagern auf der Seitenfläche	Wenden (Rollen)	täglich	
		Reifedauer	2 Monate	
	Oberflächenbehandlung	Kulturart	keine	
		Abwaschen	mit Salzwasser (nach dem Pikieren nicht mehr)	
		Schmieren	alle 2 Tage	
Tag + 34	Pikieren	Zeitpunkt	1 mal (20–30 Tagen nach Reifungsbeginn)	
	Für die Entwicklung des Blauschimmels wird der Käse pikiert	Dicke des Pikierstabes	4 mm	
		Lochabstand beim Pikieren	15 mm	
Tag + 61	Verpacken/ Kaltlagerung	Verpackungsmaterial	perforierte Alu-Folie	
		Lagertemperatur	2–4 °C	✔
		Lagedauer nach dem Verpacken	ca. 2 Monate	

8.12 Taleggio

Sorte: halbfester Schnittkäse aus Kuhmilch
Datum:

Zeitablauf	Verfahrensschritt	Parameter	Zielwert	Korrekturwert	CP/CCP
Tag – 1	Milchlagerung	Milchart	Kuhmilch		
		Milchalter	Max. 12 h		✔
		Lagertemperatur	< 8 °C		✔
	Milchbehandlung	Erhitzungstemperatur	Rohmilch (< 40 °C)		
		Fettgehalt	3,6–3,8 %		
Tag 0	Vorreifung	Kulturart	Streptococcus thermophilus, Lactobacillus bulgaricus (thermophile Kultur)		
		Kulturmenge	2–3 %		
		Sensorische Prüfung	kulturtypisch		✔
		Vorschütttemperatur	35 °C		
		Vorschüttdauer	bis zum Erreichen des gewünschten pH-Wertes		
		Säuregrad am Ende der Vorreifung	6,30 pH		
0 min	Dicklegen der Milch	Labart	Kälbermagenlab		
		Labstärke	1:10.000		
		Labmenge pro 100 l	25–30 ml		
		Einlabtemperatur	35 °C		
		Dickungszeit	20 min		
20 min	1. Schneiden (die Gallerte ist sehr weich)	Bruchgröße	1,5–2 cm		
		Dauer des Scheidens	ca. 5 min		
	Bruch absetzen lassen	Dauer des Absetzens	bis die Gallerte mit Molke bedeckt ist		
30 min	2. Schneiden mit Harfe	Bruchgröße	1 cm		
	Bruch erneut absetzen lassen	Dauer des Schneidens und des Absetzens	ca. 10 min		
40 min	Abfüllen	Säuregrad vor dem Abfüllen	6,1–6,2 pH		
	Mit Schöpfer Bruch in Formen abfüllen und mit Matten zudecken	Formenart	Weichkäseformen		
		Käsegröße	L,B,H: 20, 20, 10 cm		
		Käsegewicht	1,7–2,2 kg		
60 min	Abtropfen	Raumtemperatur	25–27 °C		✔
	Während dem Abtropfen muß der Käse zugedeckt bleiben damit er nicht abkühlt und austrocknet	1. Wenden	nach 10 min		
		Weiteres Wenden	nach 2 h, 6 h, 10 h		

8.12 Taleggio

Tag + 1	**Ausformen**	Säuregrad beim Ausformen	5,0–5,2 pH	✔
	Salzen	Verweilzeit in der Salzlake	10–12 h	
	in Salzlake	Temperatur der Salzlake	10–12 °C	
		Dichte der Salzlake	18–20 °Bé	
		Säuregrad der Salzlake	5,0–5,2 pH	
		Salzgehalt im Käse	1,5–2,5 % NaCl	
Tag + 2	**Reifen**	Raumtemperatur	6–8 °C	
	(in einer Kühlzelle)	Raumfeuchte	90 % RLF	
		Wenden	alle 2 Tage	
		Reifedauer	7 Tage	
	Oberflächen-behandlung	Kulturart	keine	
		Behandlungsbeginn	2 mal / Woche	
	nur abreiben	Abreiben und Wenden	alle 2 Tage	
Tag + 9	**Verpacken/Kaltreifung**	Verpackungsmaterial	Pergamentpapier	
		Lagertemperatur	6–8 °C	✔
		Wenden	all 2 Tage	
		Reifedauer nach dem Verpacken	ca. 30 Tage	
	vor dem Verkauf wird der Käse ausgepackt, vorhandener Schimmel/ Schmiere abgerieben und frisch verpackt			

8.13 Typ „Reblochon"

Sorte: halbfester Schnittkäse aus Kuhmilch

Datum:

Zeitablauf	Verfahrensschritt	Parameter	Zielwert	Korrekturwert	CP/CCP
Tag – 1	Milchlagerung	Milchart	Kuhmilch		
		Milchalter	frische Milch		✔
	Milchbehandlung	Erhitzungstemperatur	Rohmilch (< 40 °C)		
		Fettgehalt	naturbelassen		
Tag 0	Vorreifung mit Rohmilchflora	Kulturart	traditionell reine Rohmilchflora (Mischung von mesophiler und thermophiler Kultur)		
		Kulturmenge	0,3–0,5 %		
		Sensorische Prüfung	kulturtypisch		✔
		Vorschütttemperatur	33 °C		
		Vorschüttdauer	15–20 min		
		Säuregrad am Ende der Vorreifung	6,60–6,65 pH 6,4–6,6 °SH		
0 min	Dicklegen der Milch	Labart	Kälbermagenlab		
		Labstärke	1:10.000		
		Labmenge pro 100 l	22,5 ml		
		Einlabtemperatur	33 °C		
		Dickungszeit	45 min		
45 min	Schneiden	Bruchgröße	0,5–1 cm		
		Säuregrad vor dem Schneiden	6,60–6,65 pH		
		Dauer der Bruchbereitung	10 min		
55 min	Vorkäsen	Rührdauer	10 min		
		leichtes Nachwärmen (wenn Bruch-Molke-Gemisch abgekühlt ist)	32–34 °C		
1 h 5 min	Bruch erneut absetzen lassen	Dauer	ca. 10 min		
1 h 15 min	Abfüllen	Säuregrad vor dem Abfüllen	6,50–6,55 pH		
	Bruch mit einem Tuch aus dem Kessel nehmen. Von Hand Bruch auseinander nehmen und in die Formen bringen. Tuch auf die Form legen und denn Bruch ins Tuch legen, Bruch leicht pressen	Formenart	bodenlose Schnittkäseform mit Tuch		
		Käsegröße	Durchmesser 14 cm, Höhe 3,5 cm		
		Käsegewicht	450–550 g		

8.13 Typ „Reblochon"

1 h 25 min	Pressen/Abtropfen	Raumtemperatur	18–20 °C	✓
		1. Wenden	sofort nach dem Abfüllen	
		2. Wenden	20 min nach dem Abfüllen	
	eine Holzscheibe mit Gewicht auf jeden Käse legen	Pressdruck	2 kg / Käse	
	Tuch entfernen	3. Wenden	1 h 20 min nach dem Abfüllen	
		Weiteres Wenden	4–5 mal	
		Abtropfdauer	7–8 h	
9 h 30 min	Ausformen	Säuregrad beim Ausformen	5,7–5,8 pH	
	Trockensalzen mit feinem Salz	Raumtemperatur	14 °C	
		Raumfeuchte	90 % RLF	
		Dauer des Trockensalzen	24 h	
		Salzgehalt im Käse	1,6–2,0 %	
Tag + 1	Trocknen	Raumtemperatur	14–15 °C	
		Raumfeuchte	90 % RLF	
		Trockendauer	5–8 Tage	
Tag + 8	Reifen	Raumtemperatur	13–15 °C	
		Raumfeuchte	95 % RLF	
		Reifedauer	3–4 Wochen	
	Oberflächenbehandlung mit kaltem Wasser abwaschen	Kulturart	kaltes Wasser (13 °C)	
		Behandlungsbeginn	am 1. Reifungstag	
		Abwaschen und Wenden	alle 2 Tage	

8.14 Heggelbacher Schibli

Sorte: halbfester Schnittkäse aus Kuhmilch
Datum:

Zeitablauf	Verfahrensschritt	Parameter	Zielwert	Korrekturwert	CP/CCP
Tag – 1	Milchlagerung	Milchart	Kuhmilch		
		Milchalter	Max. 12 h		✓
		Lagertemperatur	< 8 °C		✓
Tag 0	Milchbehandlung	Erhitzungstemperatur	Pastmilch (30 min bei 63 °C)		✓
		Fettgehalt	naturbelassen		
	Vorreifung	Kulturart	Säurewecker (mesophile Kultur)		
		Kulturmenge	2 %		
		Sensorische Prüfung	kulturtypisch		✓
		Vorschütttemperatur	34 °C		
		Vorschüttdauer	30 min		
		Säuregrad am Ende der Vorreifung	6,55–6,60 pH		
0 min	Dicklegen der Milch	Labart	Kälbermagenlab		
		Labstärke	1:15.000		
		Labmenge pro 100 l	20 ml		
		Einlabtemperatur	32 °C		
		Dickungszeit	30 min		
30 min	Schneiden	Bruchgröße	0,5–1 cm		
		Säuregrad vor dem Schneiden	6,5 pH		
		Dauer der Bruchbereitung	10 min		
40 min	Vorkäsen	Rührdauer	20 min		
60 min	Bruchwaschen	Molkeabzug	–25 %		
		Wasserzugabe	+50 %		
		Wassertemperatur	50 °C		
		Säuregrad nach dem Bruchwaschen	6,4 pH		
	Nachwärmen durch Wasserzugabe beim Bruchwaschen	Nachwärmtemperatur	36 °C		
	Ausrühren	Rührdauer (inkl. Bruchwaschen)	30 min		
1 h 30 min	Abfüllen	Formenart	Schnittkäseformen		
		Käsegröße	Durchmesser 27,5 cm, Höhe 4 cm		
		Käsegewicht	2,5 kg		
1 h 40 min	Abtropfen	Raumtemperatur	28–30 °C		✓
		1. Wenden	sofort nach dem Abfüllen		
		Weiteres Wenden	nach 30 min, 100 min		
		Abtropfdauer	ca. 1 d		

8.14 Heggelbacher Schibli

Tag + 1				
	Ausformen	Säuregrad beim Ausformen	5,15–5,2 pH	✔
	Salzen in Salzlake	Verweilzeit in der Salzlake	3 h	
		Temperatur der Salzlake	17 °C	
		Dichte der Salzlake	17–20 °Bé	
		Säuregrad der Salzlake	5,1 pH	
		Salzgehalt im Käse	1–2 % NaCl	
	Reifen	Raumtemperatur	16–18 °C	
		Raumfeuchte	90 % RLF	
		Reifedauer	3 Wochen	
	Oberflächenbehandlung mit Schmierlösung schmieren	Rotschmierlösung	10% Salz und Brevibacterium linens	
		Schmierbeginn	am 1. Reifungstag	
		Schmieren und Wenden	täglich	

8.15 Typ „Saint Nectaire"

Sorte: halbfester Schnittkäse aus Kuhmilch

Datum:

Zeitablauf	Verfahrensschritt	Parameter	Zielwert	Korrekturwert	CP/CCP
Tag – 1	Milchlagerung	Milchart	Kuhmilch		
		Milchalter	frische Milch		✔
	Milchbehandlung	Erhitzungstemperatur	Rohmilch (< 40 °C)		
		Fettgehalt	naturbelassen		
Tag 0	Vorreifung	Kulturart	Säurewecker (mesophile Kultur)		
		Kulturmenge	0,3–0,7 %		
		Sensorische Prüfung	kulturtypisch		✔
		Vorschütttemperatur	32 °C		
		Vorschüttdauer	30 min		
		Säuregrad am Ende der Vorreifung	6,55–6,60 pH		
			6,8–6,9 °SH		
0 min	Dicklegen der Milch	Labart	Kälbermagenlab		
		Labstärke	1:15.000		
		Labmenge pro 100 l	22 ml		
		Einlabtemperatur	32 °C		
		Gerinnungszeit	15–20 min		
		Dickungszeit	45–60 min		
35 min	Schneiden	Bruchgröße	5–7 mm		
		Säuregrad vor dem Schneiden	6,5 pH		
		Dauer der Bruchbereitung	10–15 min		
50 min	Vorkäsen	Rührdauer	15–20 min		
1 h 10 min	Abfüllen	Säuregrad vor dem Abfüllen	6,5 pH		
		Formenart	Weichkäseformen		
	Bruch in der Wanne absetzen lassen und unter der Molke zu einem Kuchen formen.				
	Molke abziehen, Bruch portionieren und in den Formen füllen	Käsegröße	Durchmesser 17–19 cm, Höhe 5 cm		
		Käsegewicht	1,7 kg		
1 h 30 min	Pressen/Abtropfen	Pressdruck	0,1 bar		
		Pressdauer	10–12 h		
		Raumtemperatur	20 °C		✔
		1. Wenden	nach 20 min		
		Weiteres Wenden	mehrfach		
		Säuregrad nach 12 h	5,6 pH		

8.15 Typ „Saint Nectaire"

Tag	Schritt	Parameter	Wert	
Tag + 1	**Ausformen**	Säuregrad beim Ausformen	5,2–5,3 pH	✓
	Trockensalzen auf beiden Seiten und dann wieder in die Formen bringen	Raumtemperatur	14–16 °C	
		Dauer des Trockensalzen	24 h	
		Salzgehalt im Käse	1,5–2 % NaCl	
Tag + 2	**Reifen**	Raumtemperatur	12–13 °C	
	Der originale Saint Nectaire reift in Höhlen auf Roggenstroh. Es bildet sich eine orange bis graue Rinde aus wilden Mikroorganismen.	Raumfeuchte	90–95 % RLF	
		Reifedauer	5 Wochen	
Tag + 3	**Oberflächenbehandlung**	Rotschmierlösung	10% Salz und Brevibacterium linens	
	Empfehlenswerter ist das Schmieren mit Schmierlösung	Schmierbeginn	am 2. Reifungstag	
		Schmieren und Wenden	alle 2 Tage	

8.16 Raclette

Sorte: Schnittkäse aus Kuhmilch

Datum:

Zeitablauf	Verfahrensschritt	Parameter	Zielwert	Korrekturwert	CP/CCP
Tag – 1	Milchlagerung	Milchart	Kuhmilch		
		Milchalter	Max. 12 h		✔
		Lagertemperatur	< 8 °C		✔
Tag 0	Milchbehandlung	Erhitzungstemperatur	Rohmilch (< 40 °C)		
		Fettgehalt	3,5 %		
	Vorreifung	Kulturart	Säurewecker (mesophile Kultur)		
		Kulturmenge	0,5–1 %		
		Sensorische Prüfung	kulturtypisch		✔
		Vorschütttemperatur	32 °C		
		Vorschüttdauer	30 min		
		Säuregrad am Ende der Vorreifung	6,45–6,50 pH		
0 min	Dicklegen der Milch	Labart	Kälbermagenlab		
		Labstärke	1:15.000		
		Labmenge pro 100 l	22 ml		
		Einlabtemperatur	32 °C		
		Gerinnungszeit	8–10 min		
		Dickungszeit	20 min		
20 min	Schneiden	Bruchgröße	5 mm		
		Säuregrad vor dem Schneiden	6,45–6,50 pH		
		Dauer der Bruchbereitung	5–8 min		
28 min	Vorkäsen	Rührdauer	10–12 min		
40 min	Bruchwaschen	Molkeabzug	–30–35 %		
		Wasserzugabe	+30–35 %		
		Wassertemperatur	32–38 °C		
		Säuregrad nach dem Bruchwaschen	6,45 pH		
45 min	Nachwärmen	Nachwärmtemperatur	37–38 °C		
		Rührdauer	15 min		
1 h	Abfüllen/Vorpressen	Vorpressbehältnis	Vorpresswanne		
		Vorpressdauer	20 min		
		Pressdruck	0,06 bar		
1 h 20 min	Portionieren	Formenart	Schnittkäseformen		
		Käsegröße	Durchmesser 28–36 cm, Höhe 5,5–7,5 cm		
		Käsegewicht	4,5–7 kg		
	Pressen	Raumtemperatur	20–22 °C		✔
		Pressdruck	0,15–0,2 bar		
		Pressdauer	12 h		
		1. Wenden	nach 30 min		
		Weiteres Wenden	nach 1,5 h, 4 h, 8 h		

8.16 Raclette

Tag + 1	Ausformen	Zeitpunkt	beim Erreichen des gewünschten pH-Wertes	
		Säuregrad beim Ausformen	5,30–5,40 pH	✔
	Salzen in Salzlake	Verweilzeit in der Salzlake	12–24 h	
		Temperatur der Salzlake	10–12 °C	
		Dichte der Salzlake	20–22 °Bé	
		Säuregrad der Salzlake	5,30–5,40 pH	
		Salzgehalt im Käse	1,8–2,2 % NaCl	
Tag + 2	**Reifen**	Raumtemperatur	13–15 °C	
		Raumfeuchte	85–95 % RLF	
		Reifedauer	2 Monate	
Tag + 3	**Oberflächenbehandlung** mit Schmierlösung schmieren	Rotschmierlösung	10% Salz und Brevibacterium linens	
		Schmierbeginn	am 2. Reifungstag	
		Schmieren und Wenden	alle 2 Tage	

8.17 Möhrenlaibchen (geschützer Markenname)

Sorte: Schnittkäse aus Kuhmilch

Datum:

Zeitablauf	Verfahrensschritt	Parameter	Zielwert	Korrekturwert	CP/CCP
Tag – 1	Milchlagerung	Milchart	Kuhmilch		
		Milchalter	Max. 12 h		✔
		Lagertemperatur	8–10 °C		✔
	Milchbehandlung	Erhitzungstemperatur	Rohmilch (< 40 °C)		
		Fettgehalt	naturbelassen		
Tag 0	Vorreifung	Kulturart	Säurewecker (mesophile Kultur)		
		Kulturmenge	0,8–1 %		
		Sensorische Prüfung	kulturtypisch		✔
		Vorschütttemperatur	28 °C (Milch wird dann auf 33 °C erwärmt)		
		Vorschüttdauer	20 min (Kulturzugabe bei 28 °C)		
		Säuregrad am Ende der Vorreifung	6,65 pH		
	Zugabe von Möhrensaft	Menge	0,8 % bei selbstgepresstem Saft		
			1 % bei gekauftem Saft		
0 min	Dicklegen der Milch	Labart	Kälbermagenlab		
		Labstärke	1:15.000		
		Labmenge pro 100 l	22,5 ml		
		Einlabtemperatur	33 °C		
		Gerinnungszeit	20 min		
		Dickungszeit	40 min		
40 min	Schneiden	Bruchgröße	3–5 mm		
		Säuregrad vor dem Schneiden	6,60 pH		
		Dauer der Bruchbereitung	10 min		
50 min	Vorkäsen	Rührdauer	20–25 min		
1 h 10 min	Bruchwaschen	Molkeabzug	–40 %		
		Wasserzugabe	+20 %		
		Wassertemperatur	35–40 °C		
		Säuregrad nach dem Bruchwaschen	6,55 pH		
1 h 20 min	Nachwärmen	Nachwärmtemperatur	37 °C		
		Rührdauer	15 min		
1 h 35 min	Nachkäsen	Rührdauer	10 min		
1 h 45 min	Molkeabzug	Molkeabzug	–30 %		
1 h 50 min	**Abfüllen** mit Meßbecher direkt in die Form abfüllen	Säuregrad vor dem Abfüllen	6,50–6,55 pH		
		Formenart	Schnittkäseformen		
		Käsegröße	Durchmesser 15 cm, Höhe 7 cm		
		Käsegewicht	1,2 kg		

8.17 Möhrenlaibchen (geschützer Markenname)

2 h	**Abtropfen**	Raumtemperatur	20–24 °C	✔
	Käse abdecken, Abkühlung und Zug vermeiden	1. Wenden	sofort nach dem Abfüllen	
		Weiteres Wenden	nach 30 min, 1h, 2 h und 30 min vor dem Ausformen	
Tag + 1	**Ausformen**	Säuregrad beim Ausformen	5,25 pH	✔
	Salzen in Salzlake	Verweilzeit in der Salzlake	ca. 15 h (10 h pro kg)	
		Temperatur der Salzlake	14 °C	
		Dichte der Salzlake	17 °Bé	
		Säuregrad der Salzlake	4,9 pH	
		Salzgehalt im Käse	1,5–2 % NaCl	
Tag + 2	**Reifen**	Raumtemperatur	14–16 °C	
		Raumfeuchte	90 % RLF	
		Reifedauer	6 Wochen	
Tag + 6	**Oberflächenbehandlung** mit Schmierlösung schmieren	Rotschmierlösung	10% Salz und Brevibacterium linens	
		Schmierbeginn	am 5. Reifungstag	
		Schmieren und Wenden	alle 2 Tage	

8.18 Hohenheimer Trappistenkäse

Sorte: Schnittkäse aus Kuhmilch oder Ziegenmilch

Datum:

Zeitablauf	Verfahrensschritt	Parameter	Zielwert	Korrekturwert	CP/CCP
Tag – 2	Milchlagerung	Milchart	Kuhmilch		
		Milchalter	Max. 12 h		✔
		Lagertemperatur	8–10 °C		✔
Tag – 1	Milchbehandlung	Erhitzungstemperatur	Pastmilch (30 min bei 63 °C)		✔
		Fettgehalt	3,0 %		
	Kalte Vorreifung der gesamten Milch (pasteurisiert)	Kulturart	Säurewecker (mesophile Kultur)		
		Kulturmenge	0,1 %		
		Sensorische Prüfung	kulturtypisch		✔
		Vorschütttemperatur	10–12 °C		
		Vorschüttdauer	16 h		
Tag 0	Warme Vorreifung der gesamten Milch (pasteurisiert)	Kulturart	Säurewecker (mesophile Kultur)		
		Kulturmenge	0,8–1 %		
		Sensorische Prüfung	kulturtypisch		✔
		Vorschütttemperatur	31 °C		
		Vorschüttdauer	30 min		
		Säuregrad am Ende der Vorreifung	6,55 pH 6,9 °SH		
0 min	Dicklegen der Milch	Labart	Kälbermagenlab		
		Labstärke	1:15.000		
		Labmenge pro 100 l	22 ml		
		Einlabtemperatur	31 °C		
		Gerinnungszeit	20 min		
		Dickungszeit	50 min		
50 min	Schneiden	Bruchgröße	5 mm		
		Säuregrad vor dem Schneiden	6,50 pH		
		Dauer der Bruchbereitung	5 min		
55 min	Vorkäsen	Rührdauer	15–20 min		
1 h 10 min	Bruchwaschen	Molkeabzug	–30 %		
		Wasserzugabe	+10–15 %		
		Wassertemperatur	30–35 °C		
		Säuregrad nach dem Bruchwaschen	6,48 pH		
1 h 20 min	Nachwärmen	Nachwärmtemperatur	39 °C		
		Rührdauer	20 min		
1 h 40 min	Nachkäsen	Rührdauer	5 min		
1 h 45 min	Molkeabzug	Molkeabzug	–0–30 %		

8.18 Hohenheimer Trappistenkäse

Zeit	Schritt	Parameter	Wert	
1 h 50 min	**Abfüllen** mit Schlauch direkt in die Formen abfüllen oder zuerst durch ein Sieb entmolken und dann in Formen abfüllen	Säuregrad vor dem Abfüllen	6,40 pH	
		Formenart	Schnittkäseformen	
		Käsegröße	Durchmesser 17–19 cm, Höhe 7 cm	
		Käsegewicht	1,7–1,8 kg	
2 h	**Abtropfen**	Raumtemperatur	20–24 °C	✔
		1. Wenden	sofort nach dem Abfüllen	
		Weiteres Wenden	nach 30 min, 1h, 2 h, 3 h, 5 h, 8 h	
Tag + 1	**Ausformen**	Säuregrad beim Ausformen	5,15–5,20 pH	✔
	Salzen in Salzlake	Verweilzeit in der Salzlake	30 h	
		Temperatur der Salzlake	12–14 °C	
		Dichte der Salzlake	17 °Bé	
		Säuregrad der Salzlake	5,10–5,20 pH	
		Salzgehalt im Käse	1,5–2 % NaCl	
Tag + 2	**Reifen**	Raumtemperatur	13–15 °C	
		Raumfeuchte	85–90 % RLF	
		Reifedauer	3 Wochen	
Tag + 3	**Oberflächenbehandlung** mit Schmierlösung schmieren	Rotschmierlösung	10% Salz und Brevibacterium linens	
		Schmierbeginn	am 2. Reifungstag	
		Schmieren und Wenden	alle 2 Tage	
Tag + 21	**Verpacken** waschen, trocknen und paraffinieren	Verpackungsmaterial	Paraffin	
		Lagertemperatur	6 °C	
		Wenden	1 mal pro Woche	
		Lagerdauer nach dem Verpacken	5 Wochen	

8.19 Bollheimer Hofgouda

Sorte: Schnittkäse aus Kuhmilch

Datum:

Zeitablauf	Verfahrensschritt	Parameter	Zielwert	Korrekturwert	CP/CCP
Tag − 1	Milchlagerung	Milchart	Kuhmilch		
		Milchalter	Max. 12 h		✔
		Lagertemperatur	< 8 °C		✔
Tag 0	Milchbehandlung	Erhitzungstemperatur	Pastmilch (30 min bei 63 °C)		✔
		Fettgehalt	3,8–4,0 %		
	Vorreifung	Kulturart	Säurewecker (mesophile Kultur)		
		Kulturmenge	0,8–1 %		
		Sensorische Prüfung	kulturtypisch		✔
		Vorschütttemperatur	20 °C (Milch wird dann auf 32 °C erwärmt)		
		Vorschüttdauer	90 min (Kulturzugabe bei 20 °C)		
		Säuregrad am Ende der Vorreifung	< 6,60 pH		
0 min	Dicklegen der Milch	Labart	Kälbermagenlab		
		Labstärke	1:15.000		
		Labmenge pro 100 l	25 ml		
		Einlabtemperatur	32 °C		
		Dickungszeit	30 min		
30 min	Schneiden	Bruchgröße	5 mm		
		Dauer der Bruchbereitung	5–10 min		
35 min	Vorkäsen	Rührdauer	20 min		
55 min	Bruchwaschen	Molkeabzug	−40 %		
		Wasserzugabe	+30 %		
		Wassertemperatur	50 °C		
		Säuregrad nach dem Bruchwaschen	< 6,50 pH		
		Temperatur nach Wasserzugabe	36 °C		
1 h 10 min	Nachkäsen	Rührdauer	5–15 min		
1 h 25 min	Abfüllen Teil der Molke in die Vorpresswanne füllen	Säuregrad vor dem Vorpressen	6,40 pH		
	Bruch durchmischen und mit Eimern oder Bruchpumpe in die Vorpresswanne abfüllen	Molkeabzug	−30 %		
1 h 40 min	Vorpressen	Vorpressdauer	20 min		
		Pressdruck	0,06 bar		

8.19 Bollheimer Hofgouda

2 h	**Portionieren** Molke abpumpen und portionieren	Größe	20 x 20 cm	
		Formenart	Kadova-Formen	
		Käsegröße	Durchmesser 25 cm, Höhe 10 cm	
		Käsegewicht	3,5–4 kg	
2 h 10 min	**Pressen** in den Formen mit Netzen	Raumtemperatur	20–24 °C	✔
		Pressdruck	0,1 bar (direkt nach dem Portionieren)	
			0,15 bar (10 min nach dem Portionieren)	
			0,2 bar (1 h 10 min nach dem Portionieren)	
		Pressdauer	1 h 30 min	
		1. Wenden	nach 10 min	
		Weiteres Wenden	nach 1 h 10 min	
3 h 40 min	**Abtropfen** in den Formen ohne Netze	Raumtemperatur (bis Erreichen von pH-Wert 5,25)	20–24 °C	✔
		Abtropfdauer	18 h	
Tag + 1	**Ausformen**	Säuregrad beim Ausformen	5,0 pH	✔
	Salzen in Salzlake	Verweilzeit in der Salzlake	48 h	
		Temperatur der Salzlake	12–14 °C	
		Dichte der Salzlake	18 °Bé	
		Säuregrad der Salzlake	5,0 pH	
		Salzgehalt im Käse	1,8–2,0	
Tag + 3	**Tocknen**	Raumtemperatur	12–14 °C	
		Raumfeuchte	85–90 % RLF	
		Dauer	7 Tage	
Tag + 10	**Käseoberfläche säubern**	unter warmem Wasser abwaschen, ggf. abbürsten und trocknen	schimmelfrei	
Tag + 11	**Reifen**	Raumtemperatur	12–14 °C	
		Raumfeuchte	65 % RLF	
		Reifedauer	mind. 5 Wochen	
	Oberflächenbehandlung mit Käsecoating streichen	Coating	2 mal pro Seite	
		Beginn des Coatens	am 1. Reifungstag	
		Ende des Coatens	am 4. Reifungstag	
		Wenden	alle 2 Tage	

8.20 Butendieker Rauch

Sorte: Schnittkäse aus Kuhmilch

Datum:

Zeitablauf	Verfahrensschritt	Parameter	Zielwert	Korrekturwert	CP/CCP
Tag – 1	Milchlagerung	Milchart	Kuhmilch		
		Milchalter	Max. 12 h		✔
		Lagertemperatur	10 °C		✔
	Milchbehandlung	Erhitzungstemperatur	Rohmilch (< 40 °C)		
		Fettgehalt	naturbelassen		
Tag 0	Vorreifung	Kulturart	Säurewecker (mesophile Kultur)		
		Kulturmenge	1 %		
		Sensorische Prüfung	kulturtypisch		✔
		Vorschütttemperatur	20 °C		
		Vorschüttdauer	1 h		
0 min	Dicklegen der Milch	Labart	Kälbermagenlab		
		Labstärke	1:15.000		
		Labmenge pro 100 l	20 ml		
		Einlabtemperatur	30 °C		
		Dickungszeit	45 min		
45 min	Schneiden	Bruchgröße	7 mm		
		Dauer der Bruchbereitung	5 min		
50 min	Vorkäsen	Rührdauer	10 min		
1 h	Bruchwaschen	Molkeabzug	–20 %		
		Wasserzugabe	+20 %		
		Wassertemperatur	75 °C		✔
		Temperatur nach Wasserzugabe	37 °C		
1 h 15 min	Nachkäsen	Rührdauer	5 min		
1 h 20 min	Abfüllen	Molkeabzug	bis man den Bruch sieht		
		Formenart	Kadova-Formen		
		Käsegröße	Durchmesser 22 cm, Höhe 8–10 cm		
		Käsegewicht	3,0–3,5 kg		
1 h 30 min	Pressen	Raumtemperatur	20 °C		✔
		Pressdruck	0 bar (direkt nach dem Abfüllen)		
			1 bar (10 min nach dem Abfüllen)		
			1,5–2 bar (40 min nach dem Abfüllen)		
		Pressdauer	1 h 10 min		
		1. Wenden	nach 10 min		
		Weiteres Wenden	nach 40 min		
2 h 40 min	Ausformen	Säuregrad beim Ausformen	5,0 pH		✔
	Abtropfen	Raumtemperatur	15–20 °C		
		Dauer	15 h		

8.20 Butendieker Rauch

Tag + 1	**Salzen** in Salzlake	Verweilzeit in der Salzlake	3 Tage
		Temperatur der Salzlake	10 °C
		Dichte der Salzlake	11 °Bé
		Säuregrad der Salzlake	5,0 pH
		Salzgehalt im Käse	1 %
Tag + 4	**Tocknen**	Raumtemperatur	12 °C
		Raumfeuchte	75 % RLF
		Dauer	1 Tag
Tag + 5	**Räuchern**	Verweilzeit im Räucherschrank	8 Tage
		Räuchermehl	Buche
	1. Räuchern	Dauer	2 Tage
Tag + 7	1. Liegen	Dauer	2 Tage
Tag + 9	2. Räuchern	Dauer	2 Tage
Tag + 11	2. Liegen	Dauer	2 Tage
Tag + 13	**Reifen**	Raumtemperatur	12 °C
		Raumfeuchte	75 % RLF
		Reifedauer	3 Wochen
		Wenden	alle 2 Tage
		Oberflächenbehandlung	keine

8.21 Leidener Bauernkäse

Sorte: Fettarmer Schnittkäse aus Kuhmilch

Zeitablauf	Verfahrensschritt	Parameter	Zielwert	Datum: Korrekturwert	CP/CCP
Tag – 1	Milchlagerung Abendmilch für eine gute Aufrahmung direkt im Käsekessel lagern	Milchart Milchalter Lagertemperatur	Kuhmilch Max. 12 h < 8 °C		✔ ✔
Tag 0	**Milchbehandlung** morgens Rahm der Abendmilch abschöpfen	Erhitzungstemperatur	Rohmilch (< 40 °C)		
0 min	Kulturzugabe	Kulturart Kulturmenge Sensorische Prüfung Vorschütttemperatur Vorschüttdauer	Buttermilch 1–4 % kulturtypisch 29 °C 30 min		✔
	Dicklegen der Milch	Labart Labstärke Labmenge pro 100 l Einlabtemperatur Dickungszeit	Kälbermagenlab 1:15.000 25 ml 29 °C 30 min		
30 min	Schneiden	Bruchgröße Dauer der Bruchbereitung	1,5 cm 15–20 min		
50 min	Bruch absetzen lassen	Dauer	10 min		
1 h	Bruchwaschen/Nachwärmen	Molkeabzug Wasserzugabe Wassertemperatur Bruch-Molke-Temperatur nach Wasserzugabe	–30 % bis Nachwärmtemperatur erreicht ist 75 °C 32 °C		
1 h 15 min	Nachkäsen	Rührdauer	15–30 min		
1 h 45 min	Abfüllen	Molkeabzug	ca. –80 % (Bruch-Molke-Gemisch muss noch rührbar sein)		
	Entnahme von Bruch für den „weißen Boden" zur Vermeidung von Kümmel im Rindenbereich	Bruchmenge	ca. 20 %		
	Zugabe von abgekochtem Kreuzkümmel und Einrühren von Hand oder mit dem Rührwerk	Kümmelmenge	50–75 g / 100 Liter Milch		
	Vor dem „Kümmelbruch" wird „weißer Bruch" auf den Boden der Form und am Schluss obendrauf gegeben. Der Bruch ist nahezu molkefrei.	Formenart	runde Käseformen (früher mit Tuch und Käseform, heute meist Kadova-Formen mit Netzen)		
		Käsegröße	Durchmesser 40 cm, Höhe 11 cm		
		Käsegewicht	6–20 kg		

8.21 Leidener Bauernkäse

2 h 15 min	**Pressen**	Raumtemperatur	20 °C	✔
		Pressdruck	0,2 bar	
		Pressdauer	14–24 h	
		1. Wenden	nach 20 min	
		Weiteres Wenden	mehrfach	
Tag + 1	**Ausformen**	Säuregrad beim Ausformen	5,0–5,2 pH	✔
	Pressen mit Prägeplatte	Raumtemperatur	15 °C	
	Pressen des Käses mit einer Prägeplatte ohne Form. Abstandhalter zwischen den beiden Pressplatten verhindern ein Zusammendrücken des Käses, Rindenbereich erhält eine leicht wulstige Form	Raumfeuchte	60–70 °RLF	
		Dauer	12 h	
Tag + 2	**Salzen** in Salzlake	Verweilzeit in der Salzlake	bis 4 Tage	
		Temperatur der Salzlake	12–14 °C	
		Dichte der Salzlake	20 °Bé	
		Säuregehalt der Salzlake	5,0–5,2 pH	
		Salzgehalt im Käse	1,0–1,5 % NaCl	
Tag + 6	**Tocknen**	Raumtemperatur	12–14 °C	
		Raumfeuchte	60 % RLF	
		Dauer	6 Tage	
		Wenden	täglich	
Tag + 12	**Reifen**	Raumtemperatur	12–14 °C	
		Raumfeuchte	60 % RLF	
		Reifedauer	4–12 Monate	
		Wenden	alle 2 Tage	
	Oberflächenbehandlung traditionell wurde rotes Coating verwendet	Coating	2 mal pro Seite	
		Beginn des Coatens	am 1. Reifungstag	
		Ende des Coatens	am 4. Reifungstag	

8.22 Asiago

Sorte: Hartkäse aus Kuhmilch
Datum:

Zeitablauf	Verfahrensschritt	Parameter	Zielwert	Korrekturwert	CP/CCP
Tag – 1	Milchlagerung	Milchart	Kuhmilch		
		Milchalter	Max. 12 h		✔
		Lagertemperatur	10–12 °C		✔
Tag 0	**Milchbehandlung** Abendmilch in flachen Wannen bei 10–12 °C lagern und morgens Rahm abschöpfen	Erhitzungstemperatur	Rohmilch (< 40 °C)		
		Fettgehalt	2,6–2,7 %		
	Vorreifung	Kulturart	Latto innesto		
		Kulturmenge	0,5–1 %		
		Sensorische Prüfung	kulturtypisch		✔
		Vorschütttemperatur	33–35 °C		
		Vorschüttdauer	bis zum Erreichen des gewünschten pH-Wertes		
		Säuregrad am Ende der Vorreifung	6,40–6,50 pH		
0 min	Dicklegen der Milch	Labart	Kälbermagenlab		
		Labstärke	1:15.000		
		Labmenge pro 100 l	25 ml		
		Einlabtemperatur	33–35 °C		
		Dickungszeit	20–25 min		
25 min	Schneiden	Bruchgröße	3–5 mm		
		Säuregrad vor dem Schneiden	6,40 pH		
		Dauer der Bruchbereitung	5 min		
30 min	Vorkäsen	Rührdauer	10 min		
40 min	Nachwärmen	Nachwärmtemperatur	40 °C		
		Rührdauer	10 min		
50 min	Nachwärmen	Nachwärmtemperatur	42–46 °C		
		Rührdauer	20 min		
1 h 10 min	Bruch absetzen lassen	Dauer	20 min		
1 h 30 min	Abfüllen	Säuregrad vor dem Abfüllen	6,40 pH		
	Bruch in einem Tuch auffangen, zu einer Kugel formen und auf dem Abtropftisch in ca. 5 cm Würfel schneiden. Eine Handvoll feines Salz auf die Würfel streuen und diese mit Tuch in die Form bringen	Formenart	Bergkäseform		
		Käsegröße	Durchmesser 35–40 m, Höhe 10 cm		
		Käsegewicht	8–12 kg		

8.22 Asiago

1 h 40 min	**Pressen**	Raumtemperatur	20 °C	✔
		Pressdruck	ca. 40 kg / Käse	
		Pressdauer	6–8 h	
		1. Wenden	nach 20 min	
		Weiteres wenden	2–3 mal	
9 h	**Abtropfen** abends Käse aus der Presse nehmen und kühlen	Raumtemperatur	16–18 °C	
Tag + 1	**Ausformen**	Säuregrad beim Ausformen	5,30 pH	✔
	Salzen in Salzlake	Verweilzeit in der Salzlake	8–10 Tage	
		Temperatur der Salzlake	12–14 °C	
		Dichte der Salzlake	17 °Bé	
		Säuregrad der Salzlake	5,30 pH	
		Salzgehalt im Käse	1,0–1,5 % NaCl	
Tag + 10	**Reifen**	Raumtemperatur	14 °C	
		Raumfeuchte	85 % RLF	
		Reifedauer	6–12 Monate	
	Oberflächenbehandlung bei Bedarf	Salzlösung	10% Salz	
		Abwaschen	bei Schimmelbildung	
		Wenden	alle 2 Tage	

8.23 Andeerer Gourmet (Bündner Bergkäse)

Sorte: Schnittkäse aus Kuhmilch

Datum:

Zeitablauf	Verfahrensschritt	Parameter	Zielwert	Korrekturwert	CP/CCP
Tag –1	Milchlagerung	Milchart	Kuhmilch		
		Milchalter	Max. 12 h		✔
		Lagertemperatur	10 °C		✔
	Milchbehandlung	Erhitzungstemperatur	Rohmilch (< 40 °C)		
		Fettgehalt	naturbelassen		
Tag 0	Vorreifung	Kulturart	Sirtenkultur thermophile Kultur)		
		Säuregrad der Kultur	25–32 °SH		✔
		Sensorische Prüfung	kulturtypisch		✔
		Kulturmenge	0,3 %		
		Vorschütttemperatur	25 °C		
		Vorschüttdauer	40 min		
0 min	Dicklegen der Milch	Labart	Kälbermagenlab		
		Labstärke	1:20.000		
		Labmenge pro 100 l	12 ml		
		Einlabtemperatur	31,5 °C		
		Dickungszeit	30 min		
30 min	Schneiden	Bruchgröße	5 mm		
		Dauer der Bruchbereitung	5 min		
35 min	Vorkäsen	Rührdauer	25 min		
1 h	Nachwärmen durch Heizung	Nachwärmtemperatur	40 °C		
		Rührdauer	20 min		
1 h 20 min	Nachwärmen durch Wasserzugabe	Molkeabzug	–0 %		
		Wasserzugabe	+10 %		
		Wassertemperatur	70 °C		
		Nachwärmtemperatur	44 °C		
		Rührdauer	5 min		
1 h 25 min	Nachwärmen durch Heizung	Nachwärmtemperatur	47 °C		
		Rührdauer	2 min		
1 h 27 min	Abkühlen	Abkühltemperatur	45 °C		
		Rührdauer	10 min		
1 h 37 min	Nachkäsen	Rührdauer	10 min		
1 h 47 min	Abfüllen in Vorpresskasten	Molkenabzug	–10 %		
	Vorpressen	Vorpressdauer	10 min		
		Pressdruck	0,06 bar		
1 h 57 min	Portionieren	Formenart	Bergkäseformen		
		Käsegröße	Durchmesser 27,5 cm, Höhe 8–9 cm		
		Käsegewicht	5–5,5 kg		

8.23 Andeerer Gourmet (Bündner Bergkäse)

2 h	Pressen	Raumtemperatur	> 20 °C	✔
		Pressdruck	0,12 bar (direkt nach dem Portionieren)	
			0,2 bar (20 min nach dem Portionieren)	
		Pressdauer	20 h	
		1. Wenden	nach 20 min	
		2. Wenden	nach 8 h	
		Säuregrad nach 2 h	< 5,90 pH	✔
		Säuregrad nach 8 h	< 5,20 pH	✔
		Temperatur im Käse nach 8 H	> 33 °C	✔
Tag + 1	Ausformen	Säuregrad beim Ausformen	5,15 pH	✔
	Salzen in Salzlake	Verweilzeit in der Salzlake	24 h	
		Temperatur der Salzlake	12 °C	
		Dichte der Salzlake	22 °Bé	
		Säuregrad der Salzlake	5,15 pH	
		Salzgehalt im Käse	1,0–1,5 % NaCl	
Tag + 2	Reifen	Raumtemperatur	12–13 °C	
		Raumfeuchte	85–90 % RLF	
		Reifedauer	4 Monate	
Tag + 3	Oberflächenbehandlung mit Schmierlösung schmieren	Rotschmierlösung	10% Salz und Brevibacterium linens	
		Schmierbeginn	am 2. Reifungstag	
		Schmieren und Wenden	täglich (bis 2 Wochen)	
			alle 2 Tage (nach 2 Wochen)	

8.24 Nieheimer Käse

Sorte: Sauermilchkäse aus Kuhmilch
Datum:

Zeitablauf	Verfahrensschritt	Parameter	Zielwert	Korrekturwert	CP/CCP
Tag – 1	Milchlagerung	Milchart	Kuhmilch		
		Milchalter	Max. 12 h		✔
		Lagertemperatur	< 8 °C		✔
Tag 0	Milchbehandlung	Erhitzungstemperatur	Pastmilch (30 min bei 63 °C)		✔
	Enrahmung mit einer Zentrifuge	Fettgehalt	0,1–0,2 %		
0 min	Warme Säuerung	Kulturart	Joghurtkultur + Lb. bulgaricus (thermophile Kultur)		
		Kulturmenge	2–5 %		
		Sensorische Prüfung	kulturtypisch		✔
		Säuerungstemperatur	39–40 °C		
		Säuerungsdauer	3–4 h		
		Säuregrad am Ende der Säuerung	4,7–4,8 pH		✔
4 h	Rühren	Bruchgröße	25–30 mm		
		Dauer der Bruchbereitung	20–25 min		
4 h 25 min	Nachwärmen	Nachwärmtemperatur	41–42 °C		
		Rührdauer	20–30 min		
5 h	Abfüllen in Abtropfsäcke oder Vorpresswanne	Molkenabzug	–100 %		
	Abtropfen/Pressen Säcke stapeln (Eigenpressung), öfter umschichten	Raumtemperatur	22–25 °C		
		Abtropfdauer	bis zum Erreichen der gewünschten Trockenmasse		
		Trockenmasse	> 33 %		
Tag + 1	Quark mahlen				
	Reifen in flachen Reifungskästen	Raumtemperatur	20–22 °C		
		Raumfeuchte	90–95 % RLF		
		Reifedauer	3–4 Tage		
Tag + 5	Zugabe von Salz	Salzmenge	3 %		
	Zugabe von Kümmel	Kümmelmenge	1,5 %		
	Vermengen und gut durchkneten				
	Portionieren mit einem Fleischwolf	Käseform	Walzenform		
		Käsegewicht	35–50 g		
	Trocknen	Raumtemperatur	ca. 20 °C		
		Raumfeuchte	60–70 % RLF		
		Trockendauer	bis zum Erreichen der gewünschten Trockenmasse		
		Trockenmasse	40–50 %		

8.25 Harzer Käse

Sorte: Sauermilchkäse aus Kuhmilch

Datum:

Zeitablauf	Verfahrensschritt	Parameter	Zielwert	Korrekturwert	CP/CCP
Tag – 2	Milchlagerung	Milchart	Kuhmilch		
		Milchalter	Max. 12 h		✔
		Lagertemperatur	< 8 °C		✔
Tag – 1	Milchbehandlung	Erhitzungstemperatur	Pastmilch (30 min bei 63 °C)		✔
	Enrahmung mit einer Zentrifuge	Fettgehalt	0,03–0,05 %		
	Kaltsäuerung oder	Kulturart	Lactococcus lactis, Lactococcus cremoris, Lacotococcus diacetylactis (stark säuernde mesophile Kultur)		
		Kulturmenge	1–2 %		
		Sensorische Prüfung	kulturtypisch		✔
		Säuerungstemperatur	20–22 °C		
		Säuerungsdauer	16–18 h		
		Säuregrad am Ende der Säuerung	4,30–4,50 pH		✔
Tag 0	Warmsäuerung	Kulturart	Joghurtkultur (thermophile Kultur)		
		Kulturmenge	2–5 %		
		Sensorische Prüfung	kulturtypisch		✔
		Säuerungstemperatur	40–42 °C		
		Säuerungsdauer	1,5–2,5 h		
		Säuregrad am Ende der Säuerung	4,10–4,30 pH		✔
0 min	Schneiden	Bruchgröße	25–30 mm		
		Dauer der Bruchbereitung	5 min		
	Nachwärmen (optional)	Nachwärmtemperatur	40–45 °C		
		Rührdauer	35 min		
	Schrumpfen des Bruches	Bruchgröße	15–25 mm		
40 min	Bruch absetzen lassen	Dauer	10 min		
50 min	Abfüllen in Abtropfsäcke	Molkeabzug	–100 %		
	Abtropfen/Pressen Säcke stapeln (Eigenpressung), öfter umschichten	Raumtemperatur	25–30 °C		
		Abtropfdauer	ca. 5–7 h (bis zum Erreichen der gewünschten Trockenmasse)		
		Trockenmasse des Käsebruchs	> 35 %		
5–7 h	Abkühlen	Kerntemperatur	13 °C		
	Quarkmasse portionieren, mit Zwischenräume in einer Quarkwanne stapel und abkühlen lassen	Käsegröße	2 kg		

8.25 Harzer Käse

Tag + 1	Quark zerkleinernen und Kochsalz zugeben	Geschmack	rein säuerlich
	Warten bis das Salz sich gelöst hat. Überstehende Molke entfernen	Konsistenz	geschmeidig bis leicht körnig
		Säuregrad vor der Bearbeitung	4,1–4,3 pH 105–110 °SH
		Salzmenge	2–3 %
	Zugabe von Kümmel	Kümmelmenge	0,1–1,0 %
	Zugabe einer Hefekultur	Kulturart	Geotrichum candidum, Candida ssp.
	Der Zusatz von etwas gereiftem Sauermilchquark begünstigt die Reifung	Kulturmenge	nach Herstellerangaben
	Zugabe der Rotschmierkultur	Kulturart	Brevibacterium linens
		Kulturmenge	nach Herstellerangaben
	Säureregulierung durch Zugabe von Reifungssalzen	Reifungssalz	Natriumhydrogencarbonat und Calciumcarbonat
		Salzmenge	0,5–1,5 %
	Quark feinmahlen und gut durchmischen, wenn zu trocken etwas Trinkwasser hinzufügen		
	Portionieren mit Formzange und auf Horden stapeln	Formenart	Flache Laibchen
		Käsegröße	Durchmesser 4–5 cm, Höhe 1–2 cm
		Käsegewicht	25–50 g
Tag + 2	**Schwitzen** bis zur Bildung einer „Fetthaut" oder „Speckschicht"	Raumtemperatur	23–30 °C
		Raumfeuchte	90–95 % RLF
		Reifedauer	1–3 Tage
Tag + 5	**Reifen**	Raumtemperatur	13–15 °C
		Raumfeuchte	90–95 % RLF
		Reifedauer	3 Tage
	Oberflächenbehandlung mit Schmierlösung schmieren	Rotschmierlösung	10 % Salz und Brevibacterium linens
		Schmierbeginn	am 1. Reifungstag
		Schmieren und Wenden	täglich
Tag + 8	**Trocknen**	Raumtemperatur	5–10 °C
		Raumfeuchte	70 % RLF
		Dauer	2 h
	Verpacken (nach dem Trocknen)	Verpackungsmaterial	Luftdurchlässige Folie
	Kühlung	Raumtemperatur	4–6 °C ✓

8.26 Kochkäse

Sorte: Sauermilchkäse aus Kuhmilch
Datum:

Zeitablauf	Verfahrensschritt	Parameter	Zielwert	Korrekturwert	CP/CCP
Tag – 2	Milchlagerung	Milchart	Kuhmilch		
		Milchalter	Max. 12 h		✔
		Lagertemperatur	< 8 °C		✔
Tag – 1	Milchbehandlung	Erhitzungstemperatur	Pastmilch (30 min bei 63 °C)		✔
	Enrahmung mit einer Zentrifuge	Fettgehalt	0,03–0,05 %		
	Kaltsäuerung oder	Kulturart	Lactococcus lactis, Lactococcus cremoris, Lacotococcus diacetylactis (stark säuernde mesophile Kultur)		
		Kulturmenge	1–2 %		
		Sensorische Prüfung	kulturtypisch		✔
		Säuerungstemperatur	20–22 °C		
		Säuerungsdauer	16–18 h		
		Säuregrad am Ende der Säuerung	4,30–4,50 pH		✔
Tag 0	Warmsäuerung	Kulturart	Joghurtkultur (thermophile Kultur)		
		Kulturmenge	1–2 %		
		Sensorische Prüfung	kulturtypisch		✔
		Säuerungstemperatur	40–42 °C		
		Säuerungsdauer	2–4 h		
		Säuregrad am Ende der Säuerung	4,10–4,30 pH		✔
0 min	Schneiden	Bruchgröße	25–30 mm		
		Dauer der Bruchbereitung	5 min		
	Nachwärmen (optional)	Nachwärmtemperatur	42–44 °C		
		Rührdauer	35 min		
	Schrumpfen des Bruches	Bruchgröße	15–25 mm		
40 min	Bruch absetzen lassen	Dauer	10 min		
50 min	Abfüllen in Abtropfsäcke	Molkeabzug	–100 %		
	Abtropfen/Pressen Säcke stapeln (Eigenpressung), öfter umschichten	Raumtemperatur	25–30 °C		
		Abtropfdauer	ca. 5–7 h (bis zum Erreichen der gewünschten Trockenmasse)		
		Trockenmasse des Käsebruchs	> 35 %		

8.26 Kochkäse

5–7 h	**Reifen** in Edelstahlwanne	Raumtemperatur	22–24 °C	
	Bruchmasse flach verteilen und evtl. bei großer Wärmeentwicklung umschichten	Höhe der Bruchmasse	max. 5–8 cm	
	Am Ende der Reifung sollte der Käse ein glasiges gelbes Aussehen haben	Raumfeuchte Reifedauer Säuregrad am Ende der Reifung	90–95 % RLF 2 Tage 5,40–5,50 pH	
Tag + 2	**Zugabe von Butter** Butterzugabe erhöht den Fettgehalt und die Trockenmasse	Buttermenge Zeitpunkt der Zugabe	nach Belieben vor dem Kochen	
	Zugabe von Schmelzsalz	Schmelzsalzart Schmelzsalzmenge Zeitpunkt der Zugabe	Citrate 0,5–0,8 % vor dem Kochen	
	Kochen unter ständigem Rühren	Kochtemperatur Kochdauer	90–95 °C 3–5 min	✓
	Zugabe von Kochsalz	Kochsalzmenge Zeitpunkt der Zugabe	0,8–1 % NaCl nach dem Kochen	
	Zugabe von Kümmel	Kümmelmenge Zeitpunkt der Zugabe	nach Belieben nach dem Kochen	
	Verpacken	Verpackungsmaterial	Gläser oder Plastikbecher	
	Kühlung	Raumtemperatur	8 °C	✓

8.27 Typ „Roquefort"

Sorte: halbfester Schnittkäse mit Blauschimmel aus Schafmilch

Datum:

Zeitablauf	Verfahrensschritt	Parameter	Zielwert	Korrekturwert	CP/CCP
Tag − 1	Milchlagerung	Milchart	Schafmilch		
		Milchalter	Max. 12 h		✔
		Lagertemperatur	8–10 °C		✔
	Milchbehandlung	Erhitzungstemperatur	Rohmilch (< 40 °C)		
		Fettgehalt	naturbelassen		
Tag 0	Vorreifung	Kulturart	Säurewecker (mesophile Kultur mit Gasbildnern)		
		Kulturmenge	0,1–0,6 %		
		Sensorische Prüfung	kulturtypisch		✔
		Vorschütttemperatur	30–33 °C		
		Vorschüttdauer	20–30 min		
		Säuregrad am Ende der Vorreifung	6,50–6,55 pH		
	Zugabe der Schimmelkultur	Kulturart	Penicillium roqueforti		
		Menge pro 100 l	nach Herstellerangaben		
0 min	Dicklegen der Milch	Labart	Kälbermagenlab		
		Labstärke	1:10.000		
		Labmenge pro 100 l	25–35 ml		
		Einlabtemperatur	30–33 °C		
		Gerinnungszeit	13–17 min		
		Dickungszeit	1 h 50 min - 2 h 15 min		
2 h 15 min	Schneiden	Bruchgröße	1,5–3 cm		
		Dauer der Bruchbereitung	5 min		
2 h 20 min	Rühren	Rührdauer	20–70 min		
3 h 30 min	Abfüllen	Formenart	Schnittkäseform		
	Molke-Bruch-Mischung wird zuerst auf ein Tuch geschöpft, damit die Bruchkörner sich trennen	Käsegröße	Durchmesser 19–20 cm, Höhe 8,5–10 cm		
	Abfüllen des Bruch in die Formen	Käsegewicht	2 kg		
2 h 30 min	Abtropfen	Raumtemperatur	18–20 °C		✔
		Abtropfdauer	48–96 h		
		1. Wenden	sofort nach dem Abfüllen		
		Weiteres Wenden	3–5 mal pro Tag		
Tag + 3	Kühlen	Kühltemperatur	10–12 °C		
		Kühldauer	24 h		
Tag + 4	Ausformen	Säuregrad beim Ausformen	4,70–4,85 pH		✔
	Trockensalzen mit grobem Salz	Raumtemperatur	10–15 °C		
		Dauer des Trockensalzen	5–6 Tage (1–2 mal pro Tag)		
		Salzgehalt im Käse	4–5 %		

8.27 Typ „Roquefort"

Tag + 10	**Reifen** Käse wird hochkant auf Holzbretter gestellt, Roquefort reift traditionell in natürlichen Höhlen	Raumtemperatur	8–10 °C
		Raumfeuchte	90–95 % RLF
	Lagern auf der Seitenfläche	Wenden (Rollen)	täglich
		Reifedauer vor dem Verpacken	20–30 Tage
Tag + 19	**Oberflächenbehandlung** sich bildende Schmiere abschaben	Schmierlösung	Geotrichum candidum
		Zeitpunkt	1 mal (10 Tage nach Reifungsbeginn)
		Wenden und Abschaben	alle 2 Tage
Tag + 29	**Pikieren** Für die Entwicklung des Blauschimmels wird der Käse pikiert	Zeitpunkt	1 mal (20–30 Tagen nach Reifungsbeginn)
		Dicke des Pikierstabes	4 mm
		Lochabstand beim Pikieren	15 mm
Tag + 61	**Kaltreifung** Käse wird in Zinnfolie eingepackt, um eine relative Anaerobiose zu erreichen	Verpackungsmaterial	Zinnfolie
		Lagertemperatur	2–10 °C ✔
		Wenden	alle 2 Tage
		Reifedauer nach dem Verpacken	4–12 Monate
	Verpacken	Verpackungsmaterial	Alufolie

8.28 Typ „Pecorino"

Sorte: Hartkäse aus Schafmilch

Datum:

Zeitablauf	Verfahrensschritt	Parameter	Zielwert	Korrekturwert	CP/CCP
Tag – 1	Milchlagerung	Milchart	Schafmilch		
		Milchalter	Max. 12 h		✔
		Lagertemperatur	10 °C		✔
	Milchbehandlung	Erhitzungstemperatur	Rohmilch (< 40 °C)		
		Fettgehalt	naturbelassen		
Tag 0	Vorreifung	Kulturart	Säurewecker (mesophile Kultur)		
		Kulturmenge	0,8–1 %		
		Sensorische Prüfung	kulturtypisch		✔
		Vorschütttemperatur	31 °C		
		Vorschüttdauer	bis zum Erreichen des gewünschten pH-Wertes		
		Säuregrad am Ende der Vorreifung	6,50–6,60 pH		
0 min	Dicklegen der Milch	Labart	Kälbermagenlab		
		Labstärke	1:15.000		
		Labmenge pro 100 l	15 ml		
		Einlabtemperatur	31 °C		
		Gerinnungszeit	15–20 min		
		Dickungszeit	40–45 min		
45 min	Schneiden	Bruchgröße	3 mm		
		Säuerung vor dem Schneiden	6,45–6,50		
		Dauer der Bruchbereitung	5 min		
50 min	Vorkäsen	Rührdauer	15 min		
1 h 5 min	Bruchwaschen	Molkeabzug	–15–20 %		
		Wasserzugabe	+10–15 %		
		Wassertemperatur	30–35 °C		
		Säuregrad nach dem Bruchwaschen	6,45 pH		
		Rührdauer	5 min		
1h 10 min	Nachwärmen	Nachwärmtemperatur	39–40 °C		
		Rührdauer	20 min		
1 h 30 min	Nachkäsen	Rührdauer	10 min		
1 h 40 min	Abfüllen in Vorpresskasten	Vorpressbehältnis	Vorpresswanne		
	Vorpressen	Vorpressdauer	20 min		
		Pressdruck	0,06 bar		

8.28 Typ „Pecorino"

2 h	**Portionieren**	Formenart	Schnittkäseform	
		Käsegröße	Durchmesser 15 cm, Höhe 7 cm	
		Käsegewicht	1–1,5 kg	
	Pressen	Raumtemperatur	20–22 °C	✔
		Pressdruck	0,2–0,3 bar	
		Pressdauer	4 h	
		1. Wenden	nach 20 min	
		Weiteres Wenden	nach 1 h, 2 h, 3 h, 4 h	
		Säuregrad nach 2 h	< 5,90 pH	✔
		Säuregrad nach 8 h	< 5,20 pH	✔
		Temperatur im Käse nach 8 H	> 33 °C	✔
Tag + 1	**Ausformen**	Säuregrad beim Ausformen	5,20–5,30 pH	✔
	Salzen in Salzlake	Verweilzeit in der Salzlake	20 h	
		Temperatur der Salzlake	12–14 °C	
		Dichte der Salzlake	17 °Bé	
		Säuregrad der Salzlake	5,20–5,30 pH	
		Salzgehalt im Käse	1,0–1,5	
Tag + 2	**Reifen**	Raumtemperatur	13–15 °C	
		Raumfeuchte	85–90 % RLF	
		Reifedauer	2 Monate	
Tag + 3	**Oberflächenbehandlung** mit Schmierlösung schmieren	Rotschmierlösung	10% Salz und Brevibacterium linens	
		Schmierbeginn	am 2. Reifungstag	
		Schmieren und Wenden	alle 2 Tage	

8.29 Hallertauer Ziegentopfen

Sorte: Frischkäse aus Ziegenmilch

Datum:

Zeitablauf	Verfahrensschritt	Parameter	Zielwert	Korrekturwert	CP/CCP
Tag – 1	Milchlagerung	Milchart	Ziegenmilch		
		Milchalter	Max. 12 h		✔
		Lagertemperatur	< 8 °C		✔
Tag 0	Milchbehandlung	Erhitzungstemperatur	Pastmilch (30 min bei 63 °C)		✔
		Fettgehalt	naturbelassen		
0 min	Kulturzugabe	Kulturart	Säurewecker (mesophile Kultur)		
		Kulturmenge	1–2 %		
		Sensorische Prüfung	kulturtypisch		✔
		Vorschütttemperatur	22–24 °C		
		Vorschüttdauer	0 min		
1 h 30 min	Dicklegen der Milch	Labart	Kälbermagenlab		
		Labstärke	1:15.000		
		Labmenge pro 100 l	4 ml		
		Einlabtemperatur	22–24 °C		
		Raumtemperatur	> 20 °C		✔
		Dickungszeit	7 h 30 min		
9 h	Schneiden	Bruchgröße	10–20 cm		
		Raumtemperatur	> 20 °C		
Tag + 1	Abfüllen	Säuregrad vor dem Abfüllen	ca. 4,50 pH		✔
		Formenart	Frischkäseformen		
		Käsegröße	Durchmesser 6 cm Höhe 3–4 cm		
		Käsegewicht	100–150 g		
	Abtropfen	Raumtemperatur	> 20 °C		
		Abtropfdauer	7 h		
Tag + 1 und 7 h	Trockensalzen/ Abtropfen	Salzgehalt im Käse	1–2 %		
		1. Wenden	nach 7 h		
		Abtropfdauer nach dem 1. Wenden	14 h		
Tag +2	Ausformen	Säuerung beim Ausformen	4,40 pH		✔
	Kühlung	Raumtemperatur	< 5° C		✔

8.30 Gereifter Ziegenfrischkäse

Sorte: Weichkäse aus Ziegenmilch

Datum:

Zeitablauf	Verfahrensschritt	Parameter	Zielwert	Korrekturwert	CP/CCP
Tag − 1	Milchlagerung	Milchart	Ziegenmilch		
		Milchalter	Max. 12 h		✔
		Lagertemperatur	< 8 °C		✔
	Milchbehandlung	Erhitzungstemperatur	Rohmilch (< 40 °C)		
		Fettgehalt	naturbelassen		
Tag 0	Vorreifung	Kulturart	Säurewecker (mesophile Kultur)		
		Kulturmenge	1–2 %		
		Sensorische Prüfung	kulturtypisch		✔
		Vorschütttemperatur im Sommer	21–23 °C		
		Vorschütttemperatur im Winter	22–25 °C		
		Vorschüttdauer	2–4 h		
		Säuregrad am Ende der Vorreifung	6,30–6,40 pH		
	Zugabe der Schimmelkultur	Kulturart	Penicillium candidum		
	Schimmelkultur in abgekochtem, lauwarmem Wasser auflösen	Kulturmenge	nach Herstellerangaben (1/3 in die Milch geben, 2/3 zum Besprühen der Käse aufbewahren)		
0 min	Dicklegen der Milch	Labart	Kälbermagenlab		
		Labstärke	1:15.000		
		Labmenge pro 100 l	4–6 ml		
		Einlabtemperatur	21–25 °C		
		Raumtemperatur	> 20 °C		
		Gerinnungszeit	1 h		
		Dickungszeit	18–36 h		
Tag + 1	Schneiden	Säuregrad beim Schneiden	4,6 pH		
	vor dem Schöpfen kann die Gallerte in Würfel geschnitten werden	Bruchgröße	10–20 cm		
		Raumtemperatur	22 °C		
	Molkeaustritt abwarten	Dauer	30 min		
Tag + 1 und 30 min	Abfüllen Überschwimmende Molke abschöpfen, dann Bruch mit Kelle vorsichtig in ein Leinentuch bringen	Abfüllbehältnis	Leinentuch		
Tag + 1 und 40 min	Abtropfen	Raumtemperatur	18–20 °C		✔
		Abtropfdauer bis zum Abfüllen in Formen	3–8 h		

8.30 Gereifter Ziegenfrischkäse

Tag + 1 und 8 h	**Abfüllen** den im Sack vorabgetropften Bruch mit einem Löffel in Formen füllen	Formenart	Frischkäseformen	
		Käsegröße	Durchmesser 8–9 cm, 4–5 cm	
		Käsegewicht	140 g	
		1. Wenden	1 h nach Abfüllen	
		Abtropfdauer nach dem Abfüllen in Formen	12–18 h	
Tag + 2	**1. Salzen** auf der einen Seite	Zeitpunkt des 1. Salzens	vor dem 2. Wenden	
		Salzdauer	30 min	
Tag + 2 und 30 min	**Ausformen**	Säuregrad beim Ausformen	4,4–4,6 pH	✔
	2. Salzen auf der anderen Seite	Zeitpunkt 2. Salzens	nach dem Ausformen	
		Salzdauer	2 h	
		Salzgehalt im Käse	1–2 %	
Tag + 2 und 2 h 30 min	**Trocknen** auf Horden	Raumtemperatur	12–15 °C	
		Raumfeuchte	75–85 % RLF	
		Trockendauer	2–3 Tage	
Tag + 5	**Reifen** auf Horden Käseoberfläche zu Beginn der Reifung mit Schimmelkultur besprühen	Kulturart	Penicillium candidum	
		Kulturmenge	2/3 der angesetzten Schimmelkultur	
		Raumtemperatur	12–13 °C	
		Raumfeuchte	90 % RLF	
		Reifedauer	8–10 Tage	
Tag + 16	**Trocknen** auf Horden Nach Bildung des Schimmelrasens Käse im Kühlraum trocknen	Raumtemperatur	6 °C	
		Raumfeuchte	60–70 % RLF	
		Trockendauer	4–10 h	
	Verpacken (nach dem Trocknen)	Verpackungsmaterial	Camembertpapier	
	Kühlung	Raumtemperatur	4–6 °C	✔
		Lagerdauer	max. 3 Wochen	

8.31 Ziegencamembert

Sorte: Weichkäse aus Ziegenmilch
Datum:

Zeitablauf	Verfahrensschritt	Parameter	Zielwert	Korrekturwert	CP/CCP
Tag – 1	Milchlagerung	Milchart	Ziegenmilch		
		Milchalter	Max. 12 h		✔
		Lagertemperatur	< 8 °C		✔
Tag 0	Milchbehandlung	Erhitzungstemperatur	Pastmilch (30 min bei 63 °C)		✔
		Fettgehalt	naturbelassen		
	Vorreifung	Kulturart	Säurewecker (mesophile Kultur)		
		Kulturmenge	1%		
		Sensorische Prüfung	kulturtypisch		✔
		Vorschütttemperatur	31–33 °C		
		Vorschüttdauer	bis zum Erreichen des gewünschten pH-Wertes		
		Säuregrad am Ende der Vorreifung	6,40–6,45 pH		
	Zugabe der Schimmelkultur	Kulturart	Penicillium candidum		
	Schimmelkultur in abgekochtem, lauwarmem Wasser auflösen	Kulturmenge	nach Herstellerangaben (1/3 in die Milch geben, 2/3 zum Besprühen der Käse aufbewahren)		
0 min	Dicklegen der Milch	Labart	Kälbermagenlab		
		Labstärke	1:15.000		
		Labmenge pro 100 l	16–18 ml		
		Einlabtemperatur	31–33 °C		
		Gerinnungszeit	6–12 min		
		Dickungszeit	60 min		
1 h	Schneiden	Bruchgröße	1–3 cm		
		Säuregrad vor dem Schneiden	6,25–6,40 pH		
		Dauer der Bruchbereitung	5 min		
1 h 5 min	Aufrühren des Käsebruches	Zeitpunkt des Aufrührens	nach 10, 20, 30, 40 und 50 min		
1 h 55 min	Molke ablassen	Menge	–30 %		
2 h	Abfüllen	Säuregrad vor dem Abfüllen	6,10–6,25		
	Bruch kurz aufrühren und mit einer Kelle gleichmäßig in die Formen verteilen	Formenart	Weichkäseformen		
		Käsegröße	Durchmesser 8 cm, Höhe 3 cm		
		Käsegewicht	150 g		

8.31 Ziegencamembert

2 h 5 min	Abtropfen	Raumtemperatur (bis 6 h nach dem Abfüllen)	20–22 °C	✔
		Raumtemperatur (ab 6 h nach dem Abfüllen)	18–20 °C	✔
		1. Wenden	direkt nach dem abfüllen	
		Weiteres Wenden	nach 1 h, 2 h, 3 h, 5 h, 8 h	
Tag + 1	Ausformen	Säuregrad beim Ausformen	4,80–4,90 pH	✔
	Salzen in Salzlake	Verweilzeit in der Salzlake	75 min	
		Temperatur der Salzlake	12 °C	
		Dichte der Salzlake	17 °Bé	
		Säuregrad der Salzlake	4,80–5,00 pH	
		Salzgehalt im Käse	1,5–2,0 % NaCl	
	Trocknen auf Horden	Raumtemperatur	15–16 °C	
		Raumfeuchte	75 % RLF	
		Dauer	1–2 Tage	
	Käseoberfläche mit Schimmelkultur besprühen	Kulturart	Penicillium candidum	
		Kulturmenge	2/3 der angesetzten Schimmelkultur	
Tag + 3	Reifen auf Horden	Raumtemperatur	12–14 °C	
		Raumfeuchte	85–90 % RLF	
		Reifedauer	6–8 Tage	
		Wenden	alle 2 Tage	
Tag + 11	Trocknen auf Horden	Raumtemperatur	4–6 °C	
		Raumfeuchte	70 % RLF	
	Nach Bildung des Schimmelrasens Käse im Kühlraum trocknen	Dauer	2–3 h	
	Verpacken	Verpackungsmaterial	atmungsaktives Papier und Spanschachtel	
		Lagertemperatur	8 °C	✔
		Lagerdauer nach dem Verpacken	1–2 Wochen	

8.32 Ziegengouda

Sorte: Schnittkäse aus Ziegenmilch
Datum:

Zeitablauf	Verfahrensschritt	Parameter	Zielwert	Korrekturwert	CP/CCP
Tag – 1	Milchlagerung	Milchart	Ziegenmilch		
		Milchalter	Max. 12 h		✔
		Lagertemperatur	< 10 °C		✔
	Milchbehandlung	Erhitzungstemperatur	Rohmilch (< 40 °C)		
		Fettgehalt	naturbelassen		
Tag 0	Vorreifung	Kulturart	Säurewecker (mesophile Kultur)		
		Kulturmenge	0,7–1 %		
		Sensorische Prüfung	kulturtypisch		✔
		Vorschütttemperatur	31 °C		
		Vorschüttdauer	30 min		
		Säuregrad am Ende der Vorreifung	6,60–6,65 pH		
0 min	Dicklegen der Milch	Labart	Kälbermagenlab		
		Labstärke	1:15.000		
		Labmenge pro 100 l	22–25 ml		
		Einlabtemperatur	31 °C		
		Gerinnungszeit	20 min		
		Dickungszeit	40–50 min		
50 min	Schneiden	Bruchgröße	3 mm		
		Säuerung vor dem Schneiden	6,55–6,60 pH		
		Dauer der Bruchbereitung	5–8 min		
58 min	Vorkäsen	Rührdauer	15 min		
1 h 13 min	Bruchwaschen	Molkeabzug	–30 %		
		Wasserzugabe	+20–25 %		
		Wassertemperatur	30–35 °C		
		Säuregrad nach dem Bruchwaschen	6,45–6,50 pH		
1 h 20 min	Nachwärmen	Nachwärmtemperatur	39–40 °C		
		Rührdauer	20 min		
1 h 40 min	Nachkäsen	Rührdauer	5 min		
1 h 45 min	Abfüllen	Säuregrad vor dem Abfüllen	6,40–6,45 pH		
		Vorpressdauer	20 min		
	Bruch am Boden der Wanne absetzen lassen, mit der Hand zu einem Kuchen formen, nach ca. 20 min unter Molke portionieren und in Kadovanetze abfüllen **oder**				
	Bruch / Molke-Mischung in einer Vorpresswanne abfüllen, vorpressen und anschließend portionieren und in Kadovanetze abfüllen	Formenart	Kadovaformen		
		Käsegröße	Durchmesser 15 cm, Höhe 7 cm		
		Käsegewicht	1 kg		

8.32 Ziegengouda

2 h 10 min	Pressen	Raumtemperatur	20–22 °C	✔
		Pressdauer	4 h	
		Pressdruck	0,1–0,2 bar	
		1. Wenden	nach 30 min	
		Weiteres Wenden	nach 1 h, 2 h, 3 h, 4 h	
6 h 10 min	Abtropfen ungepresst	Raumtemperatur (bis Erreichen von pH-Wert 5,40)	20–22 °C	
		Raumtemperatur (nach Erreichen von pH-Wert 5,40)	13–15 °C	
Tag + 1	Ausformen	Säuregrad beim Ausformen	5,20–5,30 pH	✔
	Salzen in Salzlake	Verweilzeit in der Salzlake	20 h	
		Temperatur der Salzlake	12–14 °C	
		Dichte der Salzlake	16–17 °Bé	
		Säuregrad der Salzlake	5,20–5,30 pH	
		Salzgehalt im Käse	1,0–2,0 % NaCl	
Tag + 2	Reifen	Raumtemperatur	13–15 °C	
		Raumfeuchte	85–90 % RLF	
		Reifedauer	mind. 5 Wochen	
		Wenden	alle 2 Tage	
	Oberflächenbehandlung	ggf. unter warmem Wasser abwaschen, abbürsten und trocknen	schimmelfrei	

9 Die Käsefehler

Käsefehler sind im weitesten Sinne unerwünschte Abweichungen vom angestrebten Qualitätsstandard. Dabei kann man die Fehler in 5 Gruppen einteilen:
1. Fehler der Gallerte.
2. Fehler der Teigbeschaffenheit.
3. Fehler der Rinde.
4. Fehler im Geruch und Geschmack.
5. Mikrobiologische Fehler.

Käsefehler können durch fehlerhafte Rohstoffe, durch Fehler bei der Verarbeitung und durch unsachgemäße Reifung, Lagerung und Verpackung entstehen. Treten mehrere Käsefehler gleichzeitig auf, ist bereits das Erkennen der Käsefehler sehr schwierig. Zudem sind Käsefehler meist nicht auf eine alleinige Ursache zurückzuführen, was die Fehlerbehebung ungemein schwierig macht.

9.1   Fehler der Gallerte

Säuerungsstörungen (Frischkäse)
Gallerte von Frischkäse erst schöpfen, wenn der gewünschte pH-Wert (unter 4,6) erreicht wurde. Bei einer nicht ausreichend gesäuerten Gallerte wird der Bruch suppig, nass, ohne Kohäsion. Aus den Formen kommt eine weiße Molke heraus mit vielen kleinen Proteinpartikeln, die Käseausbeute wird schlecht. Beim Ausformen kleben die Käse in den Formen und brechen häufig, die Formen sind schwer zu reinigen.
? **Es sind Antibiotika in der Milch.**
! Milch für die Käseherstellung nicht verwendbar. Die mit Antibiotika behandelten Tiere für die vorgeschriebene Zeit von der Herde trennen. Vor dem ersten Melken die Milch mit einem Hemmstofftest untersuchen.

? **Reste von Reinigungs- oder Desinfektionsmitteln sind in die Milch gelangt.**
! Melkanlage, Leitungen, Erhitzer und Geräte, die in Kontakt mit der Milch kommen, gut mit frischem, sauberem Wasser vor dem Gebrauch spülen. Darauf achten, dass auch alle Leitungsstücke gespült wurden.

? **Ein Bakteriophage hat die Kultur angegriffen.** In den ersten 2 h verläuft die Säuerung normal, danach wird sie, je nachdem wie viel Stämme in der Kultur vorhanden sind und welcher Stamm angegriffen wurde, gehemmt oder sogar gestoppt.
! Phagen brauchen Milchsäurebakterien als Wirt um sich zu vermehren. Nach jeder Produktion Molke aus der Käserei pumpen und alles gründlich reinigen, danach durch Lüften trocknen. Molke und Rohmilch außerhalb der Käserei lagern.
Man sollte immer eine Ersatzkultur auf Vorrat haben und sie beim geringsten Verdacht einsetzen. Da der Phage nur einen spezifischen Stamm befällt, wird die neue Kultur mit anderen Stämmen wieder normal säuern.

? **Vereinzelt können Rohmilchbakterien Stoffe bilden, die das Wachstum der Milchsäurebakterien hemmen.**
! Melkanlage und Rohmilchtank gut reinigen, Rohmilch nicht länger als 1 Tag lagern.

? **Die Milch- und/oder die Raumtemperatur sind zu tief.** Man sollte auf die Abkühlung des Raumes im Winter und über Nacht achten. Es ist besonders wichtig, wenn die Einlabtemperatur hoch und wenn die Käsewanne nicht isoliert ist.
! Raumtemperatur mit einem Thermostat regulieren, Raum heizen.

? **Die Kultur ist nicht aktiv**, weil sie zu alt ist oder zu lange überimpft wurde.
! Frische Kultur verwenden.

? Die Kultur ist nicht aktiv (Direktkultur). Die Packungseinheiten von Direktkulturen sind häufig für kleine Käsereien viel zu groß. Eine Teilung der Packungen ist von den Kulturherstellern strengstens untersagt, weil der Inhalt nicht homogen ist. Die Stämme werden nämlich einzeln gezüchtet und konzentriert, erst dann gemischt. Ist ein Stamm weniger konzentriert worden, wird er in der Packung mehr zudosiert. Deshalb sind nie Gewichtsangaben auf den Kulturenpackungen deklariert, sondern nur die Units, also die Zahl lebensfähiger Bakterien pro Einheit. Wird nur ein kleiner Teil der Packung benutzt, stimmt das Verhältnis der Mischung und die Dosierung nicht mehr. Da die Packung nach dem Öffnen nicht wieder zu verschließen ist, ist die Infektionsgefahr der Kultur sehr groß.
! Manche Hersteller bieten Einheiten, die für Hofkäsereien gedacht sind (für 100–500 l Milch).

? Schlecht säuernde Milch. Nach einem zu schnellen Futterwechsel, z.B. wenn man im Frühjahr mit dem Füttern von frischem Gras beginnt, können manchmal leichte Verzögerungen der Säuerung vorkommen.
! Langsamer Futterwechsel, ausgeglichene Futterration, auf die Zufuhr von Mineralstoffen und Spurenelementen achten.

Mangelhafte Gelbildung (Frischkäse)
? Es bilden sich zu viele Risse in der Gallerte. Die Milch war während der Gerinnung noch in Bewegung. Die Wanne ist Schwingungen ausgesetzt worden. Kurz nach der Gerinnung bilden sich kreisförmige Risse, aus denen Molke zu früh austritt. Der Bruch wird ungleichmäßig, er trocknet in der Nähe der Risse aus, sonst enthält er noch viel Molke.
! Milchbewegung nach dem Einlaben mit einem Brecher oder einer Kelle länger anhalten. Stöße an die Milchwanne bei der Gerinnung der Milch vermeiden.

? Porzellan-, puddingartige Gallerte. Labdosis zu hoch, pH-Wert beim Einlaben zu hoch, das Lab wirkt vor der Säuerung, die Säuerung beginnt zu spät. Der Bruch ist fest, gibt aber zu wenig Molke ab, er klebt gern an den Formen, an der oberen Seite des Käses bildet sich eine Mulde, der Käse wird körnig, ohne Aroma
! Labdosis verringern, später einlaben (pH-Wert 6,1–6,3), Eine lange Dicklegung mit niedrigerer Temperatur ist einer kürzeren Dicklegung mit höherer Temperatur vorzuziehen.

? Gallerte ist zu weich, zerbrechlich, viele Verluste in der Molke.
! Das Lab ist nicht mehr genügend aktiv, es ist zu alt oder falsch gelagert worden. Protein- und/oder Calciumgehalt der Milch sind zu niedrig.
Lab wechseln, Futterration optimieren, der Milch 0,05–0,15 g/l Calciumchlorid zugeben.

Gallerte bläht, ist schwammig, schwimmt über der Molke und hat im Inneren viele kleine Gärlöcher (Frischkäse).
Die Verarbeitung einer geblähten Gallerte ist schwierig. Sie hat keine Kohäsion, bricht sehr schnell, die Verluste in der Molke sind hoch. Hat der Bruch normal gesäuert, wird der Käse trocken und kreidig. Ist aber die Blähung von einer Fehlsäuerung begleitet, ist die Gefahr einer Vermehrung von pathogenen Keimen, vor allem bei Rohmilchkäse, sehr groß.

? Massive Kontamination von coliformen Bakterien. (Siehe auch im Kapitel 9.2: „Fehler in der Teigbeschaffenheit" unter „Unerwünschte Lochung im Teig")
! In den ersten 3–4 Stunden der Käseherstellung findet ein Konkurrenzkampf zwischen Milchsäurebakterien und coliformen Bakterien statt. Überwiegen die Milchsäurebakterien, so hält sich die Vermehrung der coliformen Bakterien in Grenzen, wenn aber die Säuerung sich verzögert, können sie sich verbreiten, es entsteht eine Frühblähung.
– Beim Käsen muss die Säuerung rasch eintreten.
– Bei der Verarbeitung von Rohmilch darf nur frische Milch (maximal 2 Melkzeiten) eingesetzt werden.

- Eine Reinfektion während der Käseherstellung ist insbsonders bei pasteurisierter Milch von großer Bedeutung.
- Eine niedrige Einlabtemperatur ist immer vorzuziehen; hohe Temperaturen begünstigen die coliformen Bakterien gegenüber Milchsäurebakterien.

? Zu starke Entwicklung der heterofermentativen Milchsäurebakterien. Sie bilden durch den Gärungsprozess Kohlendioxid, das sich in der Milch auflöst. Die Diffusion des CO_2 ist aber in geronnener Milch schwieriger. Bei einer übermäßigen Vermehrung dieser Bakterien werden sich ebenfalls Gärlöcher in der Gallerte bilden. Sie sind i. d. R. etwas größer als die coliformen Bakterien.
! Anteil der homofermentativen Bakterien erhöhen. Gasbildende Milchsäurebakterien haben aber einen positiven Effekt auf Aroma und Struktur des Käses. Auf reine homofermentative Kultur zurückzugreifen kann also nur eine Notlösung sein.
Einlabtemperatur erniedrigen. Das Problem der Gasbildung einer Säuerungskultur tritt auf, wenn die Milch zu schnell gerinnt, sei es weil die Einlabtemperatur zu hoch ist oder weil zuviel Lab benutzt wird. Eine hohe Einlabtemperatur (27–29 °C) begünstigt die Gasbildung der Bakterien; die kurze Gerinnungszeit verhindert die Gasdiffusion, der weiche Bruch wird sehr schnell zerstört.

9.2 Fehler der Teigbeschaffenheit

Sandiger Teig (Frischkäse)
Die Bezeichnung „sandig" beschreibt ein raues unangenehmes Gefühl auf der Zunge, das beim Verzehr von Frischkäse auftritt.

? Der Teig wird sandig, wenn zu früh oder mit zu viel Lab eingelabt wurde oder die Säuerung verzögert oder gehemmt wurde. Den Fehler bemerkt man eher in Käsen mit hohem Fettgehalt.
! Erst bei einem pH-Wert unter 6,3 einlaben, Labdosis senken, darauf achten, dass die Säuerung gleichmäßig verläuft. Bei der Frischkäseherstellung mit hoher Einlabtemperatur (28–30 °C) bildet sich eine körnigere Käsemasse, die eine Tendenz zur Sandigkeit hat. Der Käse wird bei einer langen Dicklegung mit 20–22 °C Einlabtemperatur viel feiner.

Kurzer, bröckeliger, kreidiger Teig
Die Bezeichnung „kurzer Teig" benennt einen Fehler, der für Schnitt- und Hartkäse zutrifft. Die Bezeichnung „kreidiger oder bröckeliger Teig" trifft eher bei Weich- und Edelpilzkäsen zu. Es bezeichnet eine mangelnde Kohäsion des Proteingerüstes, eingeleitet durch eine übermäßige Säuerung und der daraus folgenden Ausschwemmung des Calciums, das als „Zement" für das Proteingerüst nicht mehr zur Verfügung steht. Die Säuerung mindert ebenfalls das Wasserbindungsvermögen des Kaseins.

? Die Milch war zu sauer beim Einlaben; die Kulturdosis bzw. die Einlabtemperatur waren zu hoch.
! Einlab-pH-Wert höher wählen, weniger Kultur verwenden. Einlabtemperaturen über 35 °C ermöglichen zwar eine Verkürzung des Herstellungsprozesses, das Gleichgewicht zwischen Lab und Säuerungseigenschaften verschiebt sich aber viel schneller. Dies verursacht entweder eine Übersäuerung oder im Gegenteil eine zu starke Labfällung mit der Gefahr, dass die dichte Struktur des Rohkäses die Molkeabgabe erschwert und der Käse im Reifungskeller nachsäuert.

? Die Säuerung war zu schwach oder sie ist zu spät eingetreten. Der Bruch und der Rohkäse besitzen überwiegend Eigenschaften eines Labgels, d. h., es hat sich ein relativ molkeundurchlässiges Proteingerüst gebildet, in dem ungesäuerte Molke mit hohem Laktoseanteil eingesperrt ist. Dieser Milchzucker gärt während der Käsereifung unkontrolliert weiter. Er verhindert die Entsäuerung des Teiges. Weichkäse können zusätzlich nachnässen, also weitere Molke während der Reifung abgeben. Folge davon wäre ein schlecht haftender Schimmel bzw. eine nasse, glitschige Rotschmiere. Bei Schnittkäse ist die frei gewordene Molke eingeschlossen. Sie wird in die Bruchlöcher gedrängt und säuert dort nach. Beim Schneiden der Käse treten nasse, weiße, glänzende Stellen im Käse auf. Der Käse wird oft bitter. Die Nachsäuerung tritt gern bei Käse auf, der mit Direktkultur hergestellt wurden.

! Kultur wechseln, die Temperatur des Abtropfraumes ist zu tief, die Bruchbearbeitungszeit zu kurz. Das Nachsäuern findet auch statt, wenn der Bruch zu schnell erwärmt wurde. In diesem Fall bildet sich eine Haut, um das zu schnell aufgewärmte Bruchkorn, die weiteres Austreten von Molke verhindert. Bei der Verwendung von Direktkultur sollte der Bruch mehr gewaschen werden (siehe Kapitel 5.2.1: Verwendung von Direktkultur).

Zu fester, trockener Teig
Der Käse ist zu trocken, kompakt, die Reifungsflora entwickelt sich schlecht. Der Käse ist fade im Aroma.

? Die Synärese war zu stark, sei es weil die Milch zu sauer eingelabt, die Bruchbearbeitung übertrieben, der Bruch zu stark oder zu lang nachgewärmt wurde oder weil die Abtropftemperatur zu hoch war. Der Käse kann auch im Reifungskeller austrocknen, weil die relative Luftfeuchtigkeit im Keller zu niedrig oder die Luftumwälzung zu stark ist.

! Weniger Säurewecker verwenden, nicht so sauer einlaben oder die Einlabtemperatur leicht senken. Den Bruch größer schneiden, mehr waschen und bei niedrigerer Temperatur nachwärmen. Die Luftfeuchtigkeit im Keller erhöhen.

Weicher Teig
Fehler, der bei Frisch- und Weichkäse auftreten kann. Der Käse bleibt nass, der Teig ist glasig, am Anfang gummiartig, er reift dann übermäßig schnell. Beim Ausformen klebt der Käse an den Formen. Frischkäse haben eine Mulde an der Käseoberseite, in der sich Molke sammeln kann. Während der Reifung verformt sich der Käse, er wird flach. Es bilden sich tiefe Druckspuren an den Stellen, mit denen er auf den Gittern lag.

? **Milch und Käse haben zu wenig gesäuert.** Es sind Hemmstoffe in der Milch vorhanden, die Milch ist verwässert oder zu stark erhitzt worden, die Einlabtemperatur ist zu niedrig. Die Labdosierung oder die Labstärke sind zu schwach. Die Milch enthält zu wenig Calcium. Die Temperatur im Abtropfraum ist zu niedrig.

! Wenn die Säuerung zu schwach war, ist zu klären, ob in der Rohmilch Hemmstoffe waren, ob sie verwässert war und/oder die Säuerungskultur nicht aktiv war. Ein Säuerungstest mit einer gekauften Milch gibt Aufschluss, ob die Säuerungstörung an der Milch oder an der Kultur liegt.
– Die Thermometer prüfen, Raumtemperatur kontrollieren, sich vergewissern, dass die Milch während der Dicklegung, bzw. der Bruch während der Bearbeitung nicht übermäßig abkühlen.
– Wenn alles stimmt, kann man die Einlabtemperatur leicht erhöhen oder mehr Kultur verwenden. Die Temperatur im Abtropfraum erhöhen.
– Wenn die Säuerung normal abgelaufen ist, muss die Qualität des Labs kontrolliert werden. Ist es trüb, lag es zu lange ungekühlt oder am Licht, ist es zu alt, so muss es gewechselt werden.
– Wenn der Bruch schon beim Schneiden zu weich war, kann man 0,1–0,15 g $CaCl_2$/l Milch zugeben.
Ansonsten sind Maßnahmen, die den Molkeaustritt begünstigen, zu verstärken: z.B. kleiner schneiden, den Bruch länger und stärker bearbeiten.

Randweicher Käse (Weichkäse)
Der Käse reift zu schnell unter der Rinde, der Teig wird sehr weich, fast flüssig. Im Käseinneren bleibt der Teig kreidig und sauer. Der Fehler „randweich" betrifft in erster Linie Weichkäse, manchmal auch halbfeste Schnittkäse.

? **Der Käse ist zu nass, wenn er in den Reifungskeller kommt, die Abtropfzeit ist zu kurz, der Abtropfraum zu kalt.**

! Der Wassergehalt in der fettfreien Masse muss niedriger werden. Dies erreicht man durch eine Verlängerung der Dicklegung, kleineres Schneiden des Bruches, mehr Rühren, längere Bruchbearbeitung. Die Abtropfzeit verlängern.

? **Der Käse ist ungenügend gesalzen und getrocknet worden.**
! Der Käse kann eventuell mehr gesalzen werden. Wenn er in einer Lake gesalzen wird, sollte statt einer längeren Verweilzeit vorzugsweise die Konzentration der Lake erhöht werden. Bei hoher Salzkonzentration und kurzer Verweilzeit tritt mehr Molke aus dem Käse aus als bei niedriger Konzentration und längerer Verweilzeit.

? **Die Reifungstemperatur ist zu hoch.**
! Eine weitere Abhilfe, ist die Senkung der Reifungstemperatur.

Unerwünschte Lochung im Teig
Man unterscheidet die eckigen, unregelmäßigen Bruchlöcher von den rundlichen, meist gleich großen Gärlöchern.
Tilsiter, Trappisten Käse oder Esrom haben Bruchlöcher. Bei gepressten Käsen wie z. B. Gouda oder Bergkäse sind Bruchlöcher unerwünscht und zeugen von einem fehlerhaften Pressen (zu wenig Druck, zu schnell) oder von einem Bruch, der nicht richtig zusammengewachsen ist. Sei es, weil er eine Haut hat, weil Luft während des Abfüllens im Teig eingeschlossen wurde oder weil der Bruch beim Pressen schon zu trocken war.
Die Gärlöcher werden von gasbildenden Mikroorganismen im Käse verursacht. Das gebildete Gas ist nicht oder ungenügend löslich, es entstehen kleine Löcher in der Käsemasse, der Käse wölbt sich nach oben, sein Volumen wird größer, manchmal reißt die Rinde. Man spricht von einer Käseblähung.

? **Blähung verursacht durch eine Kontamination von coliformen Bakterien (siehe auch Kapitel 9.5).** Dieser Fehler kommt häufig vor, wenn Rohmilch verarbeitet wird, aber auch wenn die pasteurisierte Milch unhygienisch behandelt wurde. Coliforme Bakterien sind typische Schmutzbakterien, die sich sehr schnell am Anfang der Käseherstellung in der Milch und im Bruch vermehren können. Man redet von einer „Frühblähung". Gebildet werden Kohlendioxid (CO_2) und vor allem unlöslicher Wasserstoff (H_2), die in unzähligen kleinen Löchern im Frischkäsebruch oder in den Käsen während des Abtropfens verbleiben. Ist die Kontamination zu stark, wird der Käse schwammig. Man erkennt den Fehler beim Ausformen durch folgenden Merkmale:
- Die Käse gehen nur sehr schwer aus den Formen,
- die obere Seite ist manchmal gewölbt,
- beim Klopfen an den Käsen klingen sie hohl,
- sie scheinen größer als gewöhnlich,
- beim Schneiden eines Käses sind die kleinen stecknadelkopfgroßen Löcher schön sichtbar (Nißler).

Beim Verzehren von Schnittkäse mit massiver coliformer Kontamination kommt es öfter zu einem unangenehmen beißenden Gefühl auf der Zunge, verursacht durch den hohen Wasserstoffgehalt.
! Einwandfreie und lückenlose Hygiene ist das Zauberwort, um coliforme Bakterien zu bekämpfen.
Bei der Verarbeitung von Rohmilch ist besonders auf die Hygiene bei der Milchgewinnung zu achten, die Verarbeitung von frischer, höchstens 24 h alter Milch, vermindert die Vermehrung der coliformen Bakterien. Während der Käseherstellung sind Sauberkeit und eine rasche Säuerung notwendig. Das Vorhandensein von coliformen Bakterien in pasteurisierter Milch deutet auf eine Reinfektion der Milch nach dem Erhitzen hin, da sie beim Pasteurisieren abgetötet werden. Die Kontaminationsquelle liegt also in der Käserei. Folgende Ursachen kommen häufig vor:
- poröse Dichtungen, Schläuche, Schmutznester in Milchleitungen oder Ventilen,
- die Hände des Käsers,
- nicht saubere Gefäße, die für die Zugabe von Kultur oder Lab benutzt wurden,
- Kontaminierte Zutaten (Gewürze etc.),

- unsachgemäße Reinigung der Formen und Arbeitsgeräte,
- lange unbenutzte Formen,
- stehende oder abgetrocknete Molke auf Boden, Wänden, Abtropftischen.

Coliforme Bakterien vermehren sich schlecht in gesäuerter Milch. Bei einer raschen Säuerung bei Weichkäse sollte der pH-Wert im Käse 2–3 h nach dem Abfüllen unter 6 liegen.

? Blähung verursacht durch Hefekontamination. Dieser Fehler kommt nur selten vor. Er zeichnet sich auch durch eine Mehrzahl von kleinen runden Löchern im frischen Weichkäse aus.

! Eine bessere Betriebshygiene und das Trocknen der Räume zwischen den Fabrikationen verhindert die übermäßige Vermehrung der Hefen.

? Unerwünschte Lochung durch Milchsäurebakterien. Auch die heterofermentativen, gasbildenden Milchsäurebakterien sind manchmal für eine Blähung verantwortlich:
- Das Verhältnis der Bakterienstämme in einer Mischkultur kann sich durch Weiterzüchten oder unsachgemäße Teilung der gefriergetrockneten Kultur, zu Gunsten der heterofermentativen Bakterien verschieben.
- Die Labgerinnung erfolgt, bevor die Milch gesäuert wurde (Frischkäse).

! Lange Säuerung (24 h) und tiefe Einlabtemperatur (20–23 °C) wählen (Frischkäse).
- Frische Kultur verwenden.
- Kulturen mit weniger heterofermentative Bakterien benutzen.

? Unerwünschte Lochung durch gasbildende Sporenbildner (Spätblähung). Man redet von Spätblähung, wenn sie erst im reifen Käse nach ca. 3 Wochen Reifung, vorkommt. Spätblähungen treten besonders in Schnitt- und Hartkäse auf, große Weichkäse oder halbfeste Schnittkäse können aber auch betroffen sein.
Die Gasbildung ist unkontrollierbar, es bilden sich unzählige große Löcher im Käse.

Manchmal reißt auch die Rinde. Die betroffenen Käse bekommen einen unangenehmen Geschmack nach Buttersäure.
Dieser Fehler ist verursacht durch sporenbildende Bakterien, vor allem *Clostridium tyrobutyricum*. Man findet sie in großer Menge in schlecht hergestelltem Silagefutter. Die Sporen kommen im Stall von der Silage. Sie gelangen in die Milch durch eine Kontamination des Euters oder des Melkgeschirres. Eine minimale Infektion von 50–100 Sporen/l Milch verursacht schon eine Blähung. Sie können Milchzucker nicht verwerten, dafür aber das Laktat, dass sie in Buttersäure und Gas (CO_2 und H_2) abbauen. Es sind thermoresistente Bakterien. Sie überstehen die Pasteurisierung der Milch. Im reifen Schnitt- und Hartkäse finden sie optimale Bedingungen: genügend Laktat, ein pH-Wert über 5,3 und die Abwesenheit von Sauerstoff. Sie vermehren sich dann sehr rasch.

! Auf Silagefutter verzichten.
- Lysozym verwenden (siehe auch Kapitel 5.2.3).

? Zu viele Bruchlöcher (Schnittkäse). Der Bruch hat eine Haut, er ist zu trocken beim Abfüllen.

! Bruch zu schnell nachgewärmt, Nachwärmetemperatur zu hoch, zu lange ausgekäst.

? Zu wenig Bruchlöcher (Schnittkäse). Der Bruch ist beim Abfüllen zu nass, es wird zu viel Molke in den Formen mitgenommen.

! Bruch zu früh abgefüllt, Molke mit einem Sieb vor dem Abfüllen entfernen.

? Zu viel oder zu wenig Gärlöcher (Schnitt- und Hartkäse). Unabhängig von Früh- oder Spätblähung sollen gasbildende Mikroorganismen im Gleichgewicht mit reinen säurebildenden Bakterien sein.

! Neue Kultur einsetzen mit dem richtigen Verhältnis Gasbildner/Säurebildner.
Hohe Reifungstemperatur fördert den Gärprozess.

? Vielsatz. Fehler von Emmentaler, Großlochkäse, manchmal Bergkäse. Es bilden

sich zu viele meist unregelmäßige erbsen- bis kirschkerngroße Löcher.
- Lufteintrag
- ungleichmäßige Bruchbeschaffenheit
- Pressdruck zu schwach
- Fehler kommt häufig vor nach einer Frühblähung
- zu viele gasbildende Milchsäurebakterien, weil die Kultur zu alt ist oder durch Hemmung der Säurebildner durch Bakteriophage

❗ Zentrifuge, Ventile, Leitungen, Dichtungen kontrollieren.
- Säuerung richtig steuern, Bruch gut auskäsen, Pressdruck fachgerecht einstellen. Zu viel Käsestaub führt zu einer schlechten Entmolkung auf einer Käseseite.
- Hygiene verbessern, Säuerungsverlauf kontrollieren.
- Kultur wechseln.

Unterschiedliche Teigfarbe – Nasse weiße Molkenester (Schnitt-und Hartkäse)
Die Molkenester bilden sich auf Grund eines unterschiedlichen Feuchtezustandes der Bruchkörner. Nasse Bruchkörner werden in der schon trockenen Käsemasse eingeschlossen, sie säuern zu stark, bleiben weiß, werden häufig auch bitter.

❓ **Das Schneiden der Gallerte dauert zu lange, die Bruchkörner haben unterschiedliche Feuchtigkeitsgrade.**
- Zu große Schwankungen der Bruchkörnergröße.
- Das Bruchkorn hat eine Haut.
- Klumpenbildung beim Rühren.
- Es ist zu viel Käsestaub in die Formen gelangt. Der feuchte Käsestaub sammelt sich einseitig unter der Rinde (randnestig).

❗ Das Schneiden sollte nach 5–7 min abgeschlossen sein.
- Langsamer nachwärmen.
- Vor dem Formen die Bruchklumpen zerstören.

9.3 Fehler der Rinde
Fehler auf Käse mit Weißschimmelrinde
Verderb durch Fremdschimmel
Solche Fehler haben immer eine doppelte Ursache :

Einerseits ist eine Kontamination durch Luft, Wasser, Geräte oder Rohmilch vorhanden, andererseits wird sich der Fremdschimmel erst auf dem Käse verbreiten können, wenn sich die übliche Reifungsflora durch einen Fehler in der Herstellung oder eine Änderung der Reifungsbedingungen nicht optimal entwickeln kann.

Es gibt eine Vielfalt von Schimmelarten, die den Käse befallen können. Weißschimmelkäse werden hauptsächlich von anderen *Penicillium*-Arten und von Schimmel befallen, die der Familie der Mucoraceae angehören.

❓ **Infektion durch unerwünschte *Penicillium*-Arten.** *Pencillium*-Arten können unterschiedlichen Farben aufweisen. Neben den bekannten Blau- und Weißschimmelarten haben wilde *Penicillium*-Arten grüne, graue oder braune Farben. Sie zeichnen sich meistens durch eine ausgeprägte enzymatische Aktivität aus. Ein Befall mit solchen Keimen beschleunigt den Abbauprozess, die Proteolyse geht oft bis zur Bildung von Ammoniak, die Fettspaltung ist ebenfalls stark ausgeprägt. Im Keller entwickelt sich ein unangenehmer Geruch. Manche Schimmelarten bilden Farbpigmente, die in den Teig eindringen und nicht mehr zu entfernen sind.

Penicillium-Arten breiten sich vorzugsweise in trockener Luft aus. Sie stammen aus der Erde, aus modrigem Holz, können auch in Silagefutter vorhanden sein. Die Kontamination verbreitet sich im Herstellungsraum auf getrockneter Molke auf den Wänden oder dem Boden, auf lange unbenutzten Geräten oder Formen. Eine feuchte Decke oder schlecht belüftete Ecken sind ideale Stellen, an denen sich Fremdschimmel ansiedeln kann. Die Kontamination kann auch während des Transports vom Herstellungsraum zum Reifungsraum stattfinden oder vom Verpackungspapier kommen.

! Regelmäßiges Reinigen der Räume, in denen die Käse verbleiben oder gefördert werden.
- Auf gründliche Reinigung von Horden, Matten und Brettern achten.
- pH-Wert vor dem Salzen zwischen 4,8 und 5,0 einstellen. Weißschimmel verträgt einen niedrigeren pH-Wert als z.B. *Penicillium glaucum*.. Es sind Fehler vorgekommen nach Verwendung von Salz, in dem Magnesiumcarbonat als Trennmittel zugesetzt war. Das alkalische Trennmittel hatte den pH-Wert an der Käseoberfläche erhöht und das Blauschimmelwachstum begünstigt. Der Fehler kommt auch in Produktionen vor, die ungenügend gesäuert waren.
- Kleine Blauschimmelkolonien können sich entwickeln, wenn der Käse nicht schräg genug über Nacht gelagert war. Die Molke läuft nicht gut ab, auf der unteren Seite vermehren sich Hefen, die in Abwesenheit von Sauerstoff Alkohol produzieren. Der Weißschimmel wird gehemmt, aber nicht der Blauschimmel.
- Nach dem Salzen Käse gut trocknen.
- Salzbad erhitzen, Salz von einwandfreier bakteriologischer Qualität verwenden.
- Eine ausgeprägte Hefeflora begünstigt die Reifungsflora auf Kosten der Schädlinge.
- Die Auswahl der Schimmelart sollte die spezifischen Eigenschaften des Käses berücksichtigen. Käse, deren Bruch gewaschen wird, oder Ziegenkäse benötigen Stämme, die mit wenig Milchzucker auskommen.
- Schimmel nicht nur auf den Käse, sondern in den ganzen Reifungsraum sprühen; ein Teil der Schimmellösung schon in die Milch geben.
- Schimmeldosis erhöhen.
- Packpapier an einem trockenen, sauberen Ort lagern.

? Infektion durch Fremdschimmel der Familie der Mucoracceae (schwarzer Schimmel). Zu den Mucoracceae gehören die Gattungen der *Mucor*, der *Rhizopus* und der *Absidia*, wobei die *Mucor*-Gattung in der Käserei am häufigsten vertreten ist. Die *Mucor*-Pilze, auch Köpfchenschimmel genannt, sind leicht an ihrem meist hohen grauen Myzel zu erkennen. An den Enden des Luftmyzels bilden sich schwarze Köpfchen (Sporangien), die mit den bloßen Augen sichtbar sind. Die Sporangien sind eine Art Gefäße, in denen zwischen 1000 und 3000 Sporen versammelt sind. Jede diese Sporen kann eine neue Kolonie bilden. *Mucor*-Pilze sind weit verbreitete Mikroorganismen, sie finden sich in der Erde, in der Luft, im Wasser. Sie vermehren sich vorzugsweise in feuchten Räumen und entwickeln sich am besten zwischen 20 und 25 °C, können aber auch bei 6-8 °C wachsen. Die *Mucor*-Stämme sind relativ pH unempfindlich. Sie wachsen auf den Käsen sehr schnell, oft schneller als Weißschimmel.

Die schwarzen Sporen geben dem Weißschimmelkäse eine nicht gerade verkaufsfördernde graue Farbe.

Mucor-Stämme haben im Gegensatz zu wilden *Penicillium*-Stämmen eine nur geringe enzymatische Aktivität, trotzdem können sie dem Käse auf Grund ihrer rasanten Vermehrung und ihrer hohen Anzahl einen Bittergeschmack verleihen.

Es gibt zwei Formen von *Mucor*-Befall:
- Eine eher harmlose flüchtige Form, die man nach 2–3 Wochen in den Griff bekommen kann. Auf den Weißschimmelrasen bilden sich mehrere graue, „haarige" oder „wollige" Kolonien. Davon sind nur einige Käse der Produktion betroffen.
- Viel schlimmer ist eine massive Kontamination, die von der flüchtigen Form angekündigt wird. Der Schädling verbreitet sich auf dem ganzen Käse. Die gesamte Produktion ist betroffen. Der Reifungskeller wird infiziert. Jede neue Produktion, die in den Keller kommt, wird weiter befallen, solange der *Mucor* nicht vollständig ausgerottet ist.

Mucor-Pilze gelten als gesundheitlich unbedenklich.

Mucor-Pilze sind in fast jeder Käserei vorhanden. Normalerweise leben sie im Gleichgewicht mit den nützlichen Mikro-

organismen. Erst wenn dieses Gleichgewicht zerstört wird, können sie überhand nehmen und eine Infektion hervorrufen.
- Der Start der Käseproduktion nach der Winterpause (Ziegen- und Schafkäse) ist immer kritisch. Nützliche Mikroorganismen sind noch nicht so stark vorhanden, der *Mucor* kann sich einfacher durchsetzen.
- Ein plötzlicher Klimawechsel kann ebenfalls das Gleichgewicht zerstören. *Mucor* verträgt die Kälte, er passt sich sehr schnell an neue Bedingungen an.
- Die Feuchtigkeit der Käserei begünstigt die *Mucor*-Vermehrung. Kondenswasser an Wänden und Decke, stehendes Wasser am Boden, offene Molkebehälter sind häufige Kontaminationsquellen. Die Hochdruckreinigungsgeräte wirken wie eine Sporenkanone, sie verteilen die *Mucor*-Sporen in der gesamten Käserei.
- Feuchte Käse werden gern von *Mucor*-Schimmel befallen. Eine Fehlsäuerung, ein zu hoher pH-Wert beim Ausformen, ein ungenügend bearbeiteter Bruch oder ein zu starkes Wasserbindungsvermögen (Milch zu stark erhitzt, sehr hoher Proteingehalt) begünstigen die Mucor-Verbreitung.
- Der *Mucor* wächst auf den Käsen sehr schnell, oft schneller als der Weißschimmel. Der Pilz kann mit dem Spülwasser auf die Käse gelangen, wenn das Brunnenwasser oder die porösen Wasserschläuche mit *Mucor* belastet sind.
- *Mucor* vermehrt sich nicht in der Salzlake, die Sporen vertragen aber hohe Salzkonzentrationen, sie sammeln sich in der Lake, wenn diese nicht regelmäßig gewechselt oder erhitzt wird.
- Im Reifungskeller wird das *Mucor*-Wachstum begünstigt, wenn der Käse nach dem Salzen nicht genügend getrocknet wird, die Luftfeuchtigkeit zu hoch ist oder wenn zu wenig Sauerstoff an den Käse kommt (muffige Keller, unzureichende Luftströmung).

! Die Bekämpfung des *Mucors* muss auf verschiedenen Ebenen erfolgen. Räume und Geräte müssen gereinigt und desinfiziert werden. Parallel dazu ist eine Reduzierung der Feuchtigkeit in Luft und Käse notwendig sowie eine bessere Unterstützung des Weißschimmelwachstums.
- Reinigung der Horden, Matten und Käsereigeräte: Sie werden von Käseresten befreit, anschließend desinfiziert.
- Reinigung der Räume: Die Reinigung sollte in den Produktionsräumen beginnen, dann im Salzraum und in den Reiferäumen fortgesetzt werden. Auf die Reinigung des Verpackungsraumes ist besonders zu achten, weil es hier zur größten Verbreitung der Sporen kommt. Nicht zuletzt sollten Gänge und Durchgangsräume gereinigt werden. Abflussrühren und Belüftungsschächte sollten ebenfalls gereinigt werden.
- Kontaminierte Käse sollten nicht mehr in gereinigte Räume gelangen. Nach einer gründlichen Reinigung ist eine Desinfektion nur bei sehr starkem *Mucor*-Befall notwendig. Die Behandlung mit „Fumispore", einem Produkt, das durch Rauchentwicklung wirkt, ermöglicht eine selektive Bekämpfung der *Mucor*-Sporen.
- Das Personal sollte sich die Hände waschen und die Kleidung wechseln nachdem es in infizierten Räumen war.
- Luftfeuchtigkeit in den Räumen reduzieren: *Mucor*-Keime brauchen 90–95 % relative Luftfeuchtigkeit, um sich zu vermehren, Weißschimmel nur 85–90 %. Die Bildung von Kondenswasser an Wänden und Decke ist zu vermeiden. Deshalb müssen die Räume, besonders nach der Reinigung, gut belüftet und getrocknet werden. Wenn man *Mucor*-Probleme hat, sind mehr Keime in der Käserei als in der Außenluft.
- Belüftung des Reifungskellers verbessern: *Penicillium candidum* verbraucht viel Sauerstoff, *Mucor* dagegen wächst sogar, wenn wenig oder fast kein Sauerstoff vorhanden ist. Es ist zu beachten, dass nicht zu viele Käse im Keller gelagert werden, die Luft soll zwischen den Käsestapeln in Bewegung bleiben.
- Käsetrockenmasse erhöhen: Das Herstellungsverfahren wird an folgender Stelle verbessert:

Optimierung der Säuerung,
Herstellungszeit, vor allem Abtropfszeit, verlängern,
Abtropftemperatur nicht unter 15 °C im Sommer und 18–20 °C im Winter senken,
Einstellung des pH-Wertes vor dem Salzen zwischen 4,75 und 4,85 (der *Mucor* wird durch tiefe pH gebremst),
Käse öfters wenden und beim letzten Wenden schräger stellen,
mehr salzen. Salzbad erhitzen oder auswechseln.
Längeres Abtrocknen der Käse nach dem Salzen bei 14–18 °C und 65–75 % relativer Luftfeuchtigkeit,
Reifungstemperatur zwischen 12–14 °C bei ca. 85 % Luftfeuchtigkeit einstellen.
- Verbesserung des Weißschimmelwachstums: Die Zahl der Weißschimmel-Sporen muss die der *Mucor*-Sporen deutlich übertreffen. So wird, wenn *Mucor*-Probleme herrschen, die Beimpfungsdosis gegenüber einer üblichen Produktion verdreifacht. Man wird einen *Penicillium candidum* Stamm wählen, der sich durch schnelles und dichtes Wachstum auszeichnet. Der Weißschimmel muss vor dem *Mucor* wachsen und ihn ersticken. Spezielle Anti-*Mucor*-*Penicillium*-Stämme einsetzen. Wenn die Kontamination im Griff ist, können wieder die üblichen Stämme verwendet werden.
- Spülwasser, vor allem, wenn Brunnenwasser benutzt wird, auf *Mucor*-Sporen untersuchen lassen.

Runzelige, schrumpelige Haut – zu starker Milchschimmelbefall

? **Dieser Fehler tritt bei Schimmel- und Rotschmierweichkäsen auf.** Sowohl die Rotschmiere wie auch der Weißschimmel entwickeln sich schlecht, dafür aber der Milchschimmel, *Geotrichum candidum*, auch *Oidium lactis* genannt).
Das übermäßige Wachstum von Milchschimmel zeichnet sich durch eine gelbliche, sehr ausgeprägte Schmiere aus, die leicht austrocknet und schrumpft. Unter dieser „Haut" bildet sich durch den starken Proteinabbau des Milchschimmels eine fast flüssige Schicht. Das Käseinnere bleibt aber unreif. Diese Haut ist sehr empfindlich, sie bricht bei der geringsten Behandlung.
Der Milchschimmel entwickelt sich vor allem in der Endphase des Abtropfens, wenn die Temperatur im Abtropf- und Salzraum zu hoch ist. Er ist sehr salzempfindlich, eine übermäßige Vermehrung während der Reifung deutet auf ungenügendes Salzen hin.
Schnittkäse werden auch runzelig wenn:
- Käse zu viel Molke während der Reifung verliert,
- ein zu starker Unterschied zwischen Feuchte der Käseoberfläche und Luftfeuchte eintritt,
- die Salzlake zu schwach konzentriert ist.

! Käse stärker abtropfen lassen. Nicht über 15–16 °C salzen.
Geotrichum candidum wird schon bei einer Salzkonzentration von 2–3 % gehemmt, die Käse daher stärker und früher Salzen. Käse vor der Reifung gut abtrocknen.
Die Kontamination von Milchschimmel ist auch ein hygienisches Problem; vor allem die Herstellungs- und Abtropfräume gründlich reinigen.
- Käsebruch besser auskäsen, darauf achten, dass er keine Haut hat.
- Relative Luftfeuchte im Reifungskeller einstellen, zu große Schwankungen vermeiden.
- Salzlake konzentrieren, länger salzen, alte Salzlake erneuern.

Kein oder zu schwaches Schimmelwachstum (Weißschimmelkäse)

? **Der Käse ist zu trocken, zu stark gesalzen, die Temperatur im Reifungskeller zu niedrig (unter 10 °C), die Luftumwälzung zu stark, das Sprühen von Schimmel vergessen worden, der Schimmel zu alt, zu schwach dosiert.** Der Käse ist zu früh eingepackt worden.
! Käse weniger auskäsen, Salzgehalt prüfen, eventuell senken, Reifungsbedingungen optimieren, Schimmelkultur wechseln und neu ansetzen, stärker dosieren. Käse später einpacken.

Hefig (Weichkäse)
Der Käse verheft zu stark, der Schimmel wächst ungleichmäßig, der Käse ist schmierig, er hat einen unangenehmen heftigen Geruch.

? **Mangelnde Hygiene bei der Herstellung, Molkereste oder vergärte Molke auf Boden, Wänden, Formen, Matten oder Geräten.** Massive Hefeinfektion im Salzbad, der Weißschimmel ist nicht mehr aktiv.
! Gründlich reinigen. Die Hefen wachsen besonders gerne in Molketank, Molkeleitungen und Gullys, diese regelmäßig reinigen. Salzbad erhitzen oder erneuern, Schimmelkultur wechseln.

Schimmel haftet nicht (Weißschimmelkäse)
? Ein nicht haftender Schimmel hat allgemein zwei unterschiedliche Ursachen:
- Der Käse schwitzt während der Bildung des Schimmelrasens. Der Schimmel entwickelt sich prächtig, er vermehrt sich aber auf der ausgestoßenen Molke und findet keine Bindung zum Käse (besonders bei einem Säuerungsfehler).
- Der Käse ist zu stark ausgekäst worden, die Rinde ähnelt eher einer Schnittkäserinde, sie ist kompakt und dicht. Es fehlt dem Schimmel das nötige Wasser und Milchzucker oder Milchsäure, er wächst äußerst schlecht und kann nicht genügend am Käse haften.

! Nachsäuerung vermeiden und Käse nach dem Salzen besser trocknen bzw. den Käse nicht so stark auskäsen.

Schimmel wird im Packpapier gelb (Weißschimmelkäse)
Der Schimmel erstickt im Packpapier, er wird gelb, der Käse riecht muffig.

? **Der Weißschimmel stirbt mangels Sauerstoffs in der Packung aus.** Das Packpapier ist nicht atmungsaktiv, es bildet sich Kondenswasser unter der Verpackung, der Schimmel wird nass und stirbt aus.

! Das Papier muss für Sauerstoff und Kohlendioxid durchlässig und für Wasserdampf bedingt durchlässig sein. Die Käse 1-2 h vor dem Packen im Kühlraum abkühlen, damit sich kein Kondenswasser im Papier bildet. Kühlkette nicht unterbrechen.

Besondere Fehler der Rinde von Rotschmierkäse
Fremdschimmel auf Rotschmierkäsen
? **Rotschmierkäse werden von Schimmel befallen, weil sie unregelmäßig oder mit zu großem Abstand geschmiert werden.** Der Schimmel nistet sich besonders gern in Unebenheiten, Rissen oder Löchern in der Rinde ein. Er kann sich auch, wenn der Teig nicht geschlossen ist (Tilsiter), im Käseinneren ausbreiten. Die Kontaminationsquellen sind die gleichen wie bei Weißschimmelkäse. Der Schimmel verbreitet sich durch die Käsebretter, wenn diese ungenügend getrocknet, spröde oder aus nicht ausreichend gelagertem Holz hergestellt sind. Das Packmaterial kann auch mit Schimmelsporen befallen sein.

! Hygienische Maßnahmen wie bei Weißschimmelkäse. Die Käse müssen öfter geschmiert werden, bei massiver Kontamination mit lauwarmem Wasser gewaschen, getrocknet, dann weiter geschmiert werden. Rotschmierkäse müssen eine glatte geschlossene Rinde haben, was vor allem bei ungepressten Schnittkäsen problematisch sein kann. Der Bruch darf deshalb beim Abfüllen nicht zu trocken sein. Die Käse sollen sofort nach dem Abfüllen gewendet werden. Wenn dennoch Unebenheiten auf der Rinde bestehen, werden die Käse mit einer weichen Bürste gebürstet, damit sich kleine Käsepartikel vom Käse ablösen und sich in den Löchern verteilen. Es kann auch ein wenig Säurewecker zu der Schmierlösung gegeben werden, um sie zähflüssiger zu machen. Sie haftet dann besser am Käse. Die Käsebretter sind ausschließlich mit Heißwasser zu waschen. Laugenhaltige Reinigungsmittel machen das Holz spröde und besonders anfällig gegen eine Schimmelkontamination. Nie ungelagertes Holz in einem Reifungsraum benutzen. Kunststoffhorden sind eine interessante Alternative zu Holzbrettern. Packmaterial kühl und trocken lagern. Wenn das Papier nicht genügend am Käse haftet, kann der Schimmel auch unter dem Papier wachsen. Der Käse muss noch leicht feucht sein, wenn er eingepackt wird.

Zu nasse, klebrige Rinde – nassschmierig
Passiert häufig bei Ziegenkäse. Sie geben mehr Molke als Kuhmilchkäse während der Reifung ab. Die Käse werden zu nass, glitschig.

? **Käse ist zu sauer**
- Die Käse sind ungenügend abgetropft bzw. getrocknet worden, sie sind nachgesäuert.
- Sie sind zu früh oder zu schwach gesalzen worden. Bei Hart- und Schnittkäse kann auch der Salzgehalt der Rinde zu hoch sein.
- Die Luftfeuchtigkeit im Reifungskeller ist zu hoch.
! Darauf achten, dass der Käsebruch keine Haut hat.
- Käse darf im Abtropfraum nicht unterkühlen.
- Salzen optimieren.
- Einsetzen von Milchschimmelkultur.
- Luftfeuchtigkeit und Temperatur im Keller senken.

Weißschmierig
Die Schmiere bleibt weiß und trocknet nicht. Es bildet sich keine Rotschmiere.

? **Zu nasser Käse, ungenügende Bruchbearbeitung, pH zu tief.**
- Zu starkes aber auch zu geringes Salzen in zu schwach konzentrierter und zu kalter Lake.
- Reifungstemperatur zu kalt.
! Bruchbearbeitung verbessern, pH vor dem Salzen richtig einstellen.
- Schmierelösung ersetzen.

Zu trockene Rinde
Der Käse ist zu trocken, die Schmiere entwickelt sich nicht oder sie ist zu schwach. Der Käse bekommt keine typisch gelbrötliche Farbe.

? **Der Käse ist zu trocken, zu stark gesalzen.** Zu starkes Austrocknen nach dem Salzen, Luftfeuchtigkeit im Reifungsraum zu schwach. Wenn der Käse in einem zu kalten Raum trocknet und/oder die Luftumwälzung zu stark ist, bildet sich eine sehr trockene, für Feuchtigkeit undurchlässige Rinde, der Käse bleibt feucht und sauer im Inneren. Die Rinde trocknet aus, es bilden sich Risse. Der Käse kann auch im Packpapier austrocknen.
! Bruch weniger bearbeiten, weniger nachwärmen, Salzkonzentration im Käse verringern. Käse nach dem Salzen weniger austrocknen, Trocknungs- und Reifungsbedingungen optimieren. Geeignetes Packpapier benutzen.

Rauhe Oberfläche (Schnittkäse)
Die Käseoberfläche weist kleine Unebenheiten auf, in denen sich Fremdschimmel allzu leicht vermehren kann.

? **Bruch zu trocken beim Abfüllen.**
- Zu lange gewartet bis zum ersten Wenden.
! Weniger lang auskäsen.
- Sofort nach dem Abfüllen wenden.

Abblättern von Paraffin (Schnittkäse)
Bei unsachgemäßem Paraffinieren, haftet das Paraffin nicht am Käse, es bilden sich Risse und Hohlräume zwischen Wachs und Käse, in denen sich Fremdschimmel und Fäulniskeime verbreiten.

? **Die Rinde ist vor dem Paraffinieren nicht oder ungenügend gewaschen worden, sie war noch nicht trocken.** Der Käse ist zu früh gewachst worden, er nässt nach; die Molke schafft sich Raum unter dem Paraffin, das sehr empfindlich ist und bei der geringsten Behandlung platzen wird. Die Paraffinschicht wurde durch zu frühe oder unvorsichtige Behandlung der frisch paraffinierten Käse verletzt.
! Käse vor dem Paraffinieren sorgfältig waschen und ausreichend trocknen. Die Käse sollen vor dem Wachsen leicht schwitzen. Käse erst nach 10 Tagen (besser 3 Wochen) Reifung paraffinieren; sie dürfen

keine Molke mehr abgeben. Paraffinierte Käse vorsichtig behandeln; warten, bis das Paraffin fest ist, bevor man die Käse in den Kühlraum bringt. Käse unter konstanter Temperatur lagern.

9.4 Fehler im Geruch und Geschmack

„Bockiger" Geschmack (Ziegenkäse)

Der typische Ziegenmilch-Geschmack kommt hauptsächlich zustande, weil das Fett durch Lipasen gespalten wird und Fettsäuren freigesetzt werden. Capron-, Caprin- und Caprylsäure sind besonders aromatisch. Dieser eigene Geschmack ist ein Merkmal für Ziegenmilch und Ziegenkäse. Er wird aber negativ als „bockig" bezeichnet, wenn er zu stark ausgeprägt ist. Darüber hinaus sind freie Fettsäuren besonders empfindlich für Oxidation und Verseifung.

Die Fettspaltung wird durch milcheigene und mikrobielle Lipasen hervorgerufen. Man unterscheidet zwischen:
- Spontane Lipolyse durch milcheigene Enzyme: Sie findet ohne äußerliche Einwirkung statt.
- Induzierte Lipolyse: Sie wird durch mechanische und thermische Beanspruchung begünstigt.
- Mikrobielle Lipolyse: In der Rohmilch sind es hauptsächlich die Lipasen der psychrotrophen Keime.

Die originäre Lipase wird durch das Erhitzen der Milch inaktiviert.

Die Lipolyse der Ziegenmilch ist gegen Mitte der Laktation am stärksten. Es ist bemerkenswert, dass bei der Verarbeitung von pasteurisierter Milch mit hohem Gehalt an freien Fettsäuren der „bockige" Geschmack bei Frischkäse viel ausgeprägter als bei gereiftem Käse ist.

? Lipolyse des Milchfettes begünstigt durch:
- starkes Rühren sowie Pumpen der Milch,
- häufige Temperaturschwankungen,
- hohe Keimbelastung der Milch, besonders von psychrotrophen Keimen,
- lange Kühllagerung der Rohmilch,
- schlecht funktionierende Melkanlage.
! Verarbeitung von frischer Milch,
- hohe bakteriologische Qualität der Rohmilch,
- Pumpen der Milch vermeiden,
- Lufteinschluss in der Milch durch die Melkanlage vermeiden.

Bittergeschmack

Es sind hauptsächlich Käse, deren Kasein unvollständig oder mangelhaft abgebaut wird, die bitter schmecken. Die eigentlichen Bitterstoffe sind bestimmte Peptide, die aus Kasein, vor allem α_{S1}- und ß-Kasein, und Molkenproteinen gebildet werden. Im weiteren Abbauprozess können sie zu kleineren Peptiden und Aminosäuren zersetzt werden. Ziegenkäse sind seltener bitter als Kuhmilchkäse, weil die Milch weniger α_{S1} Kasein enthält.

? Alle Faktoren, die im Proteinabbauprozess beteiligt sind, beeinflussen die Bildung von Bitterstoffen:
- Das Lab, wenn es in einer zu hohen Dosis verwendet wird, kann vor allem in feuchten Käsen zu Bitterkeit führen. Wenn zu sauer eingelabt wird bleibt mehr Lab im Käse, er wird eher bitter. Mikrobielles und pflanzliches Lab bilden mehr Bitterstoffe als Kälberlab.
- Bitterkeit findet auch ihren Ursprung in der mangelhaften Hygiene der Milchgewinnung bzw. der Milchverarbeitung. Die Vermehrung von coliformen Bakterien, Enterokokken sowie psychrotrophen Keimen ist hier die Ursache.
- Hemmstoffe, die vorrangig die Milchsäurebakterien hemmen, stören das Gleichgewicht der Mikroorganismen im Käse, also auch den Reifungsprozess.
- Zu stark gesalzene Käse sind häufig bitter (salzbitter).
- Fremdschimmel, wie z.B. *Mucor*, und manche Hefestämme bilden Bitterstoffe. Auch Weißschimmel, wenn er zu dicht und zu schnell wächst, kann die Ursache sein.

- Die Bitterkeit kann zusammen mit dem Fehler „zu sauer" auftreten, wenn eine Nachsäuerung stattgefunden hat oder bei Schnittkäse, wenn zu viel Starterkultur verwendet wurde und der Käse einen tiefen pH-Wert aufweist.
- Eine zu schnelle Reifung, sei es, weil die Reifungstemperatur zu hoch ist oder die Käse zu nass oder zu wenig gesalzen sind, begünstigt die Bildung von Bitterstoffen.
- Der Käse wird bitter, wenn Bitterstoffe aus dem Futter in die Milch gelangt sind, ebenso wenn Kolostralmilch oder Mastitismilch verwendet wurde.

! Rohmilch nur kurz kühl lagern, auf die Hygiene bei Gewinnung und Verarbeitung achten.
- Erhitzungstemperatur der Milch nicht übertreiben.
- Kulturzugabe reduzieren.
- Die Verwendung einer Zusatzkultur mit ausgeprägter Peptidabbau-Wirkung kann nützlich sein. Diese Kultur besteht aus nicht säuernden Lactokokken und wird gleichzeitig mit der Starterkultur zugegeben.
- Weißschimmelstamm wechseln.
- Weniger $CaCl_2$ verwenden.
- Labdosis verringern, vorzugsweise Kälberlab verwenden.
- Käse gut auskäsen, Säuerung gut steuern, Nachsäuerung vermeiden. Die fettfreie Trockenmasse soll so eingestellt sein, dass die Reifung optimal verlaufen kann.
- Salzdosis optimieren.
- Reifungszeit verlängern, Reifungstemperatur verringern.
- Die Käseoberflächenflora darf im Packpapier nicht „ersticken".

Sauer

Wenn reife Käse zu sauer schmecken, ist dies meist verbunden mit einem kurzen, bröckeligen Teig (siehe Fehler in der Teigbeschaffenheit). Der Fehler tritt ebenfalls auf, wenn es zur Essigsäurebildung durch Vermehrung unerwünschter Bakterien kommt (Essigsauer).

? **Kontamination durch Essigsäurebakterien oder coliforme Keime (hauptsächlich in Frischkäse).**
Bildung von Essigsäure während der Käsereifung im Gärkeller bei Emmentaler.
! Hygiene verbessern.
Propionsäuregärung besser unterstützen.

Seifig-ranzig
Ranzig und seifig sind Folgen einer unerwünschten übermäßigen Hydrolyse des Fettes.

? **Zu hohe Anzahl an psychrotrophen (kälteliebenden) Bakterien.** Die Pseudomonaden, größte Gattung der psychrotrophen Bakterien in der Rohmilch, weisen eine ausgeprägte lipolytische Aktivität auf. Sie bilden größere Mengen von freien Fettsäuren und anderen Abbauprodukten des Fettes, die Ranzigkeit hervorrufen. Im Gegensatz zur natürlichen Lipase der Milch bleiben mikrobielle Lipasen nach der Milcherhitzung noch wirksam.
- Die Bildung von freien Fettsäuren mit leicht ranzigem Geschmack gehört zum Reifungsprozess vieler Käse wie z.B. Camembert, Rotschmierkäse oder Edelpilzkäse. Sie bekommen dadurch eine pikante würzige Note. Der seifige oder ranzige Geschmack wird erst auftreten, wenn die Käse überreif sind.
- Die Ranzigkeit tritt eher in Käsen mit hohem Fettgehalt auf.
- Die Ranzigkeit wird um so schneller bemerkbar, wenn die Käse sehr mild sind.
- Schnitt und Hartkäse werden auch ranzig, wenn sie schwitzen. Das an der Oberfläche ausgetretene Fett wird vom Sauerstoff angegriffen, es wird ranzig. Die Reaktion wird vom Licht unterstützt. Aus dem gleichen Grund kann der Geschmack sich ändern, wenn ein geschnittener Käse lange dem Licht ausgesetzt wird. Der Fehler ist auf den Schnittbereich begrenzt, er wird durch Abschneiden der Schnittstelle beseitigt.

! Keimzahl der Rohmilch so gering wie möglich halten, Lagerzeit reduzieren. Milch schonend pumpen und rühren.

- Reifungszeit verkürzen, Reifungstemperatur senken.
- Milch teilentrahmen, vor allem für die Herstellung von Schnitt- und Hartkäse.
- Käse nicht zu hoher Temperatur aussetzen (nicht über 22 °C).
- Käse, besonders die Schnittstelle, vor Licht und Sauerstoff schützen.

Oxydationsgeschmack
Der Fremdgeschmack wird auch als metallisch oder pappig beschrieben.

? **Lichtoxidation: Frischkäse die mit durchsichtigem Papier eingepackt sind, werden den UV-Strahlen des Lichtes ausgesetzt.** Das Fett ist sehr lichtempfindlich. Es wird sogar unter kalten Temperaturen eines Kühlregals oxidiert. So können Frischkäse, die lange dem Licht im Kühlregal ausgesetzt werden, einen unangenehmen metallischen Geschmack bekommen. Die Oxidation ist verstärkt, wenn das Papier am Käse nicht haftet oder wenn es sauerstoffdurchlässig ist.
- Oxidation nach Einfrieren des Bruches (Ziegenkäse). Der häufigste Geschmacksfehler in Käsen aus tiefgefrorenem Bruch ist auf Oxidationsprobleme zurückzuführen. Durch das Einfrieren platzen die Fettkügelchen; das Fett wird schneller angegriffen. Die Oxidation wird durch einen tiefen pH-Wert, die Anwesenheit von Kochsalz und von freien Fettsäuren beschleunigt.

! Käse vor Licht schützen, in licht- und sauerstoffdichtes Papier einpacken.
- Zum Bruch einfrieren nur Milch mit ausgezeichneter bakteriologischer Beschaffenheit verwenden, die so wenig wie möglich kühlgelagert war (ohne psychrotrophe Keime).
- Ungesalzenen Bruch einfrieren, nach Auftauen mit frischem Bruch mischen. Schnelles Einfrieren, im Kühlschrank auftauen.

Hefiger Geruch/Geschmack
Hefen entwickeln sich vorzugsweise auf feuchten Käsen.

? **Mangelnde Hygiene in der Käserei, Hefeinfektion im Salzbad, vernachlässigte Käsepflege.**
! Generalreinigung der Käserei, der Formen und Geräte; Salzbad erhitzen und regenerieren, bessere Käsepflege, Feuchtigkeit im Reifungskeller senken.

Dumpf, muffig
Der Käse riecht beim Auspacken modrig, schimmelig, nach Keller. Es betrifft in erster Linie Schimmelkäse und Rotschmierkäse.

? **Der Geruch liegt schon in der Milch, im Lab, in der Starter- oder Reifungskultur.**
- Mangelnde Hygiene in der Käserei, vor allem der Tücher und Matten.
- Modriges Holz in der Käserei oder im Reifungskeller.
- Zu feuchter Keller, der Keller ist schlecht belüftet, zu voll. Der Schimmel ist zu dicht, wächst zu üppig; Fremdschimmelbefall.
- Ungeeignetes Packpapier.

! Kein verschimmeltes Futter verwenden, Hygiene der Melkanlage verbessern, frisches Lab verwenden, Starter- und Reifungskulturen ordnungsgemäß herstellen bzw. vorbereiten und regelmäßig erneuern.
- Reinigung der Käserei; Matten und Tücher nach dem Reinigen in einem Desinfektionsbad lagern.
- Modrige Holztüren, -fenster, -regale oder -bretter ersetzen.
- Keller gut belüften, Luftfeuchtigkeit senken.
- Schimmel verwenden, der einen lockeren Rasen bildet. Schimmeldosis herabsetzen, Fremdschimmel entfernen.
- Atmungsaktives Papier verwenden.

9.5 Mikrobiologische Fehler

Coliforme/E. coli
? **Schmierinfektion durch dreckige Hände oder Kleidung.**
! Reinigung der Hände und Kleiderwechsel.

? **Unzureichend gereinigte Melkanlagen.**
! Überprüfung der Reinigung (Reinigungsmittel, Reinigungstemperatur). Kontrolle der Melkanlage auf schlecht zu reinigende Stellen (Winkel, Steigungen).

? **Schlecht zu reinigende Melkanlagen.**
! Regelmäßige Wartung der Melkanlage. Kontrolle der Melkanlage auf schlecht zu reinigende Stellen (Winkel, Steigungen).

? **Mangelhafte Kühlung der Rohmilch.**
! Kontrolle der Milchkühlung.

? **Mangelhafte Euterreinigung.**
! Melkhygiene verbessern.
Vormelken.

? **Coli-Mastitis.**
! Vormelken.
Sicherstellung der Eutergesundheit.

? **Schlecht zu reinigende Geräte.**
! Auswahl gut zu reinigender Geräte
Schlecht zu reinigende Oberflächen.
Vermeidung von Holz und Kunststoff bei kritischen Prozessschritten.
Auswahl gut zu reinigender Boden- und Wandbeläge.
Auswahl gut zu reinigender Bodenabflüsse.

? **Eingeschleppte Mikroorganismen wegen fehlender Schmutzschleuse.**
! Schmutzschleuse einrichten.

? **Fehlerhafte Reinigung der Oberfläche.**
! Kontrolle des Reinigungsergebnisses mit Abklatschtests.

? **Zerstörte Wand- und Bodenbeläge lassen eine Reinigung nicht zu.**
! Bauschäden sofort beseitigen.
Auswahl stabiler Boden- und Wandbeläge.

Listeria monocytogenes
? **Einschleppung in die Käserei durch dreckige Kleidung, insbesondere Schuhe.**
! Reinigung der Hände und Kleiderwechsel.

? **Schmierinfektionen über listerienhaltiges Futter wegen Anreicherung von Listerien in der Silage.**
! Fütterung erst nach dem Melken. Verbesserung der Silagebereitung (rasche Säuerung). Verbesserung der Melkhygiene (Euterreinigung).

? **Eintrag in die Milch über mangelhafte Melkanlagenhygiene.**
! Regelmäßige Kontrolle der Melkanlagenreinigung durch Abklatschproben.

? **Eintrag in die Milch über an Listeriose erkrankte Tiere (vor allem bei kleinen Wiederkäuern).**
! Kontrolle der Tiergesundheit.

? **Anreicherung von Listerien in der Milch durch lange Kühllagerung möglich.**
! Frische Milch verarbeiten.

? **Eintrag in die Verarbeitungsräume und Reifungsräume wegen fehlender Schmutzschleuse.**
! Schmutzschleusen einrichten.

? **Schmierinfektionen.**
! Schmierutensilien nach dem Schmieren reinigen und desinfizieren. Schmieren der Käse von jung nach alt.

Salmonellen
? **Erkranktes Personal scheidet Salmonellen aus.**
! Jährliche Stuhluntersuchung.

? **Erkrankte Milchtiere (äußerst selten).**
! Infektionsquellen (wie Geflügel) vom Milchvieh fernhalten. Stichprobenartige Rohmilchuntersuchung.

? **Kontamination von Käsebrettern.**
! Infektionsquellen (wie Geflügel, Vögel) beim Trocknen von Käsebrettern im Freien fernhalten.

? **Kreuzkontamination im Verkauf.**
! Infektionsquellen (wie Geflügel, Eier) von Milchprodukten fernhalten.

Staphylococcus aureus
? **Offene Wunden sind ein Reservoir für Staphylococcus aureus.**
! Wunden sind abzudecken.

? **Entzündete Schleimhäute sind ein Reservoir für Staphylococcus aureus.**
! Bei starken Erkrankungen des Rachenraumes ist mit Mundschutz zu arbeiten.

? **Milchvieh mit subklinischer Mastitis. Staphylococcus aureus gelangt aus dem Euter direkt in die Milch.**
! Sicherstellung der Eutergesundheit (Zellzahlkontrolle, getrennte Milcherfassung, Therapie erkrankter Tiere, Ausmerzung therapieresistenter Kühe).
Als Faktorenkrankheit sind zahlreiche Maßnahmen zu verbessern:
- Melktechnik regelmäßig warten.
- Sachkundiges Melken (vor allem ohne Lufteinschluss).
- Stressfaktoren minimieren (Fütterung, Haltung, Melken).
- Eutergesundheit akribisch beobachten.

10 Verzeichnisse

Literaturtipps

Ein umfangreiches Literaturverzeichnis mit dem Titel „Alles zum Thema Milch & Käse" ist beim Verband für handwerkliche Milchverarbeitung im ökologischen Landbau e.V. erhältlich.

2 Die Käsereiplanung

Der VHM hat auf seiner Internetseite www.milchhandwerk.info die wichtigsten milchwirtschaftlichen Gesetze und Merkblätter zusammengestellt.

Auf der Internetseite der europäischen Kommission http://europa.eu.int/eur-lex/lex/de/index.htm werden alle EU-Verordnungen veröffentlicht.

Das Informationsportal Oekolandbau.de http://www.oekolandbau.de/index.cfm/0001A8EA357E116AB3226666C0A87836 hat Einsteigerinformationen zu Marketing und Verkauf von Hofkäse bereitgestellt.

3 Die Käserei

ALFA LAVAL (Hrsg.): Handbuch der Milch- und Molkereitechnik, Verlag Th. Mann, Gelsenkirchen

RIEDEL, WALTER (1952): Handbuch der Käserei, Milchwirtschaftlicher Verlag Karl Mann, Hildesheim

SPREER, EDGAR (1997): Technologie der Milchverarbeitung, B. Behr's Verlag GmbH & Co., Hamburg

4 Der Reifungsraum

RIEDEL, WALTER (1952): Handbuch der Käserei, Milchwirtschaftlicher Verlag Karl Mann, Hildesheim

5 Die Käseherstellung

Das Informationsportal Oekolandbau.de http://www.oekolandbau.de/index.cfm?00075C6E98F71F698E616521C0A8D816 hat die für den Biobereich erlaubten und verbotenen Zusatzstoffe zusammengestellt

CORCY JEAN-CHRISTOPHE, LEPAGE MICHEL (1991): Fromages fermiers, La Maison Rustique, Paris/Frankreich

ECK ANDRÉ (1984): Le fromage, Difusion Lavoisier, Paris

LE JAOUEN, JEAN-CLAUDE (réédition 2000): La fabrication du fromage de chèvre fermier, Institut de l'Elevage – Technipel

KAMMERLEHNER, JOSEF (1986): Labkäsetechnologie – Band 1: Der Rohstoff, Die Hilfsstoffe, Der Käsungsprozeß, Die Reifung, Die Verpackung, Molkereitechnik 74/75, Verlag Th. Mann, Gelsenkirchen

KAMMERLEHNER, JOSEF (1988): Labkäsetechnologie – Band 2: Käsesorten, Produktionskontrolle, Käsefehler, Molkereitechnik 79/80, Verlag Th. Mann, Gelsenkirchen

KAMMERLEHNER, JOSEF (2003): Käsetechnologie, Verlag Freisinger Künstlerpresse

RIEMELT, INGE (Hrsg.), BARTEL, BRIGITTE, MALCZAN, MARGITTA (1996): Milchwirtschaftliche Mikrobiologie, B. Behr's Verlag GmbH & Co., Hamburg

SCHOLZ WOLFGANG (1999): Käse aus Schaf und Ziegenmilch, Ulmer Verlag, Stuttgart

TÖPEL, ALFRED (2004): Chemie und Physik der Milch, B. Behr's Verlag GmbH & Co., Hamburg

6 Qualitätssicherung

GINZINGER, WOLFGANG und Mitarbeiter (1997): Qualitätshandbuch für die bäuerliche Milchverarbeitung, Österreichischer Agrarverlag, Leopoldsdorf b. Wien, Österreich

Das Robert-Koch-Institut hat im Internet unter http://www.rki.de/cln_006/nn_226614/DE/Content/Infekt/IfSG/Belehrungsbogen/belehrungsbogen__node.html-nnn=true unverbindliche Vorschläge für Belehrungsbögen gemäß Infektionsschutzgesetz bereitgestellt.

VHM (Hrsg.); Albrecht-Seidel, Marc (2006): Leitlinie für eine Gute Hygiene Praxis in Hofkäsereien, VHM, Haag an der Amper

VHM (Hrsg.) (2006): Das Routine-Untersuchungsprogramm – Leitlinie für Endproduktkontrollen in Hofkäsereien, Eigenverlag, Haag an der Amper

RIEMELT, INGE (Hrsg.), BARTEL, BRIGITTE, MALCZAN, MARGITTA (1996): Milchwirtschaftliche Mikrobiologie, B. Behr's Verlag GmbH & Co., Hamburg

7 Die Wirtschaftlichkeit

Das Informationsportal Oekolandbau.de http://www.oekolandbau.de/index.cfm/0005EFCACBD0116386D66666C0A87836 hat Einsteigerinformationen zur Wirtschaftlichkeit von Hofkäsereien bereitgestellt.

BOKERMANN, RALF (1996): Betriebswirtschaft der landwirtschaftlichen Weiterverarbeitung und Direktvermarktung, Verlag Winfried Jenior, Kassel

REDELBERGER, HUBERT (Hrsg.) (2004): Management-Handbuch für die ökologische Landwirtschaft, Kuratorium für Technik und Bauwesen in der Landwirtschaft e.V. (KTBL)

ALBRECHT-SEIDEL, MARC; REDELBERGER, HUBERT (2006): Handbuch Hofmolkerei – Analysieren, Planen, Optimieren, VHM, Haag an der Amper

SEIDEL, JANINA (2006): Aktiver Käseverkauf – Ein Leitfaden zur Vermarktung biologischer Hofkäse, VHM, Haag an der Amper

WIRTHGEN, BERND; MAURER, OSWIN (2000): Direktvermarktung – Verarbeitung, Absatz, Rentabilität, Recht, Verlag Eugen Ulmer GmbH & Co., Stuttgart

8 Die Käsesorten

KAMMERLEHNER, JOSEF (1989): Labkäsetechnologie – Band 3: Produktionstechnik, Fließbilder, Prozeßleitpläne, Molkereitechnik 84/85, Verlag Th. Mann, Gelsenkirchen

CORCY JEAN-CHRISTOPHE, LEPAGE MICHEL (1991): Fromages fermiers, La Maison Rustique, Paris/Frankreich

NANTET, BERNARD et al. (1998): Alles Käse! Die besten Sorten der Welt, DuMont, Köln

TEUBNER, ODETTE; MAIR-WALDBURG, HEINRICH; MÜLLER, MARCO; MÜLLER, WOLFGANG; ZACHERL, RALF (2003): Das grosse Buch vom Käse, Teubner, München

9 Die Käsefehler

KAMMERLEHNER, JOSEF (1988): Labkäsetechnologie – Band 2: Käsesorten, Produktionskontrolle, Käsefehler, Molkereitechnik 79/80, Verlag Th. Mann, Gelsenkirchen

KAMMERLEHNER, JOSEF (2003): Käsetechnologie, Verlag Freisinger Künstlerpresse

TEICHERT, KURT (1942): Käsereitechnischer Ratgeber – Hilfsbuch zur Verhütung und Bekämpfung der Käsefehler, Verlag der Molkereizeitung, Hildesheim

RIEMELT, INGE (Hrsg.), BARTEL, BRIGITTE, MALCZAN, MARGITTA (1996): Milchwirtschaftliche Mikrobiologie, B. Behr's Verlag GmbH & Co., Hamburg

WEBER, HERBERT (Hrsg.) (1996): Mikrobiologie der Lebensmittel, Milch und Milchprodukte, B. Behr's Verlag GmbH & Co., Hamburg

Literaturverzeichnis

Literatur, die bei der Erstellung dieses Buches verwendet wurde, finden Sie nachfolgend in alphabetischer Reihenfolge.

ALBRECHT-SEIDEL, MARC (1995): Leitfaden zur Gestaltung und Einrichtung von Hofkäsereien, Diplomarbeit an der Universität Kassel-Witzenhausen

ALFA LAVAL (Hrsg.): Handbuch der Milch- und Molkereitechnik, Verlag Th. Mann, Gelsenkirchen

BOKERMANN, RALF (1996): Betriebswirtschaft der landwirtschaftlichen Weiterverarbeitung und Direktvermarktung, Verlag Winfried Jenior, Kassel

CORCY, JEAN-CHRISTOPHE & LEPAGE, MICHEL (1991): Fromages fermiers, La Maison Rustique, Paris/Frankreich

DEMPEWOLF, MIRJAM (2002): Beitrag der handwerklichen Milchverarbeitung zur Steigerung der Wertschöpfung der Milchproduktion in landwirtschaftlichen Betrieben, Diplomarbeit an der TU München-Weihenstephan

ECK ANDRÉ (1984): Le fromage, Difusion Lavoisier, Paris

LE JAOUEN, JEAN-CLAUDE (réédition 2000): La fabrication du fromage de chèvre fermier Institut de l'Elevage – Technipel

KAMMERLEHNER, JOSEF (1986): Labkäsetechnologie – Band 1: Der Rohstoff, Die Hilfsstoffe, Der Käsungsprozeß, Die Reifung, Die Verpackung, Molkereitechnik 74/75, Verlag Th. Mann, Gelsenkirchen

KAMMERLEHNER, JOSEF (1988): Labkäsetechnologie – Band 2: Käsesorten, Produktionskontrolle, Käsefehler, Molkereitechnik 79/80, Verlag Th. Mann, Gelsenkirchen

KAMMERLEHNER, JOSEF (1989): Labkäsetechnologie – Band 3: Produktionstechnik, Fließbilder, Prozeßleitpläne, Molkereitechnik 84/85, Verlag Th. Mann, Gelsenkirchen

KAMMERLEHNER, JOSEF (2003): Käsetechnologie, Verlag Freisinger Künstlerpresse

KESSLER H.G. (1988): Lebensmittel- und Bioverfahrenstechnik Molkereitechnologie, Verlag A. Kessler, Freising

KLUPSCH, H.J. (1992): Saure Milcherzeugnisse Milchgetränke und Desserts, Verlag Th. Mann, Gelsenkirchen

LUQUET, F.M. (1985): Lait et produits laitiers, vaches, brebis, chèvres; Vol I, II und III technique et documentation, Lavoisier, APRIA

Riedel, Walter (1952): Handbuch der Käserei, Milchwirtschaftlicher Verlag Karl Mann, Hildesheim

RYFFEL, STEPHAN (2003): Schwachstellenanalyse der handwerklichen Schnittkäseherstellung auf 10 ökologischen Betrieben, Diplomarbeit an der Universität Kassel-Witzenhausen

SCHULZ, MAX ERICH & VOSS, EBERHARD (1965): Das große Molkerei-Lexikon, Volkswirtschaftlicher Verlag, München

SCHOLZ, WOLFGANG (1999): Käse aus Schaf- und Ziegenmilch, Ulmer Verlag, Stuttgart

SEIDEL, JANINA (1997): Aktiver Käseverkauf – Ein Leitfaden zur Vermarktung biologischer Hofkäse, Diplomarbeit an der Universität Kassel-Witzenhausen

SPREER, EDGAR (1995): Technologie der Milchverarbeitung, Behr' Verlag GmbH & Co., Hamburg

Sachregister

Abfluss 26, **57**, 208
Abfüllblech 45, 50
Abfüllen, Bruch 16, 43, 44, **49**, 78, 82, **85**, 86, 87, 204, 205, 210, 211
Abklatschprobe 120, 124, 215
Abnehmerverzeichnis 14
Abtrocknen, Käse 61, 64, **91**, 92, 209
Abtropfen 49, 56, 58, 79, 82, **87**, 89, 92, 94, 203, 204, 209
Abtropftisch **53**, 87, 88
Acrylharz 25
Affineure 14
Allergenkennzeichnung 15
Aluminium 29, 34, 43, 53, 98
Aminosäure 92
Ammoniak 66, 92, 95, 96, 206
Andeerer Gourmet **182**
Anlieferungsreferenzmenge 11, 13
Antibiotika 67, 200
Anticorodal 34, 36
Arbeitsaufwand 16
Arbeitsbereich 20, 23, 117, 118, 130
Arbeitskleidung **113**, 114, 118, 214, 215
Arbeitskräfte 130
Arbeitszeit 99, 127, 130, 131
Armaturen 33
Aroma 73, 74, 76, 77, 79, 92, 93, 94, 96, 201, 202, 203, 212
Asiago **180**
Aufrahmen **40**
Ausbeute 16, 53, 77, 200
Auskäsen, Ausrühren 206, 209, 210, 211, 213
Ausrühren 47
Aussehen 92, 101, 105, 112, 115

Bakterien (siehe auch Mikroorganismen) 17, 40, 56, 67, 69, 72, 73, 74, 77, 82, 84, 85, 87, 89, 92, 93, 94, 96, 109, 115, 116, 117, 200, 201, 202, 204, 205, 206, 212, 213, 214, 215, 216
– Bifido 73
– Buttersäure 115
– coliforme 87, 92, 116, 201, 202, 204, 205, 212, 213, **214**, 215
– Enterobacteriaceaen 101
– Escherichia coli 14, 72, 101, 104, 116, **214**
– Essigsäure 213
– kälteliebende 17, 67, 70, 212, 213, 214
– Listeria monocytogenes 14, 69, 72, 101, 105, 116, **215**
– Milchsäure 73, 77, 82, 84, 85, 89, 92, 93, 94, 116, 200, 201, 202, 205, 206, 212
– pathogene 17, 71, 87, 101, 109, 114, 201, 214, 215
– Propioni 89, 92, 94
– Pseudomonaden 17, 67, 89, 116, 213
– Rotschmiere 77, 93, 94, 96
– Salmonellen 14, 69, 101, 116, **215**
– Staphylococcus aureus 14, 67, 72, 101, 116, **216**
Bakteriophage 73, 200
Baktofuge 17, 78
Basishygiene 99, 100, 105, **113**, 121
Baugrundprüfung 19
Baumängel 22, 116, 117
Baumaterialien 116

Baumé-Grad 90, 91
Be- und Entlüftung 20, 29, **30**, 31, 58, **65**, 66, 95, 200, 206-208, 214
Belehrung 113, 123
Beleuchtung 29, 30, **33**, 58
Berufsausbildung 18
Beschäftigungsverbot 113, 114
Beton 29, 57, 58, 61
Biokennzeichnung 15
Bio-Tipp 78, 79, 88, 97
Bitter, Geschmack 67, 77, 89, 203, 206, 207, 212
Blähung 17, 78, 92, 115, 201, 204, 205, 206, 212
Blauschimmel 74, 76, 93, 207
Blockformen 50, 51
Bockig, Geschmack 212
Bodenabfluss **26**, **57**, 208
Bodenbelag **23**, 56
Bodenfliesen 23, 24, 25, 26
Bodengefälle 26, 57
Bodenheizung 33
Bollheimer Hofgouda **174**
Brecher 47, 201
Brennen, Bruch 73, 83, 85
Brevibakterium linens 77, 89, 96
Bruchbearbeitung, Bruchbereitung **82**, 84, 87, 92, 203, 204, 211
Bruchkörner 47, 83, 84, 88, 206
Bruchlöcher 85, 86, 87, 88, 202, 203, 204, 205
Bruchlochung 49, 86
Bruchverfärbung 44
Brunnenwasser 38, 42, 115, 208, 209
Butendieker Frischkäse **139**

Sachregister

Butendieker Rauch **176**
Buttersäure 92, 115, 205
Butterverordnung 13

Calcium 17, 67, 68, 78-83, 90, 92, 201, 202, 203
Calciumchlorid **78**, 201, 203
Camembert 74, 82-85, 90-92, 95, **148, 150**
Camembert, Ziegenmilch **196**
Casein 68, 77, 79-82, 87, 92, 93
Caseinmizelle 67, 68, 78-80
CCP 105-112
Chargengröße 16, 61, 127, 131
Chargennummer 121
Chromnickelstahl 26, 27, 29, 32, 34, 35, 36, 37, 39, 43, 44, 45, 53, 54, 57, 60, 61, 63, 87, 96
Chymosin 77-79
Clostridien 17, 78, 92, 94, 115, 205
Coating 97
Coliforme 87, 92, 116, 201, 202, 204, 205, 212, 213, 214, 215
CP 105-112

Dampf 27, 33, 42, 43, 46
Dauererhitzung 41, 71, 72
Dauererhitzungsanlagen, Wannenpasteure **41**
Deckenbeschaffenheit **27, 57**
Deckungsbeitrag **128**
Denaturieren 67
Desinfektion 100, 105, 114, 118, 119, 120, 124, 200, 208, 214
Desinfektionsmittel 114, 119, 200
Dicklegezeit, Dickungszeit 43, 80, 81, 82, 83

Dicklegung der Milch 43, 77, 78, **79**, 80, 82, 83, 89, 92, 201, 202, 203, 204
Direktkultur 74, 201, 203
Direktverkaufsreferenzmenge 11
Direktvermarktung 14, 128, 131
Dokumentation **120**
Dottenfelder Möhrenlaibchen **170**
Dumpf, Geschmack, Geruch 64, 214

Edelpilzkäse 74, 76, 88, 202, 213
Edelstahl 26, 27, 29, 32, 34, 35, 36, 37, 39, 43, 44, 45, 53, 54, 57, 60, 61, 63, 87, 96
Edler von Dannwisch **156**
Einlaben 74, 77, 78, **79**, 80, 81, 82, 95, 105, 201, 203
Einlabtemperatur 74, 80, 81, 200, 202, 203, 205
Eisen 26, 27, 29
Eiswasser 38, 39, 42, 43, 65
Eiweißabbau 76, **92**, 206, 209, 212
Emmentaler 64, 73, 83, 205, 213
Endproduktkontrolle 99, **101**, 105, 112, 113, **121**
Entlüftung 20, 29, **30**, 31, 58, **65**, 66, 95, 200, 206-208, 214
Entmolkung 49, 53, 70, 80, 206
Entrahmen **40**, 70, 214
Entsäuerung 74, 77, 96, 97, 203
Entwässerungsrinne **26**
Enzyme 67, 69, 76, 77-80, 89, 92-94
Epoxidharz 25

Erhitzung 41, 67, 68, 71, 72, 78, 93, 212, 214,
Erhitzungsverfahren 71, 72
Erlös 16, 125, 127, 128, 129
Escherichia coli 14, 72, 101, 104, 116, **214**
Essigsäure 92, 213
EU-Lebensmittelhygiene-Verordnungen 14
Exzenterschneckenpumpen 38

Fehler
– mikrobiologische **214**
– der Gallerte **200**
– der Rinde **102, 206**
– im Geruch **102**, 212
– im Geschmack **102, 212**
– in der Teigbeschaffenheit **102, 202**
Fehlerprotokoll 121
Fehlersuche **102, 104**
Fenster **29**, 33, 58
Fensterentlüftung **30**
Festkosten 128, 130, **131**
Feta **146**
Fettabbau 67, **93**, 116
Fetteinstellung der Milch **70**, 71
Fettgehalt 15, 17, 40, 70, 71, 202, 214
Fettgehaltberechnung 71
Fettkugeln 67, 80
Fettsäure 93, 212, 213, 214
Filtrieren 70
Flavour 101
Fliegen 30, 39, 58, 70
Fliegengitter 30
Fliesen 23, 24, 25, 26, 27, 29, 33
Fliesenfußboden **23**
Fliesenhöhe 27
Folien / -reifung 91, 98
Fördermittel 12

Fort- und Weiterbildung 18, 130
Fremdschimmel 95, 206, 207, 210, 211, 213,
Frischkäse 71, 73, 78, 79, 82, 84, 85, 88, 89, 94, 97, 200-202, 204, 212, 214
Frischkäse gereift, Kuhmilch 140
Frischkäse gereift, Ziegenmilch 194
Frühblähung 92, 204, 206
Futter 17, 67, 78, 115, 201, 205, 206, 213, 214, 215

Gallerte 81
Gallerte, Fehler 200
Gärlöcher 201, 202, 205
Gefahren 20, 30, 40, 58, 64, 65, 66, 73, 95, 201, 202
Gefahrenanalyse 105, 110
Gefrieren 70
Gefriergetrocknete Kultur 74, 205
Gentechnikkennzeichnung 15
Geotrichum candidum 76, 89, 96, 209
Gerätehygiene 118, 124
Gereifter Frischkäse, Kuhmilch 140
Gereifter Frischkäse, Ziegenmilch 194
Gerinnung 67, 77, 78, 80, 81, 82, 201, 202, 205
Gerinnungsenzyme 77
Geruch, Fehler 212
Gesamtauszug 45, 51
Geschmack 56, 73, 77, 79, 84, 88, 89, 92, 93, 95, 96, 97, 101, 105, 112, 115
- bitter 67, 77, 89, 203, 206, 207, 212

- bockig 212
- Fehler 17, 36, 64, 66, 67, 69, 116, 205, 207, 212
- Oxydation 214
- sauer 202, 203, 211-213
Geschmack, Geruch
- dumpf 64, 214
- muffig 64, 66, 95, 96, 97, 208, 210, 214
Gesellschaftsform 9, 10
Gesundheitsamt 113
Gesundheitszustand des Personals 113, 215
Gewerbe 9
Gewichtsverlust 66
Gewürze 78
Gorgonzola 158
Gouda 88, 90, 91, 93, 95, 97
Gouda, Ziegenmilch 198
Grenzwerte 104, 105, 112

HACCP-Konzept 14, 105
Halbfeste Schnittkäse 88, 203, 205
Hallertauer Ziegentopfen 193
Haltbarkeit 58, 79, 98, 115, 124
Hände 87, 113, 114, 115, 118, 204, 208, 214, 215
Handschuhe 114, 115
Handwerksordnung 9
Harfe 47, 48
Hartkäse 73, 77, 82-85, 88, 89, 92, 94, 95, 97, 98, 202, 205, 207, 210
Harzer Käse 185
Hautbildung 84, 202, 205, 206
Hebelpressen 54
Hefen 56, 69, 74, 77, 89, 92, 94, 96, 205, 207, 210, 214
Heggelbacher Schibli 164
Heizquelle 45

Heizung 32
Hemmstoff 73, 78, 200, 203, 205, 212
Herkunftsbezeichnung 15
Hilfsstoffe 73
Hohenheimer Trappistenkäse 172
Holz 64, 210, 211, 214, 215
Horden 61, 96
Hygiene 17, 19, 26, 69, 95, 99, 100, 101, 105, 111, 113, 115, 116, 118, 121, 123, 124, 204, 206, 210, 212, 213, 214, 215
Hygienerecht 9, 14
Hygieneschleuse 21, 22, 116

Impellerpumpe 37
Industriefußböden 23
Infektion 20, 23, 30, 54, 57, 59, 87, 100, 105, 113, 114, 115, 116, 117, 118, 201, 202, 204, 205, 206, 207, 210, 214, 215, 216
Infektionsquellen 20, 100, 105
Infektionsschutzgesetz 113
Investition 10, 11, 16, 125, 127, 128, 131, 132, 133
Isolierung 27, 28, 43, 56, 57, 58

Joghurt 14, 16, 73

Kalkulation 127
Käsebretter 22, 35, 61, 63, 64, 66, 97, 118, 207, 210, 214, 215
Käsefehler 200
Käsefertiger 44, 83, 118
Käseformen 49
Käseherstellung 67
Kaseinmarke 121
Käsekessel 43

Sachregister

Käselagerung 61
Käsepflege 64, 131, 214
Käsereifung 92
Käsereigröße 13, 22
Käsereimeister 11
Käsereimilch 67
Käsereiplanung 13
Käsereiprotokoll 106, 112
Käserezepturen 138
Käserinde 14, 58, 61, 66, 76, 88, 89, 94-97, **206**
Käsestaub 49, 84, 206
Käseverordnung 13
Käsewanne 43
Keime, siehe auch Bakterien, Mikroorganismen 17, 59, 61, 69, 72, 74, 78, 87, 92, 94, 100, 104, 105, 109, 111, 114, 116, 118, 120, 201, 205, 206, 208, 211, 212, 213, 214
Keimgehalt, Keimzahl 17, 69, 72, 94, 104, 116, 120, 213
Kennzeichnung 13, 15, 97, 121
Kleidung **113**, 114, 118, 214, 215
Klima 19, 23, 56, 57, 63, **65**, 95, 96, 116, 208
Koagulationsphase **80**
Kochkäse **187**
Kolostralmilch 213
Kondensatbildung 27, 65
Konsistenz 66, 79, 81, 83, 84, 85
Kontamination 69, 87, 201, 204-206, 209, 210, 213, 215
Kontrollpunkt 105-112
Konvektionsheizung **32**
Korrekturmaßnahmen 112
Korrekturwert 121, 123
Korrosion 34, 53
Kräuter **78**
Kreiselpumpe **37**

Kritischer Kontrollpunkt (CCP) 105-112
Kühlen 30, **38**, 40, 41, 42, 43, 65, 67, **69**, 70, 73, 74, 87, 116, 203, 210, 211
Kühlwannen **39**
Kühlzelle 19, 39, 69
Kultur **73**, 75, 76, 85, 108
- gefriergetrocknete 74, 205
Kulturaktivität 74
Kunstharzbeschichtungen **25**
Kunststoff 34, 35, 36, 37, 38, 54, 57, 87, 96, 97, 98, 210, 215
Kupfer 34, 36, 43, 44, 45, 132
Kurzzeiterhitzung **42**, 71, 72

Lab **77**, 201
Labaustauschstoffe **78**
Labgerinnung **79**, 81
Laboruntersuchung 23, 100, 104, 105, 115, 116, 124, 215
Labstärke 77
Lactobacillus 73
Lactococcus 73
Lactose 67, 68, 77, 79, 92, 120, 202
Lagerung 14, 17, **61**, 64, 70, 74, 108, 115, 116, 200
Landbutter 15
Lebensmittelhygiene 14
Lebensmittelhygieneverordnung 14
Leidener Bauernkäse **178**
Leuconostoc cremoris 73
Lieferantenverzeichnis 14
Lipase 77, 93, 94, 212, 213, 214
Lipolyse 93, 212
Listeria monocyto-

genes 14, 69, 72, 101, 105, 116, **215**
Lochblech 51
Lochung 49, 51, 61, 85, 201, 204, 205, 206
Lohnverarbeitung 9
Luft 204- 207, 212, 215
Luftfeuchte **66**
Luftfeuchtigkeit 19, 29, 30, 31, 56, 57, 58, 65, 66, 91, 92, 95-97, 203, 207
Luftumwälzung 92, 95, 96, 203, 209, 211
Lysozym 78, 205

Markt 13, **14**
Marktleistung 16, **128**
Mastitis 17, 213, 215, 216
Mehrwertsteuer 11
Meldepflicht 11
Melkanlage 17, 36, 39, 115, 200, 212, 214, 215
Melkgeschirr 205
Mikrobiologische Fehler **214**
Mikrobiologische Prüfung **101**
Mikroorganismen 67, 69, 70, 72, 73, 74, 78, 85, 89, 91, 92, 94, 95, 96, 99, 105, 112, 113, 115, 116, 117, 118, 204, 205, 207, 212, 215
Mikroorganismen, gentechnisch verändert 78
Milben 64
Milch **67**
Milcherzeugnisverordnung 13
Milcherzeugungskosten 129, 130
Milchfilter **39**
Milch-Garantiemengen-Verordnung 13
Milchkannen 34, 36
Milchleistungsprüfung 116
Milchpreis 129, 130

Milchqualität 16, 17, **67**, 69, 72, 115, 116
Milchsachkundeprüfung 11, 14
Milchsäure 25, 56, 67, 79, 92, 210
Milchsäurebakterien 73, 74, 76, 82, 84, 92-94, 200-202, 205, 206, 212
Milchschimmel 76, 96, 209, 211
Milchzuckerabbau **92**
Milchzukauf 9, 10
Milchzusammensetzung 67, 68
Mindesthaltbarkeitsdatum 15
Mineralstoffe 68, 201
Molke 23, 37, 70, 79-87, 90, 91, 201, 206
Molkenproteine 68
Mozzarella **144**
Mucor 78, 207
Muffig, Geschmack, Geruch 64, 66, 95, 96, 97, 208, 210, 214
Munster **152**

Nachwärmen, Bruch **84**, 203, 206, 211
Natamycin 97
Nieheimer Käse **184**
Nitrat 78
Nutzungsdauer 133

Oxydationsgeschmack 214

Paraffinieren 97, 211
Pasteurisieren 15, **41**, 67, 70, **71**, 72, 112
Pasteurisierte Milch 13, 15, 70, 201, 204, 212
Pecorino **191**
Penicillium
– Kulturstämme 74, 76, 93, 95, 207
– unerwünschte Arten 206
Pepsin 77, 78

Peptide 67, 77, 79, 80, 92
Personal **17**, 207, 215
Personalhygiene **113**, **123**
Personalkosten **130**
pH-Wert 67, 73, 74, 77-85, 87, 90, **94**, 200-215
Plastik 34, 35, 36, 37, 38, 54, 57, 87, 96, 97, 98, 210, 215
Plastikbretter 63, 64
Pneumatische Pressen **55**
Preisangabe 15
Preise 16, 128, 129
Pressen **54**, 85, **87**, 88
Produkthaftung 100
Propionsäurebakterien 89, 92
Protease 78, 92, 94
Proteinabbau 76, 92, 206, 209, 212
Proteingehalt 69, 71
Prozesskontrolle 99, **105**
Pseudomonaden 17, 67, 89, 116, 213
Psychrotrophe Keime 17, 67, 70, 212, 213, 214
Pumpen 17, 34, 36-38, 41, 43, 45, 59, 61, 67, 86, 212, 213

Qualifikation des Personals **113**
Qualitätssicherung 13, **99**

Raclette **168**
Randweich, Käsefehler 203
Raumaufteilung **20**
Raumgliederung 13, **19**
Raumhygiene **116**, 124
Raumtemperatur 200, 203
Reblochon **162**
Rechtslage 13
Regalsysteme **61**
Reifeklimas 19, 23, 56,

57, 63, **65**, 95, 96, 116, 208
Reifung **95**
Reifungsbedingungen **94**
Reifungsbretter 22, 35, 61, 63, **64**, 66, 97, 118, 207, 210, 214, 215
Reifungskulturen **74**, 92, 94, 95, 96, 214,
Reifungsprozess 94, 212, 213
Reifungsraum 56, 92-96, 206, 210, 211,
Reifungstemperatur 94, 203, 205, 207, 211, 212, 213,
Rein- und Schmutzbereiche **117**
Reinigen der Milch **39**, **70**
Reinigung 20, 23, 25, 26, 32, 34, 37, 39, 62, 67, 70, 100, 105, 114, 118, 119, 120, 124, 130, 200, 205, 207, 208, 210, 214, 215
Reinigung- und Desinfektionsmaßnahmen **118**
Reinigungs- und Desinfektionsplan 120, 122, 124
Reinigungsmittel 37, 67, 105, 119, 120, 200, 210
Reinzone **117**
Ricotta **142**
Rinde, Fehler **206**
Risse 65, 66, 81, 82, 97, 201, 210, 211
Rohmilch 13, 15, 17, 23, 40, 67, 69, 71, 72, 93, 94, 115, 130
Rohmilchflora 203, 206
Rohrleitung 26, 27, 33, 34, 36, 39, 41
Rohstoffhygiene **115**, **124**
Rohstoffqualität 13, **16**
Romadur 77, **154**
Roquefort **189**
Rost 26, 29, 32, 45, 61

Sachregister

Rotschmiere 77, 83, 89, 93, 94, **96**, 210
Rotschmierkäse 93, 95, 96, 210
Rückverfolgbarkeit 14, 106, 108 121, 124
Rühren 47, 67, 70, 81, 82, 83, **84**, 203, 206, 212, 213
Rutschfestigkeit 23, 24, 25, 26
Sachkunde, -nachweis 11, 14
Saint Nectaire **166**
Salzen 58, **88, 89**, 90, 91, 92, **94**-96, 203, 206, 208, 209, 211, 214
Sauer, Geschmack 202, 203, 211-213
Sauermilchkäse 15
Säuerungskulturen, Starterkulturen 73
Säuerungsstörung 200
Säuregerinnung **79**, 82, 83
Säuregrad 82, 84, 108, 112
Schafmilch 13, 16, 40, 69
Schafmilchverarbeiter 11
Schalmtest 116
Schimmel 27, 28, 30, 33, 56, 57, 59, 61, 64, 69, 74, 76, 89, 92, 93, 94, **95**, 96, 97, 98, 206, 207, 208, 209, 210, 212, 213
Schlitzlochung 51
Schmieren 57, 64, 65, 66, 77, 83, 89, 93, 94, **96**, 210
Schmierinfektion 114, 116, 214, 215
Schmutz- und Reinzonen **117**
Schneiden 83
Schneidwerkzeuge 47
Schnelltest 116, 124
Schnittkäse 73, 74, 80, 83-88, 91, 96, 97

Schulenburg-Fertiger 43, 49
Schulung des Personals **113**
Seifig, ranzig 213
Sensorische Prüfung **101**
Separator 39, **40**, 41, 70, 206
SH°, Soxhlet-Henkel 82, 84
Silage 17, 78, 205
Somatische Zellen 17, 72, 104, 109, 116
Sorgfaltspflicht 113, 120, 124
Sortimentsgestaltung 13, 73, 75
Sozialversicherung 11
Spätblähung 78, 205
Spezialitäten-Produktion 16
Sporen 17, 74, 76, 78, 92, 95, 115, 117, 205, 207, 208, 210
Sporenbildner 17, 92, 205
Spritzwasser 23, 32, 34
St. Nectaire **166**
Stahl 26, 27, 29, 32, 34, 35, 36, 37, 39, 43, 44, 45, 53, 54, 57, 60, 61, 63, 87, 96
Stammkultur 73, 75
Standortwahl **19**
Stapelwender 50, 51
Staphylococcus aureus 14, 17, 67, 72, 101, 116, **216**
Starterkultur 73, 74, 79, 213
Strahlungsheizung **32**
Streptococcus thermophillus 73
Stromleitungen 33
Stufenkontrolle 105
Synärese 80, 83, 84, 203

Taleggio **160**
Tätigkeitsverbot 113, 114

Tauchkühler mit Hofbehälter **38**
Technische Einrichtung 13
Technische Leitungen 33
Teigbeschaffenheit **94, 202, 203**
Temperatursteuerung **65**
Tenside 120
Textur 92, 101
Thermisierung 71, 72
Toilette 21
Toxine 67
Transport 14, 19, 36, 39, 58, 61, 69, 70, 206
Transport der Käse **58**
Transport der Milch **36, 69**
Triglyceride 68, 93
Trinkwasser **115**
Trockenmasse des Rohkäses **94**
Trockenrinde **97**
Trockensalzen **89**
Trocknen 61, 64, **91**, 92, 96, 98, 209
Türen **29, 58**

Umsatzsteuer 11
Unter Molke verschöpfen 88
Unternehmergewinn 130
Untersuchungen 23, 100, 104, 105, 115, 116, 124, 215
Untersuchungslabore 104
Untersuchungsprogramm 104
Urproduktion 9

Variable Kosten **129**
Ventilator 30, 31, 32, 66, 92, 95
Verarbeitungsmilch **115**
Verfugung 25, 27
Verkaufspreis 128
Verkehrsbezeichnung 15
Vermarktung 11, 13, 14, 16, 18, 100, 127, 128,

129, 130, 131
Vermehrung, Kultur   75
Verordnungen
- Arbeitsstättenverordnung   29
- Butterverordnung   13
- EG Nr. 178/2002   14
- EG Nr. 2073/2005   104
- EG Nr. 852/2004   14
- EG Nr. 853/2004   14, 17, 116
- Käseverordnung   13, 77
- Lebensmittelhygieneverordnung   14, 17
- Meldeverordnung   11
- Milcherzeugnisverordnung   13
- Milchgarantiemengenverordnung   13
- Milchsachkundeverordnung   11, 14
- Milchverordnung   14
- Trinkwasserverordnung   115
Verpacken des Käses   97, 98, 110, 206, 210
Verpackung   14, 23, 97, 98, 117, 118, 124, 200, 206, 210
Verschöpfen   14, 36, 45, 49, 50, 51, 53, 105
Verziehen   47, 48
Veterinärbehörde   13
Vielsatz   205
Vorkäsen   47
Vorpressen   51, 86, 88
Vorpresswanne   45, 51
Vorreifung, Milch   72

Wachstumsphasen, Kultur   75
Wandbeschaffenheit   **26, 57**
Wandfliesen   27
Wandheizung   33
Wandpaneele   27, 57
Warenbegleitschein   121
Wärmebehandlung der Milch   15, **41, 71,** 72, 112
Waschen des Bruches   74, **84,** 115, 202, 203
Weichkäse   73, 74, 76, 77, 80, 82-98

Weißschimmel   57, 59, 61, 64, 74, 76, 93, **95,** 96, 206, , 207, 208, 209, 210, 212, 213
Wenden   34, 47, 50, 51, 53, 55, 61, 86, **87,** 88, 209, 211
Wirtschaftlichkeit   13, **16, 125**

Zellgehalt   17, 72, 104, 109, 116
Zentrifuge   **39, 40**, 41, 70, 206
Ziegenkäse   76, 89, 93, 207, 211, 212, 214
Ziegenmilch   13, 16, 40, 69, 93, 212
Ziegenmilchverarbeiter   11
Zielwert   121, 123
Zulassung   11, 14
Zusammensetzung der Milch   **67,** 69
Zusatzstoffe   14, 73, **78**
Zutatenverzeichnis   15
Zwangsentlüftung   **31**

Bildquellen

Volk, Fridhelm, Stuttgart: Titelbild
Baumeister, Werner, Stuttgart: 5.5, 5.7, 5.8; Seite 134/135: Abb. 2, 3, 7;
Seite 136/137: 1, 2, 3, 4, 5, 6, 7, 8
Alle anderen Fotos stammen, wenn nicht anders vermerkt, von den Autoren. Die Zeichnungen fertigte Artur Piestricow, Stuttgart, nach Vorlagen der Autoren.

Vielfalt ist unsere Stärke

Verpackung und Kartonagen

Hilfs- und Zusatzstoffe

Laborartikel

Reinigung und Hygiene

Niro-Rohre und Armaturen

BHG

BHG BETRIEBSMITTEL HANDELS GMBH & CO.KG.

A-4943 Geinberg · Moosham 10
Tel. 07723 / 448 20 · Fax DW 49
office@bhg.co.at

www.bhg.co.at

**Ihr starker Partner für die
Milchkühlung und Direktvermarktung**

Käsebereiter und Wannenpasteure
von 50 bis 1500 Liter

Etscheid Anlagen GmbH
Fritz-Haber-Str. 1
53577 Neustadt/Wied-Fernthal
Tel. 02683/3080   Fax 02683/30833

info@etscheid.de   www.etscheid.de

Wenn **Milch & Honig** fließen...

Käse- & Imkerbedarf
Effinger Klaus

D-87527 Sonthofen, Sudetenstr. 17

Tel. +49 8321 805888
Fax +49 8321 805889
info@effingerklaus.de
www.effingerklaus.de

Alles für die Klein- und Hofkäserei
wie Lab, Kulturen, Thermometer, Käsetücher,
Käseformen, Milchgeschirr, Zentrifugen,
Butterformen und vieles mehr.

A·S·T·A
eismann GmbH

Wir beraten, planen, bauen,
liefern und installieren:

Anlagen, Geräte und Zubehör

für die

Käse-, Butter,- Quark-
und Joghurtherstellung

sowie

Abfüllsysteme und
Reinigungsanlagen

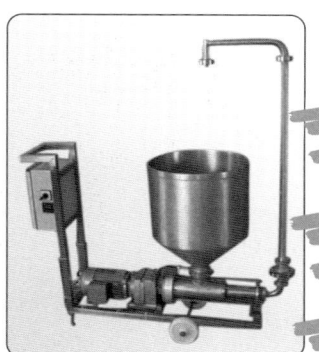

Abfüll-Dosierpumpe für
Quark und Joghurt

Mehrzweck-Pasteurisier-
und Käsekessel

Industriegebiet Mark I Nr.16, D-59269 Neubeckum
Tel.: 0 25 25 / 93 06 - 0   Fax: (0049) 0 25 25 / 93 06 20
www.asta-eismann.de

Bestens informiert
durch unseren monatlichen Mitgliederrundbrief „Milch & Käse"

Bestens beraten
bei allen Fragen rund um die Milchverarbeitung

Bestens eingerichtet
mit Internetbörse und Bezugsquellenverzeichnis

Bestens bekannt
über die Deutsche Milch- und Käsestraße
www.milchundkaesestrasse.de

Verband für handwerkliche Milchverarbeitung im ökologischen Landbau e.V.

Eschenweg 31, D-85354 Freising
Tel 08161 / 787 36 03, Fax 08161 / 787 36 81
E-Mail: info@milchhandwerk.info
Internet: www.milchhandwerk.info

Geräte für Milchverarbeitung seit über 25 Jahren

Käseformen in großer Vielfalt, Formenblöcke, Reifehorden, Ablauf- u. Arbeitstische, Milchkannen Kunststoff + Edelstahl. Milch- u. Molkepumpen, TO-Deckel, Kulturen, Lab.

Elecrem-Werksvertretung

Rink
D-88279 Amtzell
Tel. 0 75 20/61 45
Fax 0 75 20/66 14
info@rink-gmbh.de · www.rink-gmbh.de

Käsereibedarf

Bunte Kuh

Jay Brady
Hinterdorfstraße 18
D-36154 Hainzell
Fon 0 66 50/15 60
Fax 0 66 50/16 69
www.kaesereibedarf.de

Für Profi- und Hobbykäser

Wir versenden alle zur Herstellung von Käse, Quark, Joghurt und Butter benötigten Gerätschaften

Aus unserem Angebot:

- Käsereipaket: Alles für den Einstieg
- Lab, Säurekulturen und Kefir, Schimmel- u. Bakterienkulturen
- Käsepressen, Käseharfen, Formen, Wannen
- Buttermaschinen-Zentrifugen, Meßgeräte
- Käserei- und Pasteurisierungsanlagen usw.

Fordern Sie unseren kostenlosen Prospekt an!

**Apparatebau
Käserei-Anlagen
Käserei-Bedarf**

Der Spezialist für Kleinkäsereien und Hofmolkereien

Komplettausrüster von der Milchannahme bis zum Käsreifungsraum für Betriebsgrössen von 30 bis ca. 20.000 Liter täglicher Verarbeitungsmenge. Nutzen Sie unsere über 30-jährige Erfahrung im Kleinkäsereianlagenbau.
Beratung-**P**lanung-**P**rojektierung-**F**ertigung-**M**ontage-**I**nbetriebnahme gesamter Verarbeitungs-Anlagen aus einer Hand. Sämtliche Apparate basieren auf eigenen Konstruktionen und werden individuell gefertigt.
Wir empfehlen unsere Mehrzweckanlage „Mini-Molkerei" für die vielfältige Milchverarbeitung.

Grob AG · CH-7000 Chur · Sägenstrasse 67 · Telefon: ++41-(0)81-252 31 56
Fax: ++41-(0)81-252 26 84 · E-mail: info@grobing.ch · www.grobing.ch

AnMaCon
Wir helfen Ihnen - Hand drauf -

Alles über Milch – besuchen Sie uns im Internet

Anton Maller
Öd 3, 84140 Gangkofen
Mobil: +49 (0)171-4 68 93 24
Fax: +49 (0)87 22 91 01 28
Per Email:
anmacon@t-online.de
anton.maller@t-online.de

Käsereibedarf
Corinna Leidinger

ALLES RUND UM DEN KÄSE!

Beruser Straße 17
66798 Wallerfangen-Ittersdorf
Tel. (0 68 37) 90 91 56
Fax (0 68 37) 90 91 57
www.kaesereibedarf-leidinger.com
webmaster@kaesereibedarf-leidinger.com

Sie finden bei uns alles an Käsereibedarf, was Sie zur Herstellung bis hin zum Verkauf Ihres eigenen Käses benötigen.

- Original französische Käseformen und Kulturen
- Lab vom Kalb, Zickel, Lamm, vegetarisches Lab
- Anfängersets zur Käseherstellung
- Käsekessel, Pasteurisierkessel, Käsewannen
- Bücher über die Käseherstellung
- Tierbedarf für Ziegen und Schafe
- Bekleidung, Verpackungsmaterial

Anfängerseminare und Begleitheft zur Käseherstellung

Über 40 Jahre Erfahrung in der Edelstahlverarbeitung

Bolz Intec GmbH
Stephanusstr. 4
88260 Argenbühl
Tel.: 07566/9407-0
Fax: 07566/9407-27
info@bolz-intec.com
www.bolz-intec.com

Höchste Qualität in Edelstahl und Aluminium